수학 시트콤

Der Mathematikverführer
∶ **Zahlenspiele für alle Lebenslagen**
by Christoph Drösser

Copyright © 2008 by Rowohlt Verlag GmbH, Reinbek bei Hamburg
Korean Translation Copyright © 2012 by Bookhouse Publishers Co.
All rights reserved.

The Korean language edition is published by arrangement with
Rowohlt Verlag GmbH through MOMO Agency, Seoul.

이 책의 한국어판 저작권은 모모 에이전시를 통해
Rowohlt Verlag GmbH 사와 독점 계약한 (주)북하우스 퍼블리셔스에 있습니다.
저작권법에 의해 한국 내에서 보호를 받는 저작물이므로 무단 전재와 무단 복제를 금합니다.

수학 시트콤

발칙한 상상으로 가득한 17가지 수학

크리스토프 드뢰서 지음 | 전대호 옮김 | 이우일 그림

해나무

일러두기

1. 본문에 나오는 '클로즈업 수학 Q'의 문제풀이는 '부록1'(307~313쪽)에 실려 있습니다.
2. 일상에서 자주 사용되는 핵심 수학 공식에 대한 자세한 설명은 '부록2'(315~329쪽)에 실려 있습니다.
3. 책과 잡지명은 《 》로 묶었고, 신문·작품명·프로그램명·기사명은 〈 〉로 묶었습니다.

추천의 말

일상에 깃든 수학을 이야기하다

권오남 서울대학교 수학교육과 교수

과연 우리나라 학생들은 수학을 얼마나 유용한 학문이라고 생각할까? 우리나라 학생들이 국제수학성취도비교평가에서 조사 대상 국가 중 최상위권의 성적을 거둔다는 희망적인 데이터도 있지만, 수학을 유용한 학문으로 인식하는 정도는 최하위라는 우려할 만한 데이터도 공존한다. 또한 수학 공부에 대한 투자시간 및 투자금액이라는 효율성 차원에서, 우리나라 학생들의 수학성취도가 조사 대상 국가 중 상대적으로 매우 낮다는 사실에 주목하지 않을 수 없다. 이는 학교에서 수학 공부에 들이는 시간은 많지만, 공식을 보다 빨리 익히고 문제를 보다 많이 풀기 위해 반복적으로 훈련시키는 데 초점을 맞춘 것과 무관하지 않다. 우리나라 대부분의 학생들은 대학에 입학하기 위해 어쩔 수 없이 수학을 공부하고 있는 실정을 부정하기가 힘들다. 그 결과 수학에 대한 부정적인 인식이 강하게 자리 잡아 고등학교를 졸업하면 자연스럽게 수학을 멀리한다.

이런 수학에 대한 부정적인 인식을 줄이기 위해 최근 교육과학기술부는 수학 교과서를 스토리텔링 구조로 개편하겠다는 방안을 발표하였다. 지금 배우는 수학의 의미와 맥락을 학생들이 알 수 있게끔 교과서를 바꾸겠다는 것이다. 그러나 어떻게, 어떤 방법으로 교과서에 스토리텔링 기법을 적용할지는 아직 더 많은 논의와 검증을 거쳐야 한다. 이 시점에 출간된《수학 시트콤》은 스토리텔링 교과서에 대한 구체적인 아이디어를 제시한다.

크리스토프 드뢰서의《수학 시트콤》은 일상이 녹아 있는 작은 이야기(story)를 독일인 특유의 감수성으로 그려내고, 구체적이고 생생한 묘사를 통해 '수학=이야기'라는 것을 말하고(telling) 있다. 예를 들어, 연애에 도움이 되는 수학 이야기 '제2화 결혼 문제'를 읽어보라! 이 책에 소개된 수학은 초등학교 수학(비례식 등)부터 고등학교 수학(미분 등)까지 수학의 전 분야, 즉 대수학, 해석학, 기하학, 확률과 통계를 망라하며, 유머러스한 일화로 다루고 있다. 시장에서 콩나물을 사는 데 필요한 사칙연산(소위, 시장수학)만 배우면 된다고 생각하는 학생들과 일반인들은 일상에서 접할 만한 개연성 있는 이야기를 통해 수학이 사회현상과 자연현상을 이해하는 중요한 언어임을 경험하게 될 것이다. 저자는 이 책을 통해 수학이 이해하기 힘든 공식의 집합이 아니라 맥락과 상황이 있는 재미있는 이야기가 될 수 있다는 것을 보여준다.

한국어판 서문

《수학 시트콤》을 쓸 당시에 저는 이 책이 독일에서 이렇게까지 큰 성공을 거두리라고 예상하지 못했습니다. 그러니 책에 실을 이야기들을 지어낼 때에도 당연히 독일 독자만을 염두에 두었습니다. 하지만 《수학 시트콤》은 어느새 여러 언어로 번역되었습니다. 저는 이제 다른 문화권의 독자들도 이 책에 호응해줄지 자못 궁금합니다.

당연한 말이지만, 수학은 국제적인 언어이므로 이 책의 객관적인 내용은 어느 나라 독자에게나 흥미로울 것입니다. 하지만 이야기들은 어떨까요? 범죄는 어디에나 있고, 확실히 장소를 불문하고 남자들은 여자에 ('제14화 남자들의 꿈'에서처럼), 여자들은 남자에 ('제2화 결혼 문제'에서처럼) 관심이 있습니다. 또 여행을 좋아하는 정치인('제6화 경로 계획'에서처럼)도 틀림없이 어디에나 있습니다. 그러나

'제5화 여성 차별 문제'에 나오는 여성권익위원장 이야기는 어떨까요? 한국의 대학교에서도 그와 비슷한 상황이 벌어질 수 있을지 저는 확신이 서지 않습니다.

그러니 일부 이야기가 낯설게 느껴지더라도, 이 책에서 수학만 배우는 것이 아니라 독일 문화도 배운다는 마음으로 널리 이해해주시기 바랍니다.

2014년에 국제수학자대회가 서울에서 열립니다. 그때 여러분의 나라를 방문할 수 있기를 희망합니다.

크리스토프 드뢰서

차례

추천의 말 5

한국어판 서문 7

1부 수상한 확률과 통계

제1화 **주유소 살인사건** 조건부 유력 용의자 • 15

제2화 **결혼 문제** 더 나은 사람이 나타나지 않을까? • 29

제3화 **위조된 논문** 벤포드의 이상한 법칙 • 46

제4화 **페어플레이** 완벽한 전략 • 64

제5화 **여성 차별 문제** 때로는 총계에서 승부가 뒤바뀐다 • 84

제6화 **경로 계획** 장관의 여행 • 100

2부 대수학의 역습

제7화 **큰 수를 두려워하지 마라**
괴테가 마지막으로 내쉰 분자 여섯 개 • 119

제8화 **비례식 계산** 천재도 실수할 수 있다 • 130

제9화 **평균 소득자** 평균의 속임수 • 142

제10화 **계산으로 이기는 선거** 때로는 지는 것이 이기는 것이다 • 157

제11화 **공동체의 비밀** 황금분할 • 173

제12화 **시간은 돈이다** 매혹적인 제안 • 193

제13화 **소리 나는 수학** 바흐 코드 • 213

3부 해석학의 유혹, 언저리 기하학

제14화 **남자들의 꿈** 맥주, 늘씬한 다리, 극댓값과 극솟값 • 231

제15화 **맨해튼 거리에서** 법정에 선 피타고라스 • 252

제16화 **모든 것이 흘러간다?** 교통정체에 걸린 은행강도 • 264

제17화 **원과 면적이 같은 정사각형 만들기** 법으로 정한 진리 • 291

부록1 클로즈업 수학 Q 문제풀이 307

부록2 클로즈업 수학 공식 315

옮긴이의 말 331

찾아보기 333

나의 행운의 수
안드레아에게

1부
수상한 확률과 통계

"수학을 공부하지 않는 대부분 사람들에게는 믿기지 않게 보이는 일들이 있다."
— 아르키메데스 Archimedes

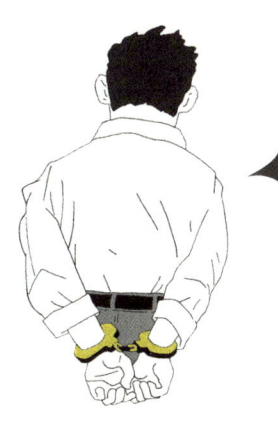

제1화 주유소 살인사건

조건부 유력 용의자

라인 강변의 작은 도시에 뉴스가 퍼지려면 두 시간이 필요하다. "잉게 헤르켄부시 이야기 들으셨어요? 정말 친절한 아가씨였는데." 이튿날 아침, 지역 신문에 다음과 같은 표제의 기사가 실린다. 〈주유소 살인사건〉.

늦은 오후, 회의실에 모인 경찰관들이 신문을 돌려본다. 신문에서 좋은 향기가 난다. 살인사건 전담 수사반장 데틀레프 벤케가 커피메이커에서 넘치는 커피를 그 신문으로 닦았기 때문이다. 그러나 보도된 사건의 전모는 좀처럼 파악되지 않는다.

동료들이 각자 알아낸 것들을 보고한다. 28세의 잉게 헤르켄부시는 저녁 8시에 91번 국도 가장자리의 '자유 주유소'에서 야간근무를 시작한다. 퇴근 시각은 이튿날 오전 4시다. 그 국도는 고속도로를 달리던 운전자들이 우회로로 즐겨 찾아서 통행량이 많으며, 시가지에서 그리 멀리 떨어져 있지 않다. 한 운전자가 새벽 2시 15분에 고급 휘발유 50리터를 주유하고 값을 지불하려고 매점으로 향했는데 아무도 없었다고 한다. 2~3분 동안 머뭇거리다가 매점의 창가로 바투 다가간 그는 계산대 너머에서 시체를 발견하고는 휴대전화로 경찰에 신고했다.

피살자는 교살당했다. 금고는 비어 있었다. 시체를 발견한 운전자는 경찰관들 앞에서 서둘러 자신의 소지품들을 꺼내놓았다. 자신이 도둑질을 하지 않았음을 증명하려고 한 것인데, 그 와중에 범행 현장의 소중한 흔적들이 훼손되었을 가능성이 있다. 곧이어 그 운전자와 경찰관들이 말다툼을 벌였고, 한 경찰관은 운전자가 자신을 모욕했다고 느꼈다. 그 경찰관은 법적인 대응을 할지도 모른다.

"딴 소리 말고 핵심만 이야기해."

벤케 반장이 타이른다.

계산대의 컴퓨터를 살펴보니, 헤르켄부시는 근무를 시작한 이후 34건을 처리했다. 28건은 주유 대금을 수령한 것인데, 그중 한 건은 가스 충전 대금이었다. 나머지 거래들은 식료품, 군것질거리('과일 맛' 사탕 10개), 담배를 판 것이었다. 20건은 카드 결제였는데, 그 거래자들에 대한 조사는 현재 진행 중이다. 마지막 거래는 새벽 1시 3분에 이루어졌다.

만일 범인이 주유를 했다면, 오전인 지금 그는 수백 킬로미터 떨어진 곳이나 다른 나라에 있을지도 모른다. 하지만 범인은 그저 담배를 사러 온 손님이었을 수도 있다. 그렇다면 그는 인근에 거주하는 자일 것이다.

"한가롭게 토론할 때가 아니야."

벤케가 동료들의 말을 끊는다.

"살인범이 돈을 제대로 지불하고 나서 범행을 저지른 사례가 과거에 많이 있었나?"

탁월한 기억력을 지닌 여형사 벤츠가 손을 들어 발언하겠다는 의사를 밝힌다. 그러나 벤케 반장은 그녀를 보지 못한다.

과학수사팀이 현장을 조사 중이다. 지금까지 계산대와 금고에서 발견된 지문은 모두 피살자와 그녀의 동료들의 것이다. 또 경찰관들 앞에서 호들갑을 떨던 그 운전자의 지문도 발견되었다. 막 회의를 끝내려는 순간, 젊은 형사 후프나겔이 들어온다. 그의 오른손에 들린 낡은 커피 잔에는 "나는 정의를 사랑한다"라는 문구가 새겨져 있다. 후프나겔은 헤르켄부시의 주변을 탐문했다. 헤르켄부시는 방이 2개 있는 초라한 집에서 산다. 소파 위에는 쿠션 8개가 놓여 있다. 함께 사는 남자는 그녀보다 네 살 어리고 눈에 띄게 마른 체형이다. 그는 헤르켄부시가 살해되었다는 소식을 듣고 엄청난 충격에 빠졌다. 그래서 아직 면담할 수 있는 상태가 아니다.

"쿠션들이 소파 위가 아니라 앞에 놓여 있었더라면, 그 친구가 쓰러질 때 좀 덜 아팠을 텐데……."

후프나겔이 냉정하게 말한다. 그 동거인이 쓰러지기 직전에 증언한 바에 따르면, 헤르켄부시는 전날 저녁에 평소와 다름없이 오펠

코르사 자동차를 몰고 일터로 갔다. 그녀는 협박을 당한 적도 없고 다른 고민거리도 없었다.

"그들은 마치 늙은 부부처럼 살았습니다. 욕심도 없고 환상도 없고 극적인 흥분도 없이 그냥 순탄하게 산 거죠."

후프나겔이 설명한다.

"그건 겉모습일 뿐이고, 그 뒤에는 꼬일 대로 꼬인 진실이 있을 거예요."

벤츠가 주장한다. 그녀는 그런 동거를 직접 해봐서 잘 안다고 강변한다.

이웃들은 피살자에 대해서 한결같이 좋은 말만 한다. 삼각관계? 말도 안 된다. 빚? 은밀한 뒷거래? 다른 사람이라면 몰라도 잉게 헤르켄부시는 절대로 그럴 리가 없다.

수사반원들이 흩어지고, 수사반장 벤케는 과학수사팀의 조사 결과를 기다린다. 이른 오후에 호르스트 슐레히터에게서 전화가 왔다. 그는 오래전부터 함께 일해온 벤케의 동료다.

"나쁜 놈들한테도 가끔은 행운이 찾아오는 법이지."

슐레히터의 목소리가 쩌렁쩌렁 울린다.

"내가 한 건 했어. 성폭행은 미수에 그쳤어. 피살자가 격렬하게 반항했거든. 손톱 밑에서 혈흔이 나왔어. DNA 검사를 하기에 충분한 양이야."

"오호, 호르스트! 예전부터 고백하려 했는데, 나는 자네 전화가 세상에서 제일 반가워."

"서둘지 마. 더 좋은 소식이 남았어. 내가 그 DNA 검사 결과를 전국의 성범죄자 데이터베이스와 비교했어."

"맞는 놈이 있어?"

"있어! 마티아스 베른스도르프, 43세, 성폭행 전과자. 5년 징역 살고 2년 전에 석방됐어. 어떠냐? 감격해서 눈물이 나오지 않냐?"

"자네가 그놈 주소까지 확보했다면, 눈물이 나올 거야."

마티아스 베른스도르프의 주소는 쾰른이다. 수사반장은 차를 몰고 그 주소로 달리면서 옆에 앉은 젊은 경관이 텔레비전 시리즈 〈CSI : 과학수사대〉에 대해서 지껄이는 소리를 듣는다. 그 경관은 그 연속극의 매회를 거의 외우고 있으며 특히 라스베이거스 편을 가장 좋아한다. 경관은 그의 마음에 드는 수사관들만 등장하는 에피소드를 구상하기까지 했다. 그 수사관들은 전부 여자다.

"이봐, 그건 수사물이 아니라 에로틱 스릴러잖아."

벤케가 끼어들어 경관의 수다를 끊는다. 경관은 벤케의 지적을 비난으로 여기지 않는다.

"저는 모든 요소가 다 있는 게 좋습니다."

다시 수다가 시작된다.

"한편으론 옛날식으로 완력을 동원해서 수사를 하고, 다른 한편으론 실험실에서 파란색 조명 아래 피펫을 내려놓고 배양접시를 들여다보는 겁니다. 차분하고 침착하게 정의를 실현하는 거죠."

그는 모든 국민의 DNA를 채취해서 모아놓겠다는 계획에도 찬성한다. 범행 현장에서 음모陰毛 한 올, 비듬 한 조각, 피 또는 정액

한 방울만 발견되면 곧바로 컴퓨터를 돌려 범인을 찾아내겠다는 계획. 벤케는 젊은 경관과 생각이 다르지만 대꾸하지 않는다. 진보를 열렬히 믿는 사람과 토론하는 것은 힘든 일이기 때문이다.

마티아스 베른스도르프의 동네는 고속도로 근처라면 어디에나 있을 법한 허름한 거주지이다. 그가 사는 고층건물도 전형적이다. 운동복, 슬리퍼, 켜 있는 텔레비전. 집 안은 엉망이고, 베른스도르프는 술 냄새를 풍긴다. 이 용의자는 부드럽게 대화할 상대가 아니므로, 수사반장은 거두절미하고 묻는다.

"어젯밤 0시에서 2시 사이에 어디에 있었나?"

"제가 오페라 극장에서 나와서 카지노로 가던 때를 말씀하시는군요. 나 같은 놈이 뭘 하겠어요? 성폭행 범죄자는 친구를 사귀기 어렵거든요. 또 실업수당으로는 먹고 살기도 벅차고."

베른스도르프가 씁쓸하게 웃는다.

"자네 말이 맞다고 증언해줄 사람이 있나?"

수사반장이 묻는다.

"없다면, 우리랑 경찰서로 가줘야겠네."

"먼저 무슨 혐의인지 말씀하셔야죠, 안 그래요?"

"어젯밤 자유 주유소에서 여점원 잉게 헤르켄부시를 살해한 혐의다."

베른스도르프가 펄쩍 뛴다. 일부러 놀라는 척하는 것일까?

"자유 주유소요? 저는 거기에 한 번도 간 적이 없어요!"

경관이 한 걸음 앞으로 나선다. 베른스도르프는 반항하지 않는

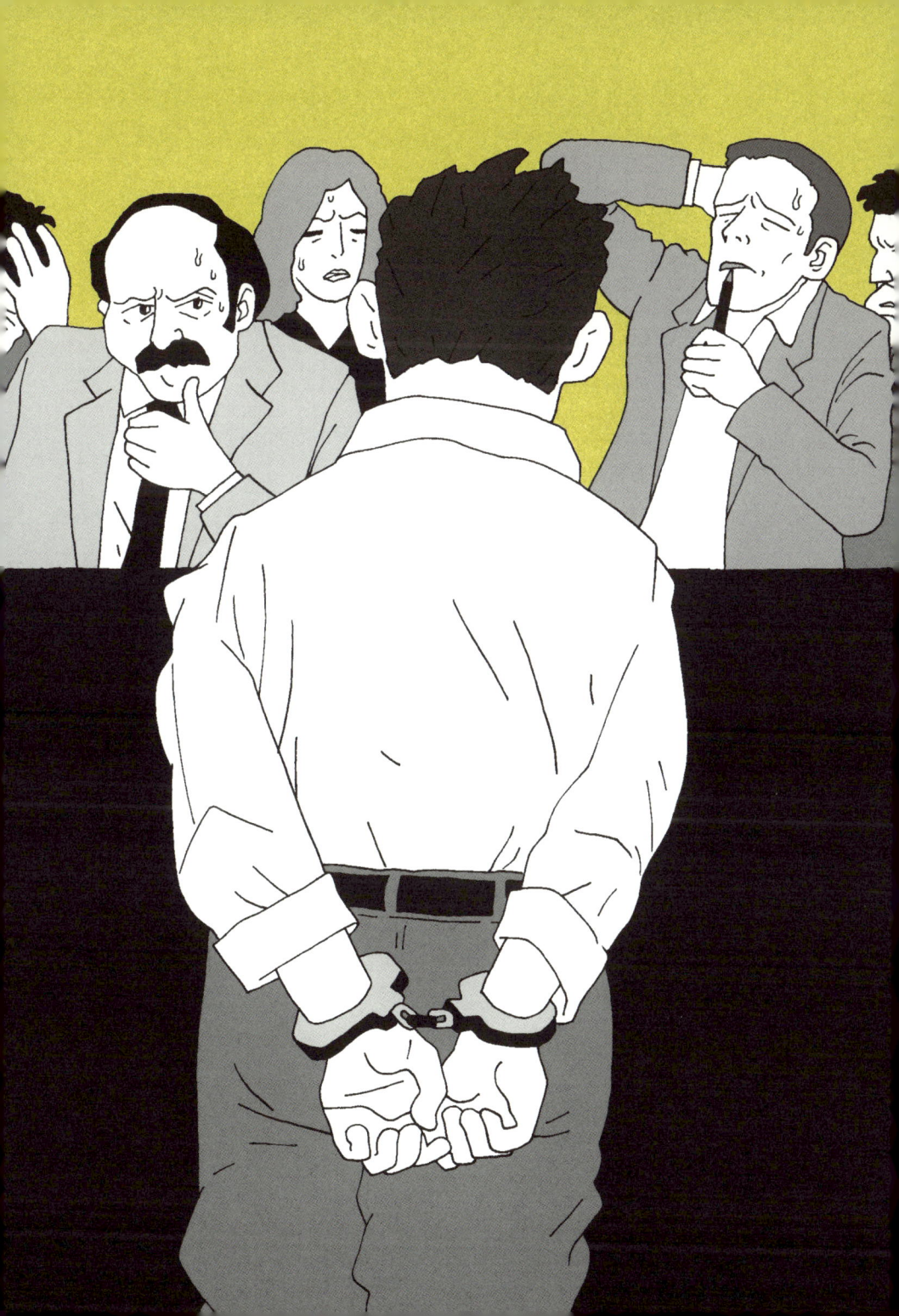

다. 수갑이 채워지고, 이동 중에 용의자가 말한다.

"몇 년 만에 이런 고급 차에 타보네요."

수사반장 벤케는 훌륭한 수사관이다. 오랜 경험의 결과로 그는 자신의 느낌을 신뢰한다. 그런데 지금 그의 느낌은 차를 돌리라고, 베른스도르프의 반응은 꾸며낸 것이 아니라고 말한다. 이내 확실한 논증이 그 느낌을 뒷받침한다. 술 냄새를 풍기는 이 녀석은 절도나 강도 전과자가 아니다. 평소에 알던 17세 소녀를 성폭행한 적이 있을 뿐이다. 그 범행과 이번 사건은 유형이 다르다.

벤케는 베른스도르프를 담당자에게 인계한 뒤 오랜 동료 슐레히터를 찾아간다. 법의학자인 슐레히터는 벤케를 보자마자 자신이 쓴 보고서를 자랑스럽게 들어 올리며 예의 걸걸한 목소리로 말한다.

"이런 식으로 가면, 자네들은 곧 쓸모없어질 거야."

벤케는 보고서를 살펴보며 중얼거린다.

"나도 당연히 과학의 힘을 존경해. 존경하고말고. 하지만 자네도 알다시피 나는 100퍼센트 확실한 것을 원해."

슐레히터 너머에 커피메이커가 놓여 있다. 가격이 1000유로가 넘는 스위스 제품이다. 벤케는 그 제품을 보지 않으려고 애쓴다. 질투는 강렬한 감정이다.

"이 검사법은 바이온콘빅트Bionkonvict 사가 개발한 거야. 우리도 최근에 도입했는데, 정말 끝내준다고."

슐레히터가 신이 나서 설명한다.

"그 회사가 커피메이커도 만드나?"

"커피메이커? 그건 안 만들걸?"

"알았어. 계속 설명해봐."

"두 표본의 DNA 프로파일profile이 같을 경우, 이 검사에서 그 표본들이 일치한다는 올바른 판정이 나올 확률은 사실상 100퍼센트야. 거꾸로 두 표본의 DNA 프로파일이 다를 경우, 이 검사에서 그 표본들이 일치한다는 오류 판정이 나올 확률은 겨우 0.001퍼센트야. 10만분의 1이라는 얘기지."

"들어보니, 대단한 듯하구먼."

벤케가 대꾸한다.

"그런데 자네는 자꾸 'DNA 프로파일'만 들먹이는데, 혹시 두 사람의 DNA 프로파일이 동일할 수는 없나? 만약에 그럴 수 있다면, 애먼 사람을 감옥에 가둘 수도 있지 않겠나."

"그래, 실제로 그럴 수 있네."

슐레히터가 선뜻 인정한다.

"하지만 그런 경우는 매우 드물어. 범행 현장에서 채취한 표본의 DNA 프로파일과 아무렇게나 선택한 사람의 DNA 프로파일이 일치할 확률은 겨우 0.0001퍼센트라네. 100만분의 1이라고. 그러니 걱정은 붙들어 매시게나. 우리가 진범을 잡았다고 100퍼센트 확신해도 되네. 그래 좋아, 소수점 아래의 '9'를 몇 개 떼어내고 99.99퍼센트라고 해두세."

통계를 신뢰할 것인가, 수사관의 직감을 신뢰할 것인가?

그래도 벤케는 확신이 들지 않는다. 그리고 그의 의심은 정당하다. 왜냐하면 우선 법의학자가 들이대는 인상적인 수치들은 통계가 빚어내는 허깨비라고 해도 과언이 아니기 때문이다. '거의' 100퍼센트 맞는 검사 결과에서 얻어낼 수 있는 것은 '거의' 없다. 그런 검사는 무시할 수 없는 허점을 지녔고, 그 허점이 수사의 성패를 좌우할 수 있다.

조건부 확률의 문제를 쉽게 이해하기 위해 수사와 관련된 또 다른 예를 살펴보자. 한 관광객이 낯선 도시에서 밤에 택시 한 대가 주차된 자동차를 들이받고 달아나는 것을 목격한다. 그는 파란색 택시의 소행이라고 경찰에 진술한다. 그 도시에는 택시 회사가 두 곳뿐인데 한 곳은 파란색 택시를 운영하고 다른 곳은 초록색 택시를 운영하므로, 곧바로 파란색 택시 회사가 용의선상에 오른다. 그러나 경찰관들은 그 증인을 믿어도 되는지 확인하고 싶다. 사건이 발생한 시각은 캄캄한 밤이므로 증인이 파란색과 초록색을 헷갈렸을 수도 있으니까 말이다. 그리하여 그들은 사건 당시와 비슷하게 어두운 이튿날 밤에 증인의 시력을 검사한다. 검사 결과로 볼 때, 증인은 초록색 택시와 파란색 택시를 각각 80퍼센트의 확률로 옳게 식별한다. 판사는 그 정도 확률이면 충분하다고 보고 파란색 택시 회사의 사장에게 유죄를 선고한다.

과연 옳은 선고일까? 아니다. 왜냐하면 그 도시에 초록색 택시는 25대나 있지만 파란색 택시는 5대뿐이라는 사실을 감안하지 않고 확률을 계산했기 때문이다. 택시의 대수와 증인의 적중률을 함께 고려하면, 아래와 같은 표를 얻을 수 있다.

	증언 : "파란색 택시다!"	증언 : "초록색 택시다!"
파란색 택시를 본 경우	4	1
초록색 택시를 본 경우	5	20

택시의 대수(초록색 택시 25대, 파란색 택시 5대)와 증인의 적중률(80퍼센트)을 고려한 조건부 확률

경찰에서 증인의 시력을 검사한 결과에 따르면, 증인은 20퍼센트의 확률로 오류를 범한다. 쉽게 말해서 증인은 파란색 택시 5대 가운데 1대를 초록색 택시로, 초록색 택시 25대 가운데 5대를 파란색 택시로 오인한다. 만일 그 도시의 택시 30대 전부가 차례로 증인 앞으로 지나갔다면, 통계학적으로 볼 때 증인은 파란색 택시가 9대 지나갔다고 증언할 것이다. 그러나 그 9대 가운데 5대는 초록색 택시다! 따라서 추가 증거들이 없다면, 경찰은 그 증언을 무시해야 마땅하다. 증인의 시력(적중률 80퍼센트)만 가지고 증언의 가치를 평가할 수는 없다. 건강 검진에서도 마찬가지이다. 유방암이나 에이즈나 광우병 검사에서 양성 판정이 나왔을 경우, 그 판정의 신뢰도를 판정하려면 해당 질병이 해당국의 사람들이나 소들에게 얼마나 많이 퍼졌는지를 알아야 한다(에이즈와 유방암은 국가별 유병률이 어느 정도 파악이 되어 있지만 광우병은 전혀 그렇지 않다). 해당 질병이 극히 드

물다면, 아주 정확한 검사라 하더라도 양성 판정을 받은 사람들의 과반수는 실제로는 건강할 것이다. 조건부 확률에 대한 논의가 주유소 살인사건과 관련해서 주는 교훈은, 먼저 잠재적인 용의자들 모두를 파악해야만 DNA 검사의 증거 능력을 판정할 수 있다는 것이다. 원리상 잠재적인 용의자는 범행 시각에 범행 장소에 있었을 가능성이 있는 모든 남성이다. 용의자가 자유 주유소 근처에 산다고 볼 근거는 없다. 범행이 일어난 국도는 통행량이 많고 외지 차량들이 숱하게 지나다닌다. 우리가 잠재적인 용의자의 수를 예컨대 1000만 명으로 (범행 현장에서 반경 200킬로미터 내에 거주하는 남성의 수가 그 정도니까) 상정한다고 해보자.

그러면 앞에서와 같은 형태의 표를 만들 수 있다. 잠재적인 용의자 1000만 명 가운데 몇 명이 범행 현장에서 채취한 것과 동일한 DNA 프로파일을 지녔을까? 우선 범인은 당연히 그 프로파일을 지녔을 것이다. 그러나 범인 말고도 10명이 그 프로파일을 지녔을 것이다. 호르스트 슐레히터가 단언했듯이 '$\frac{1}{1000000}$'의 확률로 동일한 프로파일이 나올 수 있으니까 말이다. 그리고 DNA 검사는 이 일치를 사실상 100퍼센트 옳게 판정하므로, 우리는 표의 첫 번째 행에 이 11명 전부를 양성 판정자("DNA 프로파일이 일치한다"는 판정을 받은 자)로 기재할 수 있다.

두 번째 행에는 범행 현장의 것과 다른 프로파일을 지닌 남성들이 기재된다. 이들은 거의 1000만 명(정확히 1000만−11 = 999만 9989명)이다. 그런데 검사의 오류 판정률이 0.001퍼센트이므로, 이

	검사 결과 : DNA 프로파일 일치	검사 결과 : DNA 프로파일 불일치
실제 DNA 프로파일 일치	11	0
실제 DNA 프로파일 불일치	100	9999889

조건부 확률로 따져보는 DNA 검사에 대한 신뢰도 판정

들 중에서 약 100명은 양성 판정을 받을 것이다. 나머지 999만 9889명은 'DNA 프로파일 불일치'라는 옳은 판정을 받을 것이다.

결론은 예상 밖이다. 우리가 잠재적인 용의자 1000만 명을 모두 검사한다면, 무려 111명의 검사 결과가 'DNA 프로파일 일치'로 나올 것이다. 그 111명 중에 범인은 1명, 무고한 사람은 110명인데 말이다.

오류 판정을 받은 100명은 비교적 쉽게 구제될 수 있을 것이다. 왜냐하면 이런 검사에서는 양성 판정자를 다시 검사하는 것이 원칙이기 때문이다. 로또에서 연거푸 두 번 1등에 당첨될 확률이 거의 0인 것과 마찬가지로 연거푸 두 번 오류 양성 판정을 받을 확률도 거의 0이다. 통계학적으로 따져보면, 두 번째 확률은 다음과 같이 구할 수 있다.

$$\frac{1}{100000} \times \frac{1}{100000} = \frac{1}{10000000000}$$

그러나 나머지 11명은 검사를 아무리 반복해도 옳은 양성 판정

을 받을 것이다. 따라서 경찰은 피살자의 손톱 밑에서 채취한 혈흔과 DNA 프로파일이 일치하는 남성이 범인 외에 10명이나 더 있을 수 있다는 점을 염두에 두어야 한다. 추측건대 수사반장 벤케는 범인을 가려내기 위해 오랜 경험으로 터득한 고전적인 수사 기법들을 추가로 동원할 것이다.

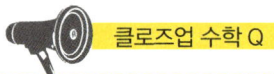 클로즈업 수학 Q

> 파티가 열렸다. 손님 두 명이 대화하다가 자신과 상대방의 생일이 똑같다는 것을 알게 된다. "대단한 인연이네요!"라고 한 사람이 말하자, "제 생각에는 별 것 아니에요. 규모가 이쯤 되는 파티에서 생일이 일치하는 손님들이 있을 확률은 50퍼센트가 넘어요"하고 상대방이 대꾸한다. 이 파티에 모인 손님은 최소 몇 명일까?

제2화 결혼 문제

더 나은 사람이 나타나지 않을까?

"그 사람이 했어!"

마리나가 친구와 카페 구석의 탁자에 앉자마자 기쁨을 감추지 못하며 말한다.

"너넨 만날 하면서 뭘 그래."

율리아는 뚱하다.

"다 알면서 왜 그래? 카르스텐이 나한테 청혼했다고. 정말 뜻밖이야."

두 여자는 말없이 표정만으로 음식을 주문한다. 단골손님의 특권이다. 마리나는 잔뜩 흥분했다.

"아주 멋졌어. 그 사람이랑 나랑 우선 레스토랑에 갔거든. 최고급 레스토랑 '로텐 하우스'. 평소에는 근처에도 못 가보는 곳이지."

"그 정도면 너도 눈치챘겠네."

"아냐. 하긴 조금…… 에이, 나도 모르겠어. 아무튼 정말 멋졌어. 진수성찬에다가, 다른 손님들까지 훌륭해 보이더라니까. 카르스텐은 후식을 먹을 때까지도 아무 일 없는 것처럼 굴었어. 하지만, 너도 알지? 그 사람이 연기를 잘 못하잖아. 갑자기 벌떡 일어나서 정식으로 연설을 하더라고. 우리가 사귄 지 벌써 2년이다. 나는 두 집을 오가는 생활에 질렸다. 물론 거의 늘 당신 집에서 지내긴 했지만. 우리는 냄비와 냄비뚜껑처럼 잘 맞는다. 그러니 이제 한 걸음 더 나아갈 때다. 마지막에는 종업원이 샴페인과 꽃다발을 들고 다가왔어."

"그래서 넌 청혼을 받아들였고, 다들 박수를 쳤고, 나는 네 결혼의 증인이 될 테고."

"사람들이 박수를 친 건 맞는데, 나는 일주일만 생각할 시간을 달라고 했어."

율리아로서는 의외다. 이 카페는 커피에 크림으로 웃는 얼굴을 그린다. 그녀는 스푼을 들어 그 얼굴의 입꼬리를 길게 늘인다. 마리나는 친구가 놀랐다는 것을 눈치채고 서둘러 재잘댄다.

"아주 중요한 결정이잖아. 인생에서 제일 중요해. 게다가 나는 딱 한 번만 결혼해서 두 아이를 낳을 생각이거든. 일주일 정도 고민할 만하지. 안 그래?"

"솔직히 말해줄까?"

"나도 모르겠다."

마리나는 맥주 병뚜껑을 만지작거리기 시작하며 나지막하게 말한다.

"집에 오는데 카르스텐이 거의 말을 않더라고. 엄밀히 말하면, 한마디도 안 했어. 도착해서는 둘 다 곧장 잠자리에 들었고, 내가 평소에 워낙 잘 자는 사람이라서 다행이지, 안 그랬으면 지난밤에 오랫동안 뒤척거렸지 싶어."

"카르스텐은 잠이 안 왔을 거야."

"나를 사랑한다면, 이해할 거야. 내가 결혼하기 싫었다면 곧바로 싫다고 말했지 않겠어?"

마리나의 시선이 바에서 에스프레소를 마시며 잡지를 읽는 금발 남자를 향한다. 벌써 몇 번째다.

"철저히 현실적으로 이야기해보자."

율리아가 제안한다.

"네 나이가 지금 서른넷이야. 알았어, 서른셋. 너랑 카르스텐이 알게 된 지 3년, 애인으로 지낸 지 2년이야. 내가 너를 처음 만난 때부터 지금까지 너의 계획은 늘 확고했어. 결혼해서 아이들을 낳는다. 게다가 카르스텐은 잘생겼어. 네 모든 친구의 한결같은 평가야."

"거의 모든."

"좋아. 거의 모든 친구가 보기에 카르스텐은 잘생겼어. 좋은 직업에 월급도 많아. 네가 제일 친한 친구에게조차 비밀로 할 정도로 많지."

"아이, 그건 네가 이해해줘라. 그게 말이야……."

"됐어, 나도 별 관심 없거든. 카르스텐은 너를 끔찍이 좋아하는

데다가 충직한 성격이야. 알려진 바로는 무슨 지병도 없고. 심지어 아빠 노릇도 잘할 법해. 친구야, 그 남자 꽉 잡아라! 다른 여자가 채가기 전에."

"나도 카르스텐이 매력적이라고 생각해."

마리나가 칭찬을 늘어놓는다.

"정이 팍팍 가요. 밤일 솜씨가 끝내주거든. 자청해서 집안일까지 도와주고."

다시 금발 남자에게 꽂히는 마리나의 시선.

"내 말 고깝게 생각하지 마라. 지금 너보다 더 침이 마르게 카르스텐을 칭찬하는 여자들 나 많이 봤다."

율리아가 말을 잇는다.

"내 기억이 맞는다면, 넌 예전에도 그랬어. 도대체 뭐가 문제니? 3년이나 사귄 지금, 4주 사귀었을 때처럼 짜릿한 맛이 없는 건 당연해. 넌 앞으로도 두 달에 한 번씩 청혼을 받을 사람처럼 배짱을 부리고 있어."

"우베도 나한테 청혼했었어."

"우베? 네 첫사랑?"

"열여덟 살엔 어느 여자라도 거절할 거야. 아직 아무 경험도 없으니까. 크리스티안은 우베처럼 지루한 타입은 아니었는데 결혼하기에는 너무 자유분방했어. 그 남자가 꿈꾸는 직업이 뭐였는지 아니? 가정주부였어. 확 깨는 거지."

"그럼 마르셀은?"

"마르셀도 결혼하고 싶어했지. 하지만 그치하고 결혼하면 은퇴한 노부부 꼴이 되겠더라고. 아니 남자가 두 달 동안 진도를 못 나가면, 당연히 의심이 생기잖아. 그리고 로렌츠는……."

율리아도 생생히 기억한다. 로렌츠는 마리나와 혼인신고를 하기로 약속한 날을 8주 앞두고 모나를 알게 되었다. 지금 모나와 로렌츠에게는 집 한 채, 자동차 두 대, 자녀 세 명, 휴대전화 네 대가 있다.

"너는 까다로운 여자야. 사귀기는 까다롭지 않은데, 만족시키기는 까다로워. 확실히 공주병이야."

율리아가 친구를 나무라며 커피 두 잔을 주문한다. 이번에는 브랜디를 첨가한 커피로.

"넌 내가 카르스텐을 사랑하지 않는다고 생각하는 거지? 그건 절대로 아냐. 다만 가끔씩 무슨 생각이 드냐면……."

마리나가 섭섭한 듯이 말한다.

"다음 주에 왕자님이 나타나서 청혼할 것 같지? 그러면 네가 완전히 홀라당 넘어갈 것 같지?"

두 여자는 바에 앉은 금발 남자를 바라본다.

"카르스텐은 매력적이야."

마리나가 완강히 다짐한다. 마치 자기 자신을 설득하려는 듯이.

"그렇지만 그를 향한 너의 사랑이 평생 간다는 확신은 없고. 카르스텐에게 그렇게 말했어?"

"당연히 안 했어. 그냥 농담 삼아 한마디만 했지. 한 남자와 결혼하기 위해 무수한 남자를 밀쳐내는 건 바보짓인 것 같다고."

율리아가 웃고, 두 여자가 잔을 부딪친다. 금발 남자가 이쪽을 바라보았다가 다시 시선을 거둔다.

"결혼은 대충 할 일이 아니야."

마리나가 전문가다운 표정으로 말한다.

"하지만 너나 나나 나이를 속일 수는 없어. 너는 벌써…… 전부 몇 번이지? 다섯 번이나 청혼을 받았어. 나보다 다섯 번 더 받았구나. 아냐, 내 얘기는 빼자."

"한 번도 못 받았니? 플로리안이라고 있었잖아? 내가 너한테 직접 들었는데."

"친구들끼리도 가끔 거짓말을 하는 법이란다. 됐니? 아무튼 넌 청혼을 다섯 번 받았어. 내가 예상하기에 네가 앞으로 받을 청혼은 기껏해야 다섯 번이야. 네가 지금 카르스텐을 내찬다 해도, 더 멋진 구혼자를 만날 수는 없을 거야. 어느새 카르스텐은 적금을 네 계좌나 부어가는 성실 유부남이 되어 있을 테고, 너만 후회하며 울분을 삼키겠지."

"친구한테 용기를 주지는 못할망정, 어떻게 그런 악담을 할 수가 있니?"

"매주 낯선 남자와 데이트하러 헐레벌떡 달려가는 심정, 데이트 끝나고 옷가게 진열창이나 구경하는 심정, 너 혹시 아니?"

"그래도 어떻게 대번에 결정하니? 더 멋진 남자가 나타날지도 모르는데."

"내가 조언 하나 해줄까? 오늘의 마지막 조언이야."

"왜? 낯선 남자랑 데이트하러 가야 하니?"

두 여자가 킥킥거린다. 그들은 서로를 좋아한다. 율리아가 요점 정리에 나선다.

"내가 보기에 상황은 명백해. 카르스텐은 아니야. 너의 머뭇거림, 너의 말, 너의 눈빛에서 알 수 있어. 네가 느끼기에 그 사람은 어쩐지 너무 참하고 단정하고 소시민적이고 예상대로인 거야. 한마디로 지루한 거지."

"나는 카르스텐을 정말 좋아해."

"암, 그렇고말고. 그런 남자를 싫어하기는 어렵지. 이상적인 사윗감이니까. 그렇지만 이상적인 남편감은 아냐."

"그 사람에게 상처를 주고 싶지 않아."

마리나가 속내를 털어놓으며 말을 잇는다.

"하지만 잘못 결정했다가는 내가 상처를 입을 것 같아서 겁이나. 내가 거절하면, 우리의 관계는 끝나겠지?"

율리아가 고개를 끄덕인다.

"이별에 능숙한 사람은 아무도 없어. 우선 이것부터 결정해. 너 결혼할 거야, 안 할 거야?"

"당연히 할 거야."

"그럼 카르스텐을 버리고 다음 구혼자들을 만나봐. 그러다가 카르스텐보다 더 나은 구혼자가 나타나거든, 눈 딱 감고 결혼해. 아무 핑계 대지 말고, 당장! 안 그러면, 네가 칭얼거리는 소리를 20년 뒤에도 듣게 될 것 같으니까."

술기운이 올라온다.

"나 이러다가 노처녀 되겠어."

마리나가 구슬프게 읊조린다.

"신중하게 처신해. 나도 제일 친한 친구가 노처녀가 되는 건 원치 않아."

마리나의 시선이 카페 안을 방황한다. 바 위에는 빈 잔과 동전 몇 개가 놓여 있다.

연애에 도움이 되는 수학

사노라면 이쯤에서 덧없는 관계들을 청산하고 확고한 짝을 찾아야겠다는 느낌이 들 때가 있다. 적어도 대부분의 사람들이 그런 때를 맞는다. 놀라운 일이지만, 그때를 수학적으로 계산할 수 있다. 물론 그 결과를 너무 심각하게 받아들일 필요는 없을 것이다. 사랑이란 수학 공식으로는 완벽하게 설명할 수 없는 그 무엇이니까 말이다. 그러나 현실적인 전제 몇 가지를 채택한다면, 적어도 결혼에 관해서 조언을 해주는 것은 가능하다.

율리아가 추천한 전략은 과연 옳을까? 핵심은 정해진 수의 구혼자들 중에서 최적의 선택을 하는 것이다. 그런데 구혼자들 중 일부, 즉 미래의 구혼자들에 대한 정보는 전혀 없다. 이 미지의 구혼자들 때문에 확실하게 옳은 선택을 하기는 불가능하다. 그러나 몇 가지 전제를 채택하면, 적어도 최선의 선택을 할 확률이 얼마인지는 계산할 수 있다. 수학자들은 이 문제를 '비서 문제'라고 부른다. 왜냐하면 처음에 이 문제가 여러 지원자 중에서 비서를 선발하는 상황에 빗대어 제시되었기 때문이다. 그러나 그것은 그리 실감 나는 예가 아니다. 현실에서는 모든 지원자를 만나본 다음에 누구를 뽑을지 결정해야 마땅할 테니까 말이다. 그러므로 이 선택 문제의 예로는 오히려 마리나의 결혼 문제가 더 적합하다. 마리나의 결혼 문제를 풀려면, 현실을 좀 더 계산 가능한 상황으로 가공하기 위해 아래의 전제들을 채택해야 한다.

1. 구혼자들의 우열이 명확하게 가려진다. 즉, 만일 마리나가 모든 구혼자를 안다면, 그녀는 구혼자들의 순위를 명확하게 매길 수 있다.
2. 구혼자들이 나타나는 순서는 무작위하다.
3. 구혼자들의 수는 정해져 있으며 이미 알고 있다(이 전제는 상당히 비현실적이다. 그러나 나중에 보겠지만, 구혼자들의 수가 알려지지 않은 경우에 대한 해법도 있다).

마리나의 인생에 나타났거나 나타날 구혼자가 총 10명이라고 가정하자. 확률 계산은 마술사의 속임수와 비슷하다고 느끼는 사람들이 많다. 아주 애매한―우연적인―사건들과 가능성들을 엄밀한 수학 공식에 맞추려는 노력이 어느 정도 점쟁이 놀음을 연상시키는 것도 사실이다. 그러나 확률 계산의 기본 원리들을 받아들이고 나면 (그 원리들의 위력이 확실히 드러나는 사례로 카지노를 들 수 있다. 카지노 사업자는 작은 확률 차이를 이용하여 엄청난 돈을 번다. 제4화 참조) 그런 찜찜한 느낌은 순식간에 사라진다.

확률의 정의는 단순하고 명료하다. 확률이란 '바라는' 사건들의 개수를 모든 가능한 사건들의 개수로 나눈 값이다. 흔히 거론되는 예인 주사위 던지기를 생각해보자. 주사위 하나를 던지면서 6이 나오기를 바란다면, 바라는 사건(6이 나오는 경우)은 하나, 가능한 사건(1, 2, 3, 4, 5, 6이 나오는 경우)은 여섯이므로, 6이 나올 확률은 $\frac{1}{6}$, 퍼센트로 따지면 16.67퍼센트이다.

보다시피 누워서 떡 먹기이다. 그러나 확률 계산을 하다보면, 가능한 사건들의 개수와 관련해서 실수를 하는 경우가 자주 발생한다. 주사위 하나를 던질 때는 쉽다. 하지만 주사위의 개수가 두 개만 되어도 상황은 상당히 복잡해진다. 주사위 두 개를 던질 때 땡(두 주사위의 눈이 같게 나오는 사건)이 나올 확률을 따져보자. 바라는 사건들(1땡부터 6땡까지)의 개수는 6이다. 그럼 가능한 사건들의 개수는 얼마일까? 이 대목에서 많은 사람이 실수를 범한다. 구체적으로 두 주사위에서 1과 2가 나온 사건과 2와 1이 나온 사건을 구별하지 않아서 계산을 그르친다. 이 두 사건은 겉보기에 똑같은 듯하지만 서로 다르다. 왜냐하면 첫 번째 사건과 두 번째 사건에서 각각의 주사위에서 나온 눈이 다르기 때문이다. 일반적으로 첫 번째 주사위에서 나올 수 있는 눈의 개수가 6이고, 그 눈 각각에 대해서 두 번째 주사위에서 나올 수 있는 눈의 개수가 6이므로, 가능한 사건들의 개수는 총 36이다. 그러므로 우리가 구하려는 확률은 $\frac{6}{36}$, 곧 $\frac{1}{6}$이다.

본론으로 돌아가자. 마리나가 율리아의 전략으로 남편감을 선택한다면, 가장 훌륭한 구혼자를 선택할 확률은 얼마일까? 가장 훌륭한 구혼자는 마리나가 이미 차버린 카르스텐일 수도 있다. 혹은 우베나 크리스티안일 수도 있다. 그럴 경우 마리나는 결국 더 나은 구혼자를 만나지 못하여 비극적인 노처녀로 늙어갈 것이다. 바꿔 말해서 가장 훌륭한 구혼자('아도니스'라고 부르자)가 아직 나타나지 않았을 경우에만 마리나는 결혼할 가망이 있다. 그런데 구혼자 10명이 나타나는 순서는 무작위이므로, 아도니스가 아직 나타나지 않았을 확률은 벌써 나타났을 확률과 똑같이 $\frac{5}{10}$, 곧 50퍼센트이다.

그렇다면 마리나는 다음번에 카르스텐보다 나은 구혼자를 만나면 그가 아도니스일 확률이 50퍼센트라고 믿어도 될까? 아니다. 앞선 구혼자 5명보다 낫지만 아도니스보다 못한 구혼자가 아도니스보다 먼저 나타날 가능성이 있기 때문이다. 요컨대 아도니스와 마리나의 결혼을 방해하는 최고의 악당은 이전의 모든 구혼자보다 낫지만 아도니스보다는 못한 구혼자('브루노'라고 부르자)이다.

브루노는 구혼자 순위에서 2위가 아니어도 된다. 브루노가 나타난 다음에 아도니스가 나타나고, 그다음에 2위 구혼자가 나타날 수도 있으니까 말이다. 수학 용어로 표현하자면, 아도니스의 순위는 상수인 반면, 브루노의 순위는 변수다! 브루노가 이미 지나간 구혼자 5명 중 1명이었다면, 마리나가 그릇된 선택을 할 염려는 없다. 브루노 덕분에 그녀의 눈높이는 아주 높아졌고, 오직 아도니스만 그녀의 마음에 찰 테니까 말이다. 반면에 브루노가 이제야 나타난다면,

그는 아도니스가 나타나기도 전에 신부를 채갈 것이다. 이 복잡한 상황을 풀어보려면 개별 사건들의 확률을 하나하나 따져야 한다.

아도니스가 6번째 구혼자로 나타난다면, 일이 순조롭게 풀린다. 그는 당장 선택될 것이다. 이런 사건이 일어날 확률은 $\frac{1}{10}$이다. 왜냐하면 아도니스가 6번째로 나타날 확률은 1번째나 2번째 등으로 나타날 확률과 똑같이 $\frac{1}{10}$이기 때문이다.

아도니스가 7번째로 나타난다면, 브루노가 언제 나타나느냐에 따라서 두 가지 상황이 발생한다. 브루노가 6번째로 나타난다면, 아도니스는 눈물을 삼키게 될 것이다. 반면에 브루노가 1번째, 2번째, …… 5번째로 나타난다면, 아도니스가 선택될 것이다. 그러므로 아도니스가 7번째로 나타나 선택될 확률은 $\frac{1}{10} \times \frac{5}{6}$(브루노가 1, 2, 3, 4 또는 5번째로 나타날 확률)다.

아도니스가 8번째로 나타날 경우, 만일 브루노가 6번째나 7번째로 나타난다면, 브루노가 신부를 채갈 것이다. 따라서 아도니스가 선택될 확률은 $\frac{1}{10} \times \frac{5}{7}$다.

아도니스가 10번째로 나타날 경우, 브루노가 아도니스보다 먼저 나타나 신부를 채갈 확률은 $\frac{4}{9}$다. 그러므로 아도니스가 10번째로 나타나 선택될 확률은 $\frac{1}{10} \times \frac{5}{9}$다(마찬가지 방식으로 추론하면, 아도니스가 9번째로 나타나 선택될 확률은 $\frac{1}{10} \times \frac{5}{8}$다).

이제 개별 확률 다섯 개($\frac{1}{10}, \frac{1}{10} \times \frac{5}{6}, \frac{1}{10} \times \frac{5}{7}, \frac{1}{10} \times \frac{5}{8}, \frac{1}{10} \times \frac{5}{9}$)를 더해야 한다. 그러면 마리나가 율리아의 전략을 채택했을 때, 아도니스와 맺어질 확률이 나온다. 그 확률은 약 37.3퍼센트, 즉 $\frac{1}{3}$보

다 크다. 37.3퍼센트이면 그리 높지 않다는 생각이 들 수도 있겠지만, 마리나가 무턱대고 첫 번째 구혼자를 선택해서 아도니스와 맺어질 확률($\frac{1}{10}$)보다 훨씬 더 높다. 게다가 율리아의 전략으로 아도니스나 2위 구혼자를 선택할 확률은 약 46.8퍼센트, 거의 반타작에 달한다.

혹시 율리아의 전략보다 더 나은 전략이 있을까? 이미 구혼자 5명을 돌려보낸 지금 상황에서는 없다. 그러나 마리나가 더 일찍 율리아의 전략을 채택했더라면, 그녀가 아도니스와 맺어질 확률은 더 높아질 수 있었다. 만약에 그녀가 세 번째 구혼자까지만 퇴짜를 놓고 그다음에 그들보다 나은 구혼자가 나타나서 곧바로 붙잡았더라면, 그 구혼자가 최고의 구혼자일 확률은 약 39.9퍼센트였을 것이다. 물론 그녀가 이 전략을 채택했더라면 카르스텐과 결혼했을 텐데, 아무튼 수학적으로는 그렇다는 얘기다!

수식과 그래프가 그리운 독자들을 위하여

우리는 구혼자가 10명인 상황에 대하여 세운 공식을 구혼자의 명수가 n인 상황에 맞게 일반화할 수 있다. 그러면 마리나가 모든 구혼자 가운데 처음 b명에게 퇴짜를 놓고 그다음에 그들보다 나은 첫 구혼자를 선택할 경우에 아도니스를 선택할 확률 P를 아래와 같이 나타낼 수 있다.

$$P = \frac{b}{n} \sum_{j=b}^{n-1} \frac{1}{j}$$

기호 'Σ(시그마)'를 보는 순간, 온몸에 소름이 돋는 독자들이 많으리라고 생각한다. 하지만 이 기호는 복잡할 것 없이 그냥 덧셈을 뜻한다. Σ에 딸린 변수 j의 값은 b부터 시작해서 $b+1$, $b+2$ 등을 거쳐 $n-1$까지 변한다. 요컨대 $\sum_{j=b}^{n-1}\frac{1}{j}$은 그 j값들 각각에 대응하는 $\frac{1}{j}$을 전부 더하라는 뜻이다. 그러므로 위의 소름끼치는 공식은 아래의 식을 편리하게 줄여서 적어놓은 것일 뿐이다.

$$P = \frac{b}{n}\left(\frac{1}{b} + \frac{1}{b+1} + \frac{1}{b+2} + \cdots\cdots + \frac{1}{n-1}\right)$$

마리나의 결혼 문제에서는 $n=10$이고 $b=5$였다. 일반적으로 P는 b가 $\frac{n}{3}$ 남짓일 때, 정확히 말해서 n의 36.7퍼센트일 때(더 정확히 말하면 $\frac{n}{e}$일 때, e는 우리가 206쪽에서 다룰 '오일러 수'이다) 최댓값이 된다. 그러므로 수학적으로 최선인 결혼 전략은 구혼자가 10명이라면 처음 3명을, 100명이라면 처음 36명을 내차고 그다음에 그들보다 더 나은 구혼자가 나타나면 붙잡는 것이다.

당연한 말이지만, 우리가 마리나에게 조언하는 최선의 전략은 적잖이 위태롭다. 사랑의 객관화 가능성 문제는 제쳐놓더라도, 마리나가 평생 만날 구혼자가 10명이라는 가정이 치밀하지 못하기 때문이다. 구혼자의 명수가 다르다면(예컨대 20명이라면), 전략이 대폭 바뀌어야 한다. 그러나 이 문제도 수학으로 해결할 수 있다. 구혼자의 명수가 특정되지 않은 경우에 대해서는 수학자 F. 토마스 브루스 Franz Thomas Bruss가 개발한, 놀랄 만큼 간단한 해법이 있다. 그 해법

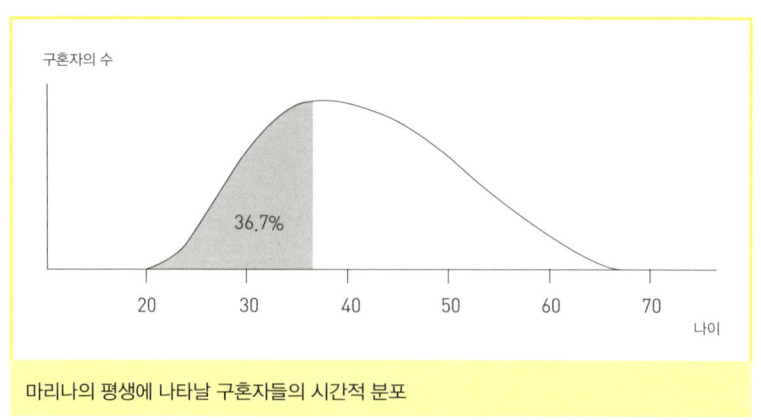

마리나의 평생에 나타날 구혼자들의 시간적 분포

의 핵심은 마리나의 평생에 나타날 구혼자들의 시간적 분포를 생각해보는 것이다. 그 분포를 곡선으로 나타내고, 어디에 수직선을 그으면 곡선 아래 면적 전체의 36.7퍼센트가 분할되는지 알아낼 수 있을 것이다. 그러면 그 수직선이 시간 축과 만나는 지점이 파란만장한 연애 행각을 청산하고 평생의 짝을 찾아야 할 시점인 것이다.

보충 설명

아도니스가 n번째 구혼자로 나타나 마리나의 선택을 받을 확률 P_n을 꼼꼼히 계산해보자. n의 값은 6부터 10까지일 수 있다.

$n = 6 : P_6 = \dfrac{1}{10}$

$n = 7 : P_7 = \dfrac{1}{10} \times \dfrac{5}{6}$

$$n=8 : P_8 = \frac{1}{10} \times \frac{5}{7}$$

$$n=9 : P_9 = \frac{1}{10} \times \frac{5}{8}$$

$$n=10 : P_{10} = \frac{1}{10} \times \frac{5}{9}$$

그러므로 아도니스가 선택을 받을 확률 P는 아래와 같다.

$$P = P_6 + P_7 + P_8 + P_9 + P_{10} = \frac{1}{10} \times \left(1 + \frac{5}{6} + \frac{5}{7} + \frac{5}{8} + \frac{5}{9}\right)$$

$$= \frac{1}{10} \times \frac{504 + 420 + 360 + 315 + 280}{504} = \frac{1879}{5040} = 0.3728\cdots$$

아주 간단하다!

 클로즈업 수학 Q

어느 만찬에 부부 15쌍이 참석했다. 그들은 한 쌍씩 흩어져 귀가하기에 앞서 다음과 같이 작별 인사를 한다. 남자와 남자는 악수를 한다. 여자와 여자는 왼뺨과 오른뺨에 입을 맞춘다. 남자와 여자는 악수를 하고 왼뺨에 입을 맞춘다. 부부는 함께 귀가하므로 서로에게 작별 인사를 하지 않는다고 전제한다면, 입맞춤과 악수가 총 몇 번 이루어질까?

제3화 위조된 논문

벤포드의 이상한 법칙

마야는 칠면조로 만든 수프 '에스터헤이지'를 끼적거린다. 전혀 식욕이 안 나는 눈치다. 그녀는 40센트를 아끼려고 주방장이 추천하는 오늘의 요리를 무시했다. 몹시 열이 받은 상태로 꿍얼거린다.

"C 마이너스야!"

자샤가 마야에게 아주 상냥한 애완견 같은 눈빛을 보내고, 마야가 자신의 접시를 자샤에게 건넨다. 마야와 함께 학생 식당에 온 남자친구 자샤는 전문가의 표정으로 남은 수프를 먹어치우기 시작한다. 마야가 한 번 더 투덜댄다.

"C 마이너스라고. 정말 엄청나게 열심히 했는데."

"아, 논문 얘기였구나."

자샤가 칠면조 고기를 우물거리며 말한다.

"난 또 이 수프 얘긴 줄 알았지."

"길거리에서 100명을 붙잡고 수입이 얼마나 되시냐고 물었거든. 엄청 추운 날이었어. 만나는 사람 세 명 가운데 한 명꼴로 다짜고짜 신세 한탄을 늘어놓으려고 하는 바람에 오히려 내가 도망을 쳐야 했다니까."

"자료 수집만으로 좋은 점수를 받을 순 없어."

자샤가 짧게 대꾸한 후, 선생처럼 말한다.

"네가 참석한 세미나는 생존 전략이 아니라 통계학을 배우는 강좌잖아. 수치들을 적절하게 취사선택하는 작업이 중요하다고."

지금은 1월 말, 3주 뒤면 한 학기가 끝난다. '경제학도들을 위한 통계학' 강좌를 맡은 강사는 오늘 수강생들에게 채점한 학기말 논문을 돌려주었다. 수강생들은 경제에 관한 간단한 가설을 세우고 그것을 현실에서 얻은 자료에 비추어 검증하는 논문을 제출해야 했다. 가장 중요한 것은 자료를 다양한 통계학 기법들을 통해 검사하는 것이었다.

자샤는 말을 이으려다가 문득 시기가 적절하지 않음을 깨닫고 우선 음식을 씹고 삼킨 다음에 말한다.

"수입과 월세 사이에 성립하는 관계를 탐구한다는 기본 발상 자체가 독창적이지 않았던 것 같아. 가난한 사람이 부자보다 월세를 적게 낸다는 건 너무 당연하잖아."

"이야, 정말 흥미진진한 논평이네."

마야는 그렇게 건성으로 대꾸하면서 점심시간 동안에 벌써 몇 군데를 고치고 삭제한 논문을 엄지손가락으로 한 줄씩 짚어가며 읽는다.

"넌 고작 B 마이너스 받고 그렇게 방실방실하냐? 게로를 봐라. 걘 A만 받는 애란 말야."

그들이 앉은 식탁의 저쪽 끝에서 게로가 친구들과 대화하고 있다. 그의 옷차림은 경제학과 학생들 중에서 유난히 눈에 띈다. 항상 보수적인 스타일의 최고급 양복에 딱딱한 서류가방을 들고 다닌다. 고등학교 1학년 때 처음으로 회사를 설립했고, 고등학교 졸업 후에는 어느 컴퓨터 회사와 힘을 합쳐 이민자 거주 지역에 컴퓨터 네트워크를 구축했다. 지난 학기에 그는 강력한 구매력을 갖춘 '골든 에이저golden ager'를 겨냥한 마케팅 전략을 발표하여 상을 받았다. 마야는 그 수상을 기념한 파티에 초대받았고, 그날 저녁에 게로에 대해서 기대 이상으로 많은 것을 알게 되었다.

"도무지 A 외에는 받을 능력이 없어."

마야가 빈정거리면서 게로가 제출한 논문의 주제를 읊는다.

"실업수당과 실업기간 사이의 관계라⋯⋯ 결론이 뭔지 아니? 실업수당이 많으면 많을수록 실업기간이 길어진다는 거야. 아무개 정당의 입맛에 딱 맞는 결론이지."

"또 다른 아무개 정당의 입맛에는 영 안 맞고."

칠면조 고기를 우물거리며 자샤가 말한다.

"네가 게로를 꼭 좋게 생각할 필요는 없지만, 그 논문은 통계학적으로 깔끔했어. 게다가 게로도 열심히 했고. 노동청 공무원 100명에게서 자료를 수집해서 철저하게 회귀분석regression analysis을 했으니까. A 학점을 받는 게 당연해."

마야는 입속의 바닐라 푸딩에만 정신을 집중하면서 게로가 친구들에게 세상에 대해 설명하는 모습을 바라본다.

"겉만 번드르르한 논문을 쓰기로 작정하면 나도 그런 거창한 주제를 선택하고 자료로 수치 1만 개를 수집할 거야. 넌 리히터 교수가 자료를 검사한다고 믿니? 내가 장담하는데, 게로는 기껏해야 공무원 10명과 접촉하고 나머지 자료는 꾸며냈어."

"너, 저 똘똘이한테 무슨 원한 있니?"

영양 만점인 학생 식당 음식을 여전히 왕성하게 섭취하면서 자샤가 묻는다.

"아무 원한 없어. 단지 마음에 안 들 뿐이야."

마야가 단호하게 대답한다.

"정말 꾸며낸 자료라면, 꾸며냈다는 걸 밝혀낼 수도 있어."

자샤가 고깃덩어리를 씹으며 말을 잇는다.

"우리가 제출한 논문들이 경제학과 서버에 다 있잖아. 나한테 시간을 하루만 줘. 그리고 네 푸딩도. 아무래도 넌 배가 부른 것 같구나."

이튿날, 똑같은 식탁. 마야는 오늘의 요리를 먹는 중이고, 자샤는 아직 오지 않았다. 이윽고 자샤가 나타나 종이 한 장을 격하게 흔든다.

"네 추측이 맞는 것 같아."

요란하게 외치더니 주위를 둘러본다.

"후식이 안 보이네."

마야가 어쩔 수 없이 달콤한 후식을 가져온다. 자샤 앞에 과일 요구르트가 놓이고, 자샤는 우선 향을 음미한 다음에 먹기 시작한다.

"자샤, 언젠가 내가 너를 죽이게 될지도 몰라."

마야가 자샤의 진지한 식사 행위를 가로막으며 덧붙인다.

"하지만 이건 확실하다. 내가 너를 죽인다면, 틀림없이 네가 식사 중일 때 죽일 거야."

"나 말고 게로한테 화내. 그거 위조된 자료야."

"확실해?"

자샤가 선서하는 사람처럼 손을 든다.

"어떻게 알아냈니? 노동청 공무원들에게 일일이 전화해봤어?"

"그건 아마추어나 하는 짓이지."

자샤가 거들먹거리며 대꾸한다.

"수학자는 벤포드의 법칙을 이용하기 마련이고."

자샤가 마야에게 종이를 건네며 말한다.

"난 게로가 제시한 수치들이 회귀함수에서 얼마나 벗어나는지 말해주는 오차들을 벤포드의 법칙과 비교해봤어."

그는 무슨 말인지 모르겠다는 듯한 마야의 표정을 즐기면서 말을 잇는다.

"에이, 이 정도 얘기는 당연히 알아들어야지! 경험적인 값들이 근사 직선을 얼마나 벗어나는지 알려주는 오차들을 검토했다고. 그런데 중요한 건 그 오차들이 원리적으로 현실 세계에서 나온 수치들처럼 행동해야 하고 특히 벤포드의 법칙에 부합해야 한다는 점이야."

요구르트에 이어 푸딩이 자샤 앞에 놓인다.

"벤포드의 법칙이란 미국 물리학자 프랭크 벤포드Frank Benford가 1938년에 제시한 특이한 법칙인데……."

자샤가 만족스럽게 푸딩을 한 숟가락 입에 떠넣으며 설명한다.

"예컨대, 오늘 날짜 신문을 펼쳐서 거기에 나오는 모든 수, 증권 시황에서부터 기상예보와 스포츠 기사를 거쳐 텔레비전 프로그램까지 모든 면에 등장하는 모든 수를 찾아내서 그 수들 각각의 첫째 자리 숫자들을 나열해봐. 그러면 1에서 9까지의 숫자들이 똑같은 빈도로 등장하지는 않겠지."

자샤가 설명을 멈추고 이쯤에서 마야의 질문을 기다린다. 마야가 말한다.

"무언가를 아는 사람은 조만간 발설하기 마련이지. 남자는 특히 그렇고."

"1로 시작하는 수들이 30퍼센트, 2로 시작하는 수들이 18퍼센트 등이며 9로 시작하는 수들은 5퍼센트가 안 된대."

여학생 두 명이 식판을 들고 식탁으로 다가왔다가 자샤가 들고 있는 종이에 숫자들이 적혀 있는 것을 보고 등을 돌려 멀어진다. 자샤는 그들을 하염없이 바라보다가 마야가 큰 소리로 헛기침을 하자 비로소 다시 설명을 이어간다.

"결론만 말할게. 벤포드는 자신의 법칙이 현실 속의 다양한 수 집합들에 대해서 놀랄 만큼 잘 맞아떨어진다는 것을 발견했어. 예컨대 도시들의 인구, 잡지들의 발행부수 따위에서 말이야. 그리고 우리에게는 이 사실이 더 중요한데, 3년 전에 어느 스위스 사회학자가 벤포드의 법칙이 이런 회귀분석에 대해서도 타당하다는 것을 발견했지."

자샤는 손가락으로 종이를 두드리더니 남은 푸딩을 깔끔하게 해치운다.

"밝은 회색 막대들은 벤포드의 법칙이 예측하는 값들이야. 1로 시작하는 수들이 확실히 가장 많고, 그다음부터는 비율이 점점 줄어들지. 어두운 회색 막대들은 게로의 학기말 논문에 나오는 값들이

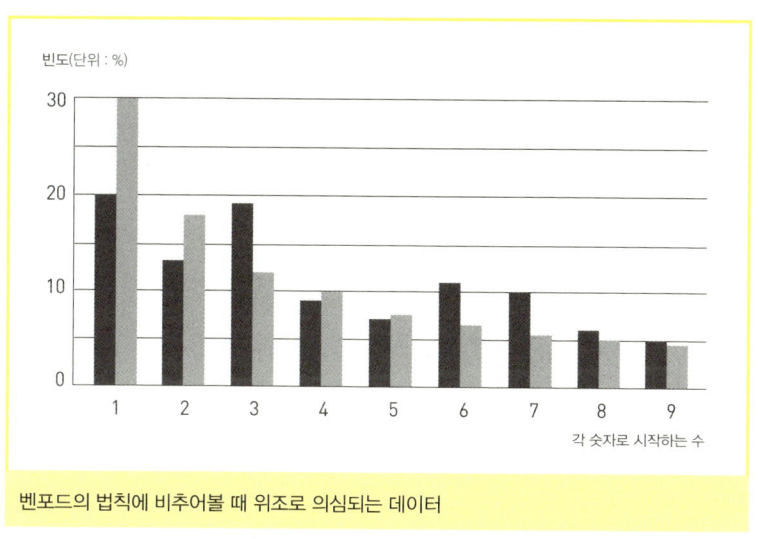

벤포드의 법칙에 비추어볼 때 위조로 의심되는 데이터

야. 찬찬히 살펴봐. 나는 막간을 이용해서 열심히 먹고 있을게."

푸딩 다음은 티라미수이다.

마야가 보니, 두 종류의 막대들은 눈에 띄게 차이가 난다.

"게로의 논문에서 얻은 수들 중에서는 1과 2로 시작하는 수들이 너무 적고 3, 6, 7로 시작하는 수들은 너무 많군."

그녀는 의심스럽다는 듯한 눈빛으로 자샤를 바라본다.

"네가 내놓는 증명이 이거야?"

"두말하면 잔소리지. 확실한 증명이고말고."

자샤가 힘주어 외친다. 코코아 가루가 뿌옇게 피어올라 탁자 위에 자그마한 구름이 생겨난다.

"실제로 이런 분석을 통해서 엔론enron 그룹의 회계 장부가 조작되었다는 사실이 드러난 적이 있어. 위조된 선거 결과가 들통 난 적도 있고."

오늘도 학생 식당 저쪽에 게로가 있다. 늙수그레한 남자와 함께 식탁에 앉아 있다. 게로가 그 남자에게 무언가를 제안하거나 팔려는 듯하다. 아니 제안하고 팔려는 것일 수도 있겠다. 그들 사이에 노트북이 놓여 있고, 게로는 자주 손가락을 들어 그 노트북을 가리킨다. 마야가 묻는다.

"넌 어떻게 할 거야? 이 그래프를 들고 교수한테 달려가서 고자질할 거야?"

"내가 그럴 놈처럼 보여?"

"아니, 그럴 리가 있겠니……. 아무튼 결론이 뭐야? 사기야?"

"과학적인 사기! 리히터 교수는 통계학자야. 고귀한 옷차림의 게로가 실은 악당이라는 걸 스스로 알아챌 거야."

"그러면 게로는 A 학점 하나를 잃겠군."

마야가 비아냥거리고선 남자친구를 바라보며 말한다.

"너는 통계학 지식을 실생활에 써먹었으니 뿌듯한 자부심을 얻을 테고."

"한 달 동안 후식을 공짜로 먹을 권리를 얻는다면 더 좋을 것 같은데……."

자샤가 웅얼거린다.

저쪽에서 게로와 늙수그레한 남자가 악수한다. 둘은 경쟁하듯이 환한 미소를 짓는다. 게로는 게로 자신의 길을 갈 것이다.

확률들은 고르게 분배되지 않는다

위의 이야기는 허구이지만 등장하는 자료들은 진짜다. 명예를 걸고 맹세한다! 벤포드라는 물리학자가 있었고, 벤포드의 법칙이 있으며, 스위스 사회학자 안드레아스 디크만Andreas Diekmann은 위조 데이터 판별법을 연구하는 실존 인물이다. 그는 학생들에게 (허구의 인물인 게로가 다룬 바로 그 논제에 관한) 위조 데이터를 만들어내라는 과제를 주었고, 이야기 속에서 자샤가 작성한 그래프는 그 과제를 받은 한 학생이 제출한 진짜 위조 데이터에 기초한 것이다.

벤포드의 법칙은 '뉴컴의 법칙'이라고 불려야 마땅할 것이다. 왜냐하면 이 특이한 법칙은 1881년에 수학자 사이먼 뉴컴Simon Newcomb에 의해 발견되고 공표되었기 때문이다. 뉴컴은 로그 계산에 쓰이는 로그표 책들을 보면 한결같이 앞부분이 뒷부분보다 더 낡았다는 점에 주목했다. 로그에 대해서는 나중에 자세히 논하겠다. 여기에서는 로그표 책의 앞부분에는 첫 자리(맨 앞자리) 숫자가 작은 수들이 등재되어 있고 뒷부분에는 첫 자리 숫자가 큰 수들이 등재되어 있다는 것만 알면 충분하다. 앞부분이 뒷부분보다 더 낡았다는 사실은, 사람들이 1, 2 또는 3으로 시작하는 수들을 더 자주 계산했다는 것을 뜻한다. 왜 그런 수들을 더 자주 계산하게 될까? 왜 많은 수를 모아놓은 집합에는 예컨대 143이 들어 있을 가능성이 943이 들어 있을 가능성보다 더 클까? 모든 각각의 수가 똑같은 확률로 들어 있어야 마땅하지 않을까?

직관적으로 납득하기 어렵다 하더라도 진실은 이러하다. 규모가 큰 수 집합에 수들 각각이 들어 있을 확률은 동등하지 않다. 지나가는 사람을 붙들고 아무 수나 대보라고 부탁하면, 그 사람은 무한한 수 집합에서 수 하나를 골라서 댈 수 있다. 하지만 수들 각각이 그의 선택을 받을 확률은 동등하지 않다. 즉시 떠오르는 수를 말해보라고 부탁하면, 0에서 10 사이의 수를 말하는 사람들이 11000에서 11010 사이의 수를 말하는 사람들보다 확실히 더 많을 것이다. 추측건대 더 큰 수일수록 사람들의 선택을 받을 확률은 더 낮을 것이다.

다른 수 집합들에서도 마찬가지이다. 예컨대 도시들의 인구를 모아놓은 집합을 생각해보자. 소도시는 중도시보다 많고, 중도시는 대도시보다 많다. 독일 도시들의 인구를 모아 집합을 만들면, 그 집합의 원소들은 300과 3000000 사이에서 고르게 분포하지 않는다. 그럼 어떻게 분포할까? 300 근처의 원소들이 가장 많고(소도시들이 가장 많으므로) 3000000 근처의 원소들이 가장 적은(대도시들이 가장 적으므로) 분포가 나온다.

더 자세한 수학적 논의를 위해―인구 등의 경험적인 데이터와 달리―정확하게 계산할 수 있는 예를 하나 살펴보자. 좋은 예로 돈이 있다. 어떤 사람이 1000유로를 연이율 10퍼센트의 정기예금에 넣는다(연이율 10퍼센트 정기예금은 비현실적이지만 계산의 편의를 위해 그런 예금이 있다고 치자). 1년이 지나면 그는 1100유로를 받고, 2년이 지나면 (이자의 이자까지) 1210유로를 받는다. 그의 재산이 2000유로를 넘으려면 8년이 걸린다. 그로부터 4년만 지나면 그의 재산이 3000유로 이상으로 늘어나고, 다시 3년이 지나면 4000유로 이상으로 늘어난다. 이제 이 사람에게 "당신의 정기예금 계좌에 돈이 얼마나 들어 있소?"라는 질문을 던진다고 해보자. 이 사람은 대답으로 수 하나를 제시할 텐데, 그 수의 첫 자리 숫자가 1인 세월은 7년인 반면, 그 수의 첫 자리 숫자가 3인 세월은 겨우 3년일 것이다. 더 나아가 그 수의 첫 자리 숫자가 3보다 더 큰 수들인 세월은 점점 더 짧아질 것이다. 24년이 지나면, 이 사람의 재산은 처음보다 거의 10배로 불어난다.

성장은 거기서 멈추지 않는다. 이제부터 다시 7년 동안 그의 재산은 첫 자리 숫자가 1인 수일 것이다. 그러다가 총 32년 후에 그의 재산은 2만 유로 고지에 도달한다.

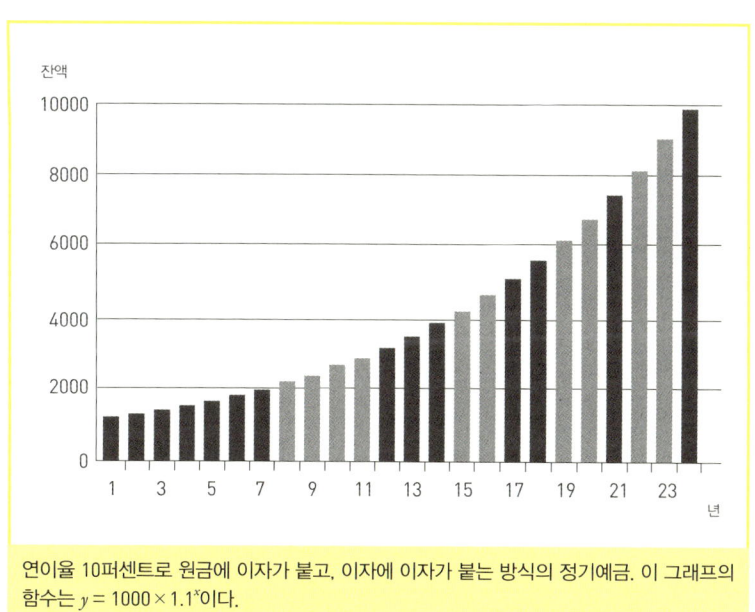

연이율 10퍼센트로 원금에 이자가 붙고, 이자에 이자가 붙는 방식의 정기예금. 이 그래프의 함수는 $y = 1000 \times 1.1^x$이다.

49년 후에 그의 계좌 잔액은 뿌듯하게도 10만 6719유로에 도달하여 첫 자리 숫자가 다시 1이 된다. 이렇게 그의 재산의 첫 자리 숫자가 1인 기간은 총 50년 가운데 16년, 곧 전체 기간의 32퍼센트이다. 아래 그래프는 이 사람의 재산의 첫 자리 숫자들이 어떤 비율로 나타나는지(어두운 회색 막대들)와 벤포드의 법칙(밝은 회색 막대들)을 보여준다.

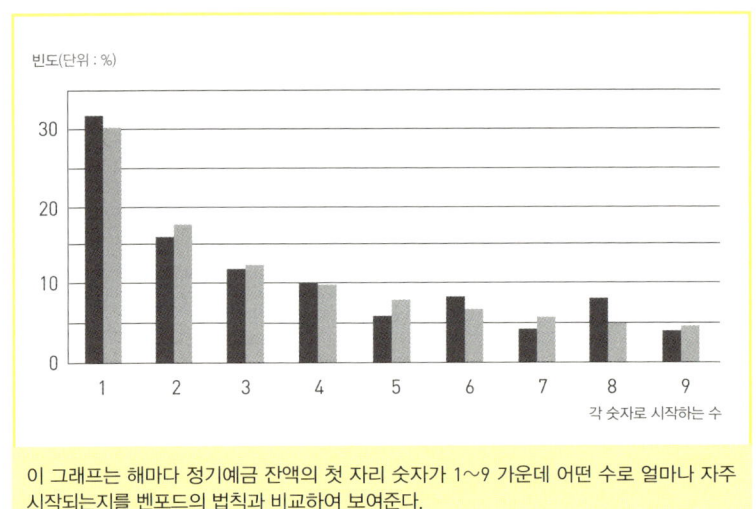

이 그래프는 해마다 정기예금 잔액의 첫 자리 숫자가 1~9 가운데 어떤 수로 얼마나 자주 시작되는지를 벤포드의 법칙과 비교하여 보여준다.

　　두 종류의 막대들이 놀랄 만큼 일치한다! 왜냐하면 정기예금의 잔액은 이른바 지수곡선exponential curve을 따라서 성장하고 자연의 여러 과정에서도 그와 비슷한 성장이 일어나기 때문이다(209쪽 참조). 예컨대 전염병의 확산, 동물 개체 수의 증가, 도시의 성장 등에서 지수 성장exponential growth이 일어난다. 또 도시의 인구도 약 30퍼센트의 확률로 첫 자리 숫자가 1이다.

지수를 품은 로그

지수곡선은 금세 심하게 가팔라지기 때문에 다루기 불편하다. 그러나 예컨대 정기예금의 잔액 자체를 고찰하는 대신에 그 잔액의 10을 밑으로 한 로그를 고찰하면, 지수곡선을 다루기 쉽게 변형할 수 있다(x의 10을 밑으로 한 로그는 '$\log x$'로 표기한다). 바흐의 평균율을 다루는 장에서도 비슷한 이야기가 나오는데(제13화 참조), 거기에서는 밑이 10이 아니라 2다. $\log x$는 어떤 수인데, 그 수를 10에 지수로 붙이

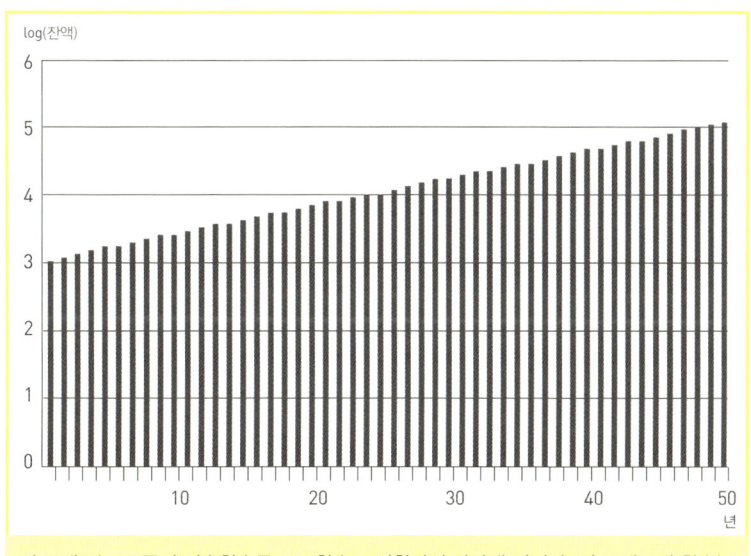

이 그래프는 57쪽의 지수함수를 로그함수로 변환하여 나타낸 것이다. 이 그래프의 함수는 $y=3+x\log 1.1$이다.

면 결과가 *x*이다. 1000의 (10을 밑으로 한) 로그는 3, 100000의 로그는 5다. 로그를 이용하면 벤포드의 법칙을 설명할 수 있을 뿐더러 구체적인 수치까지 정확하게 이해할 수 있다. 그러므로 벤포드의 법칙이 타당하다는 것을 아는 수준을 넘어서 왜 타당한지까지 알고 싶은 열혈 독자들은 심호흡 한 번 하고, 계속 읽어나가기를 바란다.

정기예금 잔액의 로그를 그래프로 나타내면, 앞의 그림처럼 아주 얌전한 그래프가 만들어진다. 보아하니 선형 성장linear growth이다! 우리에게 중요한 점은 바로 이것이다. 잔액 자체는 1000유로와 120000유로 사이에 고르게 분포하지 않았지만, 잔액의 로그는 충분히 고르게 분포한다. 잔액의 로그들은 3과 4 사이에 몰려 있지도 않고 4와 5 사이에 몰려 있지도 않다.

어떤 양들의 로그들이 고르게 분포한다면, 그 양들은 벤포드의 법칙을 엄밀하게 준수한다. 이 사실을 토대로 벤포드는 자신의 법칙을 나타내는 공식에 도달했다.

정기예금 잔액의 로그함수 그래프에서 잔액의 로그가 3에서 4 사이인 구간만 고찰해보자. 특히 잔액의 첫 자리 숫자가 2일 확률,

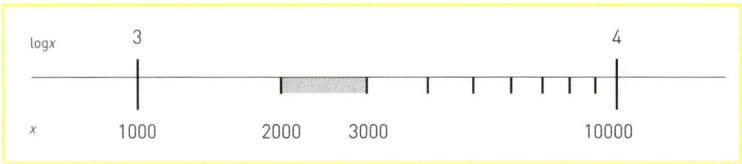

수평선의 아래에는 정기예금 잔액을, 위에는 그 잔액의 로그를 표기한 그림. 로그들이 고르게 분포한다면, 어떤 값이 특정 구역에 속할 확률은 전체에서 그 구역이 차지하는 상대적인 크기와 같다.

다시 말해 잔액이 2000에서 3000 사이일 확률은 얼마일까? 정답을 구하려면 앞의 그림에서 회색으로 칠해진 구역의 길이를 계산해야 한다. 그 길이, 바꿔 말해서 잔액의 첫 자리 숫자가 2일 확률 $P(2)$는 다음과 같다.

$$P(2) = \log 3000 - \log 2000$$

두 수의 곱의 로그는 두 수 각각의 로그의 합과 같으므로 위의 등식을 아래와 같이 정리할 수 있다.

$$P(2) = (\log 3 + \log 1000) - (\log 2 + \log 1000) = \log 3 - \log 2$$

따라서 일반적으로 잔액의 첫 자리 숫자가 1부터 9 사이의 임의의 수 i일 확률은 다음과 같이 정리할 수 있다.

$$P(i) = \log(i+1) - \log(i)$$

벤포드의 법칙은 어떤 수들에 대해서 타당하고 어떤 수들에 대해서 타당하지 않을까? 예컨대 로또에서 선택되는 수들에 대해서는 타당하지 않다. 그 수들은 1에서 49 사이에(독일 로또는 숫자가 49까지 있다) 고르게 분포하며 벤포드의 법칙을 따르지 않는다. 사람들의 키를 센티미터 단위로 나타낸 수들 역시 벤포드의 법칙에 맞게 분포하지 않을 것이 분명하다. 그 수들을 살펴보면, 거의 전부 1로 시작할 것이며, 극소수가 2로 시작하고, 영유아의 키를 나타내는 소수만 나머지 숫자들로 시작할 것이다. 사람들의 지능지수(I.Q.)도 이른바 '가우스 정규분포'를 따르므로 벤포드의 법칙에 맞지 않는다.

그러나 당신이 벤포드의 법칙에 맞는 수 집합(줄여서 벤포드 수 집합) 하나를 발견했다면, 그 집합에 속한 수들에 상수를 곱해서 만든 새로운 집합도 벤포드 수 집합이다. 예컨대 정기예금의 잔액을 유로가 아니라 달러나 엔이나 파운드로 나타내더라도, 정기예금의 첫 원금이 1000유로가 아니라 다른 금액이더라도, 성장하는 잔액들은 벤포드의 법칙을 따른다. 놀라운 것은, 벤포드의 법칙을 그리 엄격하게 따르지 않는 수 집합들을 합쳐서 만든 합집합은 그 법칙을 더 엄격하게 따른다는 사실이다. 이 때문에 신문에 등장하는 수들로 이루어진 집합은 대개 벤포드의 법칙을 아주 잘 따른다. 그 집합에는 주식 가격, 예상 기온, 열차 사고 사망자 수, 법 조항의 조항 번호, 선거 결과를 나타내는 퍼센트 숫자 등이 들어 있다. 이런 잡동사니 수 집합은 벤포드의 법칙을 상당히 잘 따른다.

몇 년 전까지만 해도 뉴컴과 벤포드가 발견한 법칙을 아는 사람이 별로 없었고, 이 법칙은 그저 수학적 호기심거리에 불과했다. 하지만 그 법칙을 모르는 사람은 수들을 위조하는 솜씨가 뛰어날 수 없다. 개인의 지출 장부나 회사의 회계 장부를 조작하려는 사람은 가능하면 '우연적인' '제멋대로인' 수들을 꾸며내서 집어넣기 마련이다. 또 위조자는 그 수들이 진짜처럼 보이게 만들기 위해 가능한 수들의 범위 전체에 고루 분포하게 만든다. 그러면 1로 시작하는 수들이 너무 적어지거나 6으로 시작하는 수들이 너무 많아지기 십상이다. 여러 연구에서 드러났듯이, 사람들은 수들을 꾸며낼 때 뚜렷한 '지문'을 남긴다. 벤포드의 법칙은 그 지문을 드러내는 데 쓰일 수 있다. 오늘날 벤포드 검사법(벤포드의 법칙을 이용한 위조 검사법)은 회계 및 세무 감사에서 선호되는 수단이다. 미국 수학자 마크 니그라이니Mark Nigrini는 에너지 그룹 엔론이 회계 장부의 수들을 심하게 변형했음을 벤포드의 법칙을 이용해서 밝혀냈다. 심지어 그는 미국의 전직 대통령 빌 클린턴Bill Clinton의 소득세 신고서를 검토한 적도 있다. 검토해보니, 몇 군데에서 반올림이 이루어졌을 뿐 어떤 위조도 없다는 결과가 나왔다.

 클로즈업 수학 Q

몇 년 전 어느 신문에 '과반수가 홀로 산다'라는 표제의 기사가 실렸다. 기사 내용에는 "전체 가구의 55퍼센트가 나 홀로 가구다"라는 문장이 있었다. 앞뒤가 안 맞는다. 무엇이 잘못되었을까?

제4화 페어플레이

완벽한 전략

프랑크 부르마이스터가 상상해온 카지노와 달랐다. 도르트문트 근처의 호엔쥐부르크 카지노는 1980년대에 유행한 기능 중심의 콘크리트 건물이다. 동네의 문화센터처럼 보인다. 귀족적인 분위기는 눈을 씻고 찾아봐도 없고, 제복을 입은 문지기도 없으며, 007 영화에 나오는 시가 피우는 남자들이나 아찔한 미녀들도 없다. 은퇴해서 연금을 타는 노인들과 빈털터리 인생을 개선하겠다는 꿈을 품은 50대 모험가들만 있다. 실내의 바탕색은 갈색이고 공기는 과거 루르 공업지대의 하늘처럼 매캐한 연기로 꽉 찬 회색이다.

　부르마이스터와 그의 친구 베른트 빌은 신분증을 제시하고 입장료 5유로를 내야 한다. 카지노의 규정상 재킷을 입어야 한다. 필요하다면 카지노에서 빌려준다. 그들처럼 정장에 넥타이를 매면 어색

한 느낌이 들기 십상이다.

"자, 이제 자네가 야심 차게 개발한 백전백승의 전략을 보여주게나, 프랑크."

빌이 만사 제쳐놓고 재촉한다.

"내가 개발한 전략이 아냐. 이 전략을 '마틴게일Martingale'이라고 하는데, 아주 오래된 전략이지. 룰렛의 규칙은 자네도 알지?"

빌은 몸이 달아서 당장 게임을 시작하지 않으면 미칠 지경이다. 그래서 부르마이스터는 더욱 신속하게 설명한다. 룰렛을 하는 사람은 숫자 하나에 돈을 걸 수도 있고 숫자 한 쌍이나 네 개 또는 여섯 개에 걸 수도 있다. 더 나아가 짝수(룰렛에서 쓰는 프랑스어로 '페르pair')에 걸거나, 홀수('앵페르impair')에 걸거나, 빨간색('루즈rouge')에 걸거나, 검은색('누아르noir')에 걸거나, 18 이하의 숫자('망크manque')에 걸거나, 19 이상의 숫자('파세passe')에 걸 수도 있다. 또 룰렛을 하는 사람을 열 받게 만드는 0('제로zero')도 있다. "가장 좋은 방법은 '단순하게', 그러니까 예컨대 검은색이나 짝수에 거는 거야"라고 부르마이스터는 설명한다. 그는 자신의 지식을 기꺼이 전수한다. 비록 자신도 직접 룰렛을 해본 적은 없어서 모든 것이 아직은 잿빛 이론에 불과하지만 말이다.

"네가 이기면, 건 돈의 두 배를 받게 되지. 5유로를 걸었다면, 10유로를 받는다 이거야. 네가 이길 확률은 대충 $\frac{1}{2}$이고."

"왜 '대충'이야? 어째서 정확히 $\frac{1}{2}$이 아니냐고?"

빌이 당연히 던질 만한 질문을 던진다.

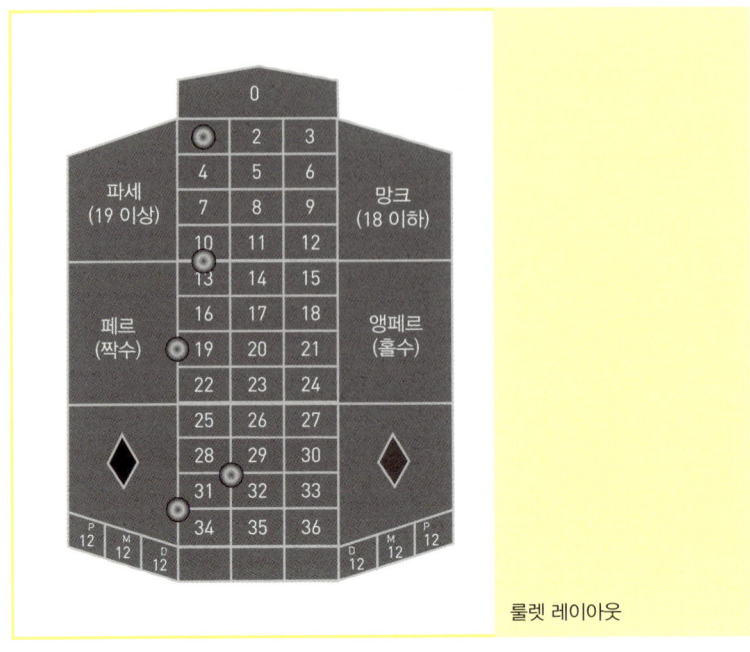

룰렛 레이아웃

"빨간색도 아니고 검은색도 아닌 0이 있기 때문이야. 0이 나오면, 네가 건 돈은 '동결'돼. 그랬다가 다음번에 검은색이 나오면 이득 없이 원금만 다시 '풀려서' 네 수중으로 돌아오지. 하지만 이런 세세한 얘기는 잡소리야. 돈을 잃으면, 잃은 돈보다 더 많은 돈을 걸어서 손실을 만회하면 되니까."

부르마이스터는 마치 강의하는 교수처럼 자신만만하다.

두 친구는 카지노 곳곳을 어슬렁거리며 마틴게일 전략에 대한 토론에 심취한 나머지, 그들 주변의 분위기가 썰렁해지는 것을 전혀 눈치채지 못한다. 부르마이스터가 설명을 이어간다.

"나는 우선 얼마를 딸 것인지 목표를 정할 거야. 현실적으로 목표가 5유로라고 해보자. 그러면 나는 5유로를 단순하게 걸어. 이를테면 검은색에 건다고. 그리고 검은색 숫자가 나오면, 난 걸었던 5유로를 돌려받고 추가로 5유로를 받아서 목표를 달성하게 되지."

"빨간색 숫자가 나오면, 5유로를 날릴 테고."

빌이 냉정하게 보충한다.

"물론 그렇지. 하지만 그래도 상관없어. 왜냐하면 나는 그다음 판에 10유로를 걸 테니까. 그 판에서 내가 이기면, 나는 20유로를 받아. 그러면 내가 건 돈은 총 15유로, 받은 돈은 20유로니까, 나는 결국 5유로를 벌게 돼."

그다음 얘기가 어떻게 돌아갈지를 빌은 금세 알아차린다. 만일 둘째 판에서도 돈을 잃는다면, 부르마이스터는 다음 판에서 또다시 판돈을 두 배로 올려 20유로를 걸 것이다. 그 판에서 그가 이기면, 그가 받는 돈은 40유로, 거기에서 그때까지 그가 건 돈 35유로를 빼면, 결국 그는 5유로를 따게 된다.

"요컨대 내가 할 일은 검은색이 나올 때까지 계속 굳세게 검은색에 거는 것뿐이야. 그러면 나는 하늘이 무너져도 돈을 벌게 되어 있어. 다만, 흥분하는 것은 금물이야. 당연한 말이지만, 빨간색이 여러 번 연거푸 나올 수도 있거든. 그럴 때도 냉정함을 유지해야 해."

부르마이스터는 룰렛을 평생 한 번도 해보지 않은 사람이 지을 법한 자신감 넘치는 미소를 짓는다.

빌은 냉정하다.

"잃을 때마다 판돈을 두 배로 올리려면, 밑천이 엄청 두둑해야 하잖아. 안 그러면 다음 판을 하고 싶어도 할 수 없어질 테니까."

부르마이스터가 조심스럽게 바짓주머니에서 돈다발을 꺼낸다.

"2만 475유로야. 오늘 아침까지 내 은행계좌에 고이 들어 있던 돈이지."

"아니, 이럴 수가! 자네한테 비자금이 있었다니."

빌이 빈정거린다. 그리고 묻는다.

"그런데 왜 2만이 아니라 2만 475야? 이자까지 인출했냐?"

부르마이스터가 돈을 다시 주머니에 넣는다.

"천만에. 2만 475유로는 정확히 계산한 액수야. 굳세게 검은색에 걸어서 연거푸 11판을 잃은 다음에 한 번 더 검은색에 걸 수 있으려면 딱 그만큼이 필요하거든."

승리를 확신하는 친구의 얼굴을 바라보는 빌의 표정은 심히 복잡하다.

"너 정말 그렇게 할 거야? 고작 5유로를 벌겠다고 그 큰돈을 걸 거냐고? 만약에 열두 번째 판에서도 빨간색이 나오면, 공장에서 갓 나온 150마력짜리 폴크스바겐 폴로 GTI 한 대가 날아가 버리는데?"

그러나 부르마이스터의 확신은 흔들리지 않는다.

"베른트, 수학적으로 생각해봐라. 이 밑천을 다 날린다는 건 순전히 이론적으로만 가능해. 열두 번 연속으로 빨간색이 나올 확률은 0이나 다름없어."

"0은 아니고, 거의 0이지."

"알았어, 알았어. 거의 0. 쓸 필요도 없겠지만, 만전을 기하기 위해서 내 신용카드도 가져왔어. 너도 할 거지?"

빌은 이런 엄청난 위험을 무릅쓸 생각은 꿈에도 없다고 분명히 밝힌다. 하지만 친구가 현금과 칩을 교환하러 갈 때 함께 간다. 두 사람은 교환소에서 지폐 몇 장을 내고 5유로짜리 칩 한 줌을 받는다.

그들은 10번 테이블에서 빈자리 두 곳을 발견한다. 총 8명이 테이블에 둘러앉았다. 형편 좋은 노부부도 있고 헝클어진 머리에 정장을 입은 남자도 있다. 이미 황혼녘에 들어선 남자다. 그는 끊임없이 중얼거리면서 수첩에 숫자들을 적는다.

"저 늙은이처럼, 지금까지 나온 숫자들을 보면 앞으로 나올 숫자들을 알아낼 수 있다고 믿는 사람들이 있어. 불쌍한 사람들이지."

부르마이스터가 친구의 귀에 대고 속삭인다.

"아직도 저런 사람이 있다니, 정말 놀라울 따름이야. 당연한 말이지만, 룰렛 기구는 아무것도 기억하지 못해. 과거와 상관없이 매판 특정한 숫자가 나올 확률은 항상 똑같아. 로또도 마찬가지야. 지난주의 당첨 번호가 1, 2, 3, 4, 5, 6이었다면, 이번 주에 똑같은 번호가 당첨될 확률은 평소보다 줄어들까? 천만에, 평소와 똑같아."

이제 부르마이스터는 난생 처음으로 머릿속에서가 아니라 실제로 룰렛 게임을 할 것이다. 약간 긴장이 된다. 딜러는 손님들보다 약간 더 높은 위치에 앉아 있다. 한 손에는 칩을 긁어모으는 갈퀴를 들고, 다른 손으로 원반을 돌린다. 손님들은 서둘러 칩을 테이블 위에 놓는다. 벌써 구슬이 움직이기 시작하고, 한 남자가 빈자리에 앉아 자신의 칩들을 초록색 테이블 위에 올려놓는다.

"베팅 마감!"

딜러가 외친다. 몇 초 후에 구슬이 숫자 칸 하나에 안착한다. 갈퀴가 거의 모든 칩을 게 눈 감추듯 쓸어간 다음에, 딜러가 이긴 손님들에게 배당금을 지불한다.

이제 부르마이스터는 엄숙한 표정을 지으며 5유로 칩 하나를 검은색 구역에 놓는다. 다른 손님들은 기분과 주머니 상태에 따라 푼돈을 걸지만, 50유로 칩도 몇 개 놓인다.

"16, 루즈, 페르, 망크!"

딜러가 국제 룰렛 용어로 외친다. 빨간색(루즈)이고 짝수(페르)이고 18 이하(망크)인 16이 나왔다는 뜻이다.

부르마이스터는 5유로를 잃었다. 예상했던 일이다. 그는 여유 있게 칩 2개를 검은색 구역에 놓는다.

"12, 루즈, 페르, 망크!"

부르마이스터는 칩 4개를 검은색 구역에 놓는다.

"23, 루즈, 앵페르, 파세!"

"30, 루즈, 페르, 파세!"

"30, 루즈, 페르, 파세!"

연거푸 다섯 번 빨간색이 나왔다. 프랑크 부르마이스터는 칩 31개, 환산하면 155유로를 잃었다.

"이제 마틴게일 전략의 위력이 나타날 거야."

빌에게 하는 말이라기보다 자기 자신에게 하는 말이다. 방금 전에 지었던 자신감 넘치는 미소를 애써 유지하면서. 표정을 바꿀 순 없는 노릇이다. 반면에 빌은 부르마이스터가 칩 32개를 검은색 구역에 놓자 몹시 근심스러운 표정을 짓는다.

숫자를 신봉하는 늙은이는 부르마이스터의 전략이 무엇인지 간파했다고 생각한다.

"침착하기만 하시게."

그가 부르마이스터를 격려한다.

"큰 수의 법칙은 자네 편일세. 검은색이 나올 때가 되어도 한참 전에 되었네."

늙은이가 웃는다. 그도 그럴 것이, 방금 그는 30에 두 번 걸어서 36배의 이익을 연거푸 챙겼다.

테이블 위의 전광판이 지난 판들에서 빨간색이 연거푸 다섯 번 나왔다는 사실을 알린다. 사방에서 구경꾼들과 전문가들이 10번 테이블로 몰려든다. 그들 중 몇은 판에 참여하여 빨간색이나 검은색에 돈을 건다. 일부는 오랫동안 나오지 않은 검은색에 걸고, 일부는 빨간색의 물결에 편승하기로 한다.

"1, 루즈, 앵페르, 망크!"

"25, 루즈, 앵페르, 파세!"

"12, 루즈, 페르, 망크!"

연거푸 여덟 번 빨간색이다! 테이블 주위의 웅성거림이 더 커진다. 부르마이스터는 친구를 교환소로 보내 칩을 사오게 한다. 현재 1275유로를 잃은 그는 내면에서 미세한 당혹감이 솟는 것을 느낀다. 그는 최대한 냉정함을 유지하면서 100유로 칩 12개와 50유로 칩 1개와 10유로 칩 3개를 검은색 구역에 놓는다. 1280유로를 거는 것이다.

"3, 루즈, 앵페르, 망크!"

빌이 친구에게 무언가 속삭인다. 부르마이스터는 이제 그만하고 일어나서 카지노 밖으로 나가야 한다. 빌은 좋은 친구가 해야 마땅한 일을 모두 한다. 부르마이스터는 말없이 자리에 앉아 있다.

"34, 루즈, 페르, 파세!"

"3, 루즈, 앵페르, 망크!"

다른 테이블들은 아까부터 썰렁하다. 10번 테이블 주변은 인파로 우글거린다. 과감한 이론들이 속삭임에 실려 오고간다. 딜러가 속임수를 쓰는 것일까? 룰렛 기구에 문제가 있는 것일까? 이런 일이 과거에도 있었나? 숫자를 신봉하는 늙은이도 어느새 표정이 바뀌었다. 산처럼 쌓였던 그의 칩이 얼마 남지 않았다. 큰 수의 법칙이 오늘은 통하지 않는 것 같다.

부르마이스터는 돌처럼 굳어진 표정으로 자신의 칩을 응시한다. 그는 이제 누구의 말도 귀에 들리지 않지만 계산은 할 수 있다. 지난 11판에서 그는 1만 235유로를 잃었다. 그의 앞에 놓인 칩들은 1만 240유로어치다. 이것마저 잃으면 빈털터리가 된다. 옆에서 빌이 발을 동동 구른다.

부르마이스터는 "건곤일척!"이라고 중얼거리며 칩 더미를 검은색 구역에 밀어놓는다. 이번 판에서—드디어 나와야 마땅한—검

은색이 나오면 그는 5유로를 벌게 될 것이다.

"죄송합니다, 손님. 이 베팅은 받아들일 수 없습니다."

딜러의 말에 테이블 주위는 찬물을 끼얹은 듯 고요해진다. 모든 눈이 부르마이스터를 바라본다.

"무슨 말이오? 내 돈 내고 산 칩들인데 뭐가 문제요?"

부르마이스터 자신에게도 낯설게 들릴 정도로 심하게 떨리는 목소리다.

"이 테이블에서는 한 판에 7000유로까지만 걸 수 있습니다. 그 이상의 베팅은 허용되지 않습니다."

딜러가 침착하게 알려준다.

"젠장, 난 더 많이 걸어야 해!"

부르마이스터가 외친다.

"유감입니다만, 손님. 이 카지노의 규칙이 그렇습니다. 베팅 금액을 줄이시든지, 아니면 자리에서 일어나주십시오."

부르마이스터는 마비된 사람처럼 의자에 앉아 있다. 빨간색과 검은색이 뒤엉킨 바다가 그의 눈앞에서 넘실거린다. 빌이 나서서 칩들을 챙기고 친구를 일으켜 부축하면서 교환소로 향한다. 부르마이스터는 현금 1만 240유로를 되찾는다. 그와 맞먹는 금액은 날아가 버렸다. 정확히 말해서 1만 240에서 5를 뺀 유로가 허망하게 날아갔다.

두 친구의 귀에 마지막으로 딜러의 외침이 들려온다.

"8, 누아르, 페르, 망크!"

도박꾼들의 어리석은 추론

이런 이야기를 지어내기는 쉽지만 실제로 빨간색이 연거푸 11번 나오는 일은 100년에 한 번 나올까 말까 하다고 생각하는 독자들도 아마 있을 것이다.

그러나 위의 이야기에 제시된 숫자들은 2007년 3월 10일에 호엔쥐부르크Hohensyburg 카지노에서 실제로 나온 것들이다. 카지노들은 룰렛에서 나온 숫자 열을 인터넷에 공개한다. 그 숫자 열을 보면 앞으로 나올 숫자들에 대해서 무언가 알 수 있다고 믿는 어리석은 사람들을 위해서다. 나는 그런 숫자 열을 잠깐 훑어보는 것만으로도 위의 사례를 발견할 수 있었다. 도박의 수학, 특히 프랑크 부르마이스터가 5유로를 벌기 위해 채택한 마틴게일 전략을 본격적으로 다루기에 앞서, 여러분에게 간단한 연습 과제를 제시하겠다. 총 100개의 빨간색(R)과 검은색(S)이 최대한 우연적으로 배열된 열을 만들어보라. 여러분이 만든 열은 아마 아래의 열과 비슷할 것이다(검은색이나 빨간색이 연거푸 나오는 대목들을 강조하기 위해 그런 대목에서는 철자들을 붙여 표기했다).

R S RR S R SSS RR S R SS RR S R SSS R S RR SS R S RRR S R S R SSSS R SS RR S RRR S R SS RR S R SS R S RR S RRR SS R S RR SSS R S RR S R SSS R S RR SSS R S R S RR S

그리고 다음의 열은 2007년 3월 10일에 호엔쥐부르크 카지노의 10번 테이블에서 나온 마지막 숫자 100개의 항들이다(0도 여섯 번 나왔지만, 그것들은 제외했다).

R SS R S RRR SSSS RR SS R S R SSSSS RRRRRRRRRR S RR SSS R SS R SSS R S RRRR SSS RRR S R S RR SSSSS RRRR S RRR S RRR SS R SS RRR S RR SS RR S R S

    무작위한(우연적인) 열을 꾸며내라고 하면, 사람들은 항들을 매우 규칙적으로 배치한다. 빨간색이 5개 이상 이어지는 대목을 만드는 사람은 거의 없다. 왜냐하면 그런 대목은 '무작위하지' 않아 보이기 때문이다. 그러나 진짜로 무작위한 열에서는 상식적으로 개연성이 매우 낮은 듯한 연속 반복 구간이 놀랄 만큼 자주 등장한다. 위의 예에는 정말 눈에 띄는 빨간색 11회 반복 구간 외에도 검은색 5회 반복 구간 두 곳과 빨간색 4회 반복 구간 두 곳, 검은색 4회 반복 구간 한 곳이 있다.

    위의 열이 '무작위하지 않다고' 여길 통계학자는 아무도 없을 것이다. 이 열에는 R이 54개, S가 46개 들어 있다. 이 비율은 상식적으로 기대되는 비율 50 : 50에 가깝다.

    그렇지만 프랑크 부르마이스터의 도박이 대실패로 끝난 것은 개연성이 상당히 낮은 사건이다. 실제 룰렛에 있는 0을 빼고 생각한다면, 1판에서 빨간색이나 검은색이 나올 확률은 0.5다. 거듭 설명하지만, 확률을 구하려면 바라는(혹은 바라지 않는) 사건들의 개수를 모든 가능한 사건들의 개수로 나누면 된다.

룰렛을 2판 한다면, 가능한 사건들의 개수는 4다. RR, RS, SR, SS가 나올 수 있기 때문이다. 여기서 RR이 나올 확률은 $\frac{1}{4}$, 곧 0.25다. 3판을 할 때 가능한 결과들은 $2\times2\times2 = 8$개, RRR이 나올 확률은 $\frac{1}{8}$이다.

똑같은 원리로, 11판을 할 때를 생각해보면, 가능한 결과들(R과 S로 이루어진 배열들)은 2^{11}개, R이 11회 반복되는 결과는 단 1개이다. 따라서 그런 결과가 나올 확률은 다음과 같다.

$$\frac{1}{2^{11}} = \frac{1}{2048} \approx 0.0005$$

뒤집어 말해서, 부르마이스터가 채택한 백전백승의 전략은 99.95퍼센트 성공하게 되어 있다. 대단한 전략이지 않은가? 그러나 안타깝게도 확률만 계산하는 것으로는 충분하지 않다. 도박은 돈이 걸린 놀이이고, 따라서 결과 각각의 확률뿐 아니라 그 결과에 동반된 손익이 얼마나 큰지도 따져야 한다. 1만 유로 손해는 5유로 이익보다 더 중요하니까 말이다.

이른바 기댓값은 이런 맥락에서 유용한 수학 개념이다. 어떤 도박의 기댓값은 그 도박에서 얻는 이익(또는 손해)의 평균이다. 기댓값은 도박이 '공정한지' 여부를 알려준다. 기댓값이 0보다 작다는 것은, 장기적으로 손님이 돈을 잃고 카지노가 돈을 번다는 뜻이다. 그리고 누구나 짐작하겠지만, 룰렛에서는 베팅을 어떻게 하든 상관없이 기댓값은 0보다 작다.

기댓값의 구체적인 정의는 다음과 같다. 가능한 사건들이 n개 있다면, 그것들 각각의 확률 p와 이익 g를 곱해서 전부 더했을 때 기댓값 E가 나온다.

$$E = p_1 \times g_1 + p_2 \times g_2 + \cdots\cdots + p_n \times g_n$$

수학자들은 위의 식을 줄여서 아래와 같이 쓰기를 좋아한다.

$$E = \sum_{i=1}^{n} p_i \times g_i$$

예컨대 어느 술집에서 누군가가 당신에게 내기를 하자고 제안한다. 주사위 4개를 던져서 하나라도 6이 나오면 당신이 1유로를 따고, 그렇지 않으면 1유로를 잃는 내기다. 이것은 공정한 내기일까? 주사위 4개를 던져서 나올 수 있는 결과들은 $6 \times 6 \times 6 \times 6$ = 1296개, 결과 각각이 나올 확률은 $\frac{1}{1296}$이다. 이 결과들 중에서 6이 포함된 결과는 몇 개일까? 이 개수를 알아내려면 꽤 복잡한 계산이 필요하다. 6이 1개 나오는 경우, 2개 나오는 경우, 3개 나오는 경우, 4개 나오는 경우를 구분하고, 각각에 대해서 다른 주사위들에서 나올 수 있는 눈들의 조합을 따져보아야 하니까 말이다. 훨씬 더 간단한 방법은 6이 포함되지 않은 결과들의 개수를 따지는 것이다. 다시 말해 4개의 주사위 모두에서 1부터 5까지의 눈만 나오는 결과들을 따지면 된다. 그런 결과들은 5×5×5×5 = 625개다. 즉, 당신은 전체 1296개의 결과 가운데 625개에서 1유로를 잃고 나머지 671개에서 1유로를 딴다. 당신에게 유리한 도박이다!

정확한 기댓값은 아래와 같다.

$$E = 625 \times \frac{1}{1296} \times (-1) + 671 \times \frac{1}{1296} \times 1 = \frac{46}{1296} \approx 0.035$$

요컨대 당신은 이 도박 한 판에 평균 3.5센트(1센트=0.01유로)를 딴다. 이 정도의 약소한 이익은 처음 몇 판을 할 때는 눈에 띄지도 않을 것이다. 그러나 100판을 한다면, 당신이 3유로에서 4유로를 따리라고 예상할 수 있다. 그러므로 이 내기 제안을 받은 당신은 좋다고, 그런데 판돈을 10배로 늘려서 하면 더 좋겠다고 대답하는 것이 바람직하다.

다시 룰렛 문제로 돌아가자. 실제 룰렛에 있는 0을 배제하면, 룰렛의 기댓값을 계산하는 것은 식은 죽 먹기다. 룰렛 11판에서 나올 수 있는 결과들(빨간색과 검은색의 배열들)은 2048개, 그중 2047개에서 프랑크 부르마이스터는 5유로를 딴다. 왜냐하면 이 2047개의 결과들에는 검은색이 적어도 1개 들어 있기 때문이다. 반대로 단 1개의 불운한 결과가 발생하면, 그는 판돈 총액 1만 235유로를 잃는다. 그러므로 기댓값은 아래와 같다.

$$E = \frac{2047}{2048} \times 5 + \frac{1}{2048} \times (-10235) = \frac{10235-10235}{2048} = 0$$

기댓값이 0이라는 것은 게임이 공정하다는 뜻이다. 부르마이스터의 이익과 손해는 장기적으로 상쇄될 것이다.

그러나 게임이 공정하다면 카지노는 돈을 벌지 못할 것이다. 그래서 실제 룰렛에는 초록색 칸, 즉 0이 있다. 0이 나오면 검은색에 건 판돈은 '동결'되었다가 다음 판에 (빨간색이 나오면) 딜러의 몫이 되거나 (검은색이 나오면) 이득 없이 원금만 회수되거나 (또 0이 나오면) 다시 동결된다. 이 규정은 명백히 딜러에게 유리하고, 따라서 실제 룰렛의 기댓값은 0보다 작다. 돈을 거는 방식을 바꾸더라도 기댓값은 항상 음수가 된다.

아주 많은 사람이 룰렛에서 확실하게 따는 방법을 알려주겠다고 나선다. 간단한 마틴게일 전략을 추천하는 이들은 드물고, 대개 꼼꼼하게 목록을 작성해가면서 결과들의 추이에 따라 판돈을 분산해서 거는 방법들이 추천된다. 그러나 원리는 똑같다. 돈을 잃으면, 잃은 돈을 만회하기 위해 판돈을 올려야 한다.

수학자들은 그 모든 비법 앞에서 고개를 가로저을 수밖에 없다. 왜냐하면 기댓값은 더하기 원리를 따르기 때문이다. 다시 말해 서로 독립적인 판들의 전체 기댓값은 각 판의 기댓값들의 합과 같다. 만일 개별 기댓값들이 전부 음수라면, 판들을 아무리 복잡하게 조합하더라도 전체 기댓값을 양수로 만들 길은 없다.

이 사실은 수학적으로 증명될 수 있지만 현실에서도 증명된다. 카지노는 손님들보다 아주 조금 유리한 판을 종일 거듭한 결과로 (거의) 매일 상당한 이익을 챙긴다. 그 이익은 물론 손님들이 건 판돈에 비하면 아주 적지만 카지노를 먹여 살리기에 충분하다. '큰 수의 법칙'은 판이 충분히 많이 거듭되면 카지노의 이익이 실제로 기댓값에 접근하도록 만든다.

많은 도박꾼은 큰 수의 법칙을 오해한다. 이 법칙에 따르면, 예컨대 룰렛에서 빨간색이 나온 판의 수를 검은색이 나온 판의 수로 나눈 값은 판이 거듭될수록 점점 1에 접근한다. 그런데 수학을 모르는 사람들은 이 법칙으로부터 다음의 결론을 끌어낸다. 한동안 빨간색이 더 자주 나왔다면, 이제부터는 검은색이 더 자주 나와야 한다. 이것은 치명적인 오류다! 왜냐하면 프랑크 부르마이스터가 옳게 지적했듯이, 룰렛 기구는 아무것도 기억하지 못하기 때문이다.

그럼에도 큰 수의 법칙은 지켜질까? 부르마이스터가 끼어들어 돈을 잃은 룰렛 테이블에서 나온 결과들을 다시 한 번 살펴보자.

R SS R S RRR SSSS RR SS R S R SSSSS RRRRRRRRRRR

총 35판에서 빨간색 대 검은색의 비율은 $\frac{20}{15}$ = 1.33, 요컨대 빨간색이 통계학적으로 기대되는 정도보다 더 많이 나왔다. 그러나 그 후의 결과들까지 종합해서 총 100판을 살펴보면, 빨간색 대 검은색의 비율은 $\frac{54}{46}$ = 1.17이 된다. 실제로 검은색이 빨간색을 '따라잡은' 것처럼 보인다. 이처럼 큰 수의 법칙은 지켜진다.

그런데 부르마이스터가 손을 털고 일어선 이후에 실제로 검은색이 빨간색보다 더 자주 나왔을까? 이어진 65판의 결과를 보자.

S RR SSS R SS R SSS R S RRRR SSS RRR S R S RR SSSSS
RRRR S RRR S RRR SS R SS RRR S RR SS RR S R S

빨간색이 34판, 검은색이 31판이다. 역시 빨간색이 더 자주 나왔다! 그럼에도 전체 비율을 따지면, 검은색의 비율이 높아졌다.

곰곰이 따져보자. 빨간색과 검은색 사이의 절대적인 격차는 판이 거듭되면서 오히려 더 커졌다. 35판이 끝났을 때 그 격차는 5였는데, 100판이 끝나고 나니 8이 되었다. 그러나 비율을 따지면, $\frac{5}{35}$ (35판에서 격차 5)가 $\frac{8}{100}$ (100판에서 격차 8)보다 더 크다.

요컨대 큰 수의 법칙은 통계학적으로 기대되는 빨간색과 검은색 사이의 절대적인 격차가 줄어든다고 말하지 않는다. 일반적으로 판의 수가 거듭될수록 그 격차는 점점 더 커진다. 그 법칙은 다만 빨간색과 검은색 사이의 비율이 1에 접근한다고 말한다. 큰 수의 법칙은 절대적인 격차를 없애지 못한다. 적어도 도박에는 격차 없는 공정함이 존재하지 않는다.

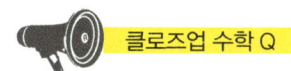 클로즈업 수학 Q

새 작품이 공연되는 첫날, 오페라 극장은 대성황이다. 관객 1500명이 새롭게 연출된 〈마술피리〉를 관람한다. 입구에서 관객의 외투를 맡아 보관하는 여직원이 큰 실수를 저질러 외투들이 뒤죽박죽이 된다. 이제 관람을 마치고 나오는 관객들에게 순서가 뒤죽박죽된 외투들을 차례로 집어주면서 자신의 외투인지 확인하시라고 하는 수밖에 없다. 운 좋게 자신의 외투를 받는 관객이 1명 이상일 확률은 얼마일까?

제5화 여성 차별 문제

때로는 총계에서 승부가 뒤바뀐다

"동료 여러분, 제가 여러분을 소집한 이유는…… 에, 시급한 문제를 논의하기 위해서입니다."

에어랑겐 번역 전문대학의 학장 홀거 에어만은 정치인처럼 진지한 표정을 짓는다. 그의 앞에 학과장 네 명이 앉아 있다. 러시아어학과장 게르트 미스강, 영어학과 여교수 카틀렌 크로스, 스페인어학과를 대표하는 프란츠 포클러, 규모가 가장 작은 이탈리어학과의 이바나 캄파놀라. 학장 옆에는 검은 머리를 빗어 넘기고 멋쟁이 안경을 쓴 젊은 여자가 앉아 있다. 그녀는 컴퓨터로 인쇄한 서류를 꼼꼼하게 살펴본다.

"우리 학교의 여성권익위원장인 바이서 양을 다들 아시리라고 믿습니다. 며칠 전에 바이서 양이 저에게 심각한 문제 하나를 알려주었습니다. 그 문제가 오늘의 안건입니다. 바이서 양, 먼저 말씀해 주시지요."

알리네 바이서가 도전적인 눈빛으로 좌중을 둘러본다.

"여러분은 아마 지금까지 저와 마주칠 일 없이 순탄하게 생활해오셨을 겁니다. 대부분의 사람들은 제가 다양한 문서들의 문구를 여성 차별적이지 않게 고치는 정도의 일이나 한다고 생각하지요. 물론 차별적인 문구들이 저절로 없어지는 것은 아닙니다만, 저의 주 업무는 그것이 아닙니다."

홀거와 미스강이 시선을 교환하고, 이에 자극받은 알리네 바이서가 목소리에 조금 더 힘을 싣는다.

"여러분이 다들 알듯이, 최근 몇 년 동안 독일의 학교들에서는 여학생의 수가 남학생의 수를 따라잡는 쾌거가 이루어졌습니다. 어느새 지금은 대학입학자격시험 응시생 가운데 여학생이 남학생보다 많습니다. 평균 성적도 여학생이 더 우수하지요. 특히 외국어 영역에서 그렇습니다. 그러다보니 대학에서도 비슷한 변화가 일어나리라고 예상하는 것이 자연스러웠습니다. 솔직히 저도 그렇게 예상했어요."

"실제로도 그래요. 적어도 우리 스페인어학과는 확실히 달라졌어요. 우리 과에서 가장 우수한 학생들은 여학생입니다."

포클러가 끼어든다.

"제 말을 끊지 말아주십시오, 포클러 씨."

여성권익위원장이 날카롭게 받아친다.

제5화 여성 차별 문제 85

"지금 중요한 것은 학업 성적이 아닙니다. 우리는 많은 여학생에게 대학에서 공부할 기회조차 주지 않고 있습니다. 이것이 제가 하려는 말의 핵심입니다."

"우리가요?"

"예, 우리가."

바이서 양이 힘주어 말한다.

"몇 년 전부터 우리는 입학생을 자율적으로 선발할 수 있는 행복한 처지가 되었습니다. 내신 성적과 대학입학자격시험 성적만 들여다보고 결정해야 하던 시절은 지나갔어요."

"맞아요, 참 시기 적절한 변화였어요. 내신 성적이란 것이 뭐랄까, 당최……."

에어만 학장이 말한다.

"신뢰성이 없죠. 게다가 언어를 전문적으로 다루는 학교가 언어 능력에 따라 신입생을 선발하는 것은 당연합니다. 달리 무슨 기준이 있겠습니까?"

포클러가 거든다. 이때 바이서 양이 나선다.

"이론적으로는 옳은 말씀입니다. 하지만 우리가 정말 지원자의 자질에 따라 신입생을 선발하고 있을까요? 저는 의심스럽습니다. 그리고 제 의심은 근거가 있어요."

다들 어리둥절한 표정이다. 알리네 바이서는 분명하게 말해야겠다고 느낀다.

"여성들이……."

그녀가 말을 잇는다.

"불이익을 당하고 있습니다."

"아니 언제, 어떻게 불이익을 당한단 말입니까?"

카틀렌 크로스가 당황하면서 묻는다.

"학과장님께 그 불이익을 상세하게 설명해드리는 것이……."

바이서 양이 지나칠 정도로 우아하고 다정하게 대답한다.

"이 회의의 목적입니다."

좌중이 웅성거린다. 다들 불쾌감을 표현하고 자신을 변론하기 위해 중얼거린다.

"동료 여러분!"

학장이 나선다.

"바이서 양이 발언을 마칠 수 있도록 정숙을 유지합시다. 바이서 양, 계속하시지요."

여성권익위원장이 서류철에서 종이 한 장을 뽑아든다. 연극에서나 볼 법한 극적인 동작이다.

"지난 겨울학기에 우리 학교에 지원한 사람들을 보면, 젊은 남성이 2175명, 여성이 849명입니다."

"젊은 여성인데……."

포클러가 쓸데없이 끼어든다. 여성권익위원장이 안경테 너머로 포클러를 쏘아본다. 포클러는 누군가에게서 그녀의 눈빛이 유난히 날카롭다는 말을 들은 적이 있다.

"누가 지원할지는 우리가 결정하지 않습니다."

에어만 학장이 반발한다.

"저도 지원자의 수를 문제 삼는 것은 아닙니다. 물론 여성이 우리 학교에서 공부하면 어떤 혜택을 받을 수 있는지를 우리가 앞으로 더 적극적으로 홍보할 필요가 있다는 생각은 하지만요."

에어만 학장은 안경에 매달린 사슬을 만지작거리느라 바이서 양이 그에게 보내는 도전적인 눈빛을 알아채지 못한다.

"합격률을 살펴봅시다."

바이서 양이 말을 잇는다.

"남성 지원자의 합격률은 47퍼센트, 여성 지원자의 합격률은 31퍼센트예요. 우연이라고 하기에는 차이가 너무 크지요. 게다가 이런 현격한 차이가 최근 3년 동안 대체로 유지되었습니다."

좌중의 반응을 기다린 그녀는 모두가 깊은 인상을 받았음을 기분 좋게 확인한다.

"그래서 저는 우리 학교의 입학 절차가 남성에게 유리하다는 결론을 내립니다. 제가 상상력이 부족해서 그런지 몰라도, 위의 합격률이 보여주는 것만큼 현저하게 남성이 여성보다 유능하다는 생각은 들지 않으니까요. 요컨대 우리 학교에 문제가 있습니다."

맨 먼저 이바나 캄파놀라가 침묵을 깬다. 모두가 아주 좋아하는 이탈리아어 억양으로 그녀가 말한다.

"우리 과는 달라요. 지난 학기 입학생이 겨우 46명인데, 여학생이 남학생보다 2명 더 많습니다. 지원자는 그보다 10배 넘게 많았지만요. 그리고 합격률은…… 잠깐만요."

그녀는 모두가 아주 좋아하는 낡은 메모장을 넘긴다.

"남학생이 6퍼센트, 여학생이 7퍼센트네요."

다른 사람들도 각자 자신의 자료를 살펴보더니 다들 여성권익위원장의 비판에 반발한다.

"우리 영어학과 합격자는 훨씬 더 많습니다. 워낙 규모가 큰 학과니까요."

카틀렌 크로스가 발언한다.

"매년 신입생이 600명을 넘지요. 우리 과는 남성 지원자에게 훨씬 더 인색했습니다. 남성 합격률이 62퍼센트, 여성 합격률이 82퍼센트예요."

남녀 합격률을 명확하게 제시했으니, 더 따질 필요가 없다. 카틀렌 크로스는 자신이 여성권익위원장의 비판으로부터 자유로움을 입증하는 데 성공했다. 이제 남성 학과장 두 명이 답변할 차례이다. 먼저 미스강이 나선다.

"러시아어에 관심이 있는 여성이 왜 이리 적은지는 저도 모르겠습니다. 뭐, 러시아어가 섹시한 언어 대접을 못 받아서 그렇겠죠."

그는 호응을 기대하며 좌중을 둘러보지만, 분위기가 영 썰렁하자 헛기침을 하고 말을 잇는다.

"남성 지원자는 560명이었는데 여성 지원자는 달랑 25명이었습니다. 하지만 합격률은 우리 과에서도 여성이 더 높았어요. 68퍼센트 대 63퍼센트입니다. 결론적으로, 아마 이럴 줄 몰랐겠지만, 저는 잘못이 없습니다. 우리의 소중한 동료 포클러 씨가 조금 난처할 듯하네요."

"소중한 동료 미스강 씨, 당신은 남자들끼리의 의리를 조금 더 지키면 좋을 것 같아요."

스페인어학과 교수 포클러가 받아친다. 그는 지난번에 미스강과 만났을 때 남성권익위원장직을 신설해야 한다는 말을 다른 사람들도 보는 앞에서 했는데, 지금은 보안을 위해 그 이야기는 언급하지 않는다.

"우리 과의 통계를 말씀드리지요. 총 지원자가 792명이었는데, 남성이 여성보다 42명 많았습니다. 여성 합격률은 35퍼센트, 남성 합격률은 33퍼센트이고요."

이제 아무도 타인을 비아냥거릴 기분이 아니다. 다들 어리둥절할 따름이다. 통계를 의심하는 것은 터무니없지 않은가! 학장이 말문을 연다.

"결론은 명백하네요. 네 학과 모두에서 여성 합격률이 남성 합격률보다 높습니다. 기자회견을 열어서 공개할 만한 일이군요. 방금 전에 우리 바이서 양이 특유의 매혹적인 방식으로 요구했던 일이기도 하고요."

모든 시선이 여성권익위원장을 향한다. 그녀는 좌중이 말없이 던지는 질문이 무엇인지 잘 안다.

"제가 제시한 수치들은 정확해요!"

그녀가 흥분해서 내뱉는다.

"게다가 최신이고요. 오늘 아침에 교무처 컴퓨터에서 뽑아온

거라고요. 하지만 뭔가 수수께끼가 있다는 점은 저도 인정합니다."

포클러가 속으로 생각한다. '수수께끼는 무슨 얼어 죽을! 이봐요, 아가씨, 제 무덤을 제 손으로 파셨어요.'

에어만이 재빨리 상황을 정리한다.

"그래요, 무언가 역설이 있는 듯해요. 하지만 일단 회의를 마치고 다음 주 수요일에 모두 다시 모입시다. 저는 전산센터에서 바인가르텐 씨를 모셔오겠습니다. 그분은 계산의 달인이시지요. 그때까지는 처칠의 명언을 되새기도록 합시다. '너 자신이 위조한 통계 외에는 어떤 통계도 신뢰하지 마라!'"

"이의 있습니다!"

카틀렌 크로스가 끼어든다.

"독일 사람들의 착각이에요. 처칠은 그런 명언을 한 적이 없어요. 어쨌거나 우리 영국 사람들은 그 명언을 전혀 모른다니까요."

심프슨 역설

에어만 학장이 통계수치들에서 발견한 역설은 실제로 수학에서 심프슨 역설Simpson's paradox이라고 불린다. 수학자 E. H. 심프슨Edward Hugh Simpson이 1951년에 처음 제시한 그 역설은 그 후 온갖 혼란을 불러일으켰다. 하지만 그 역설의 실체는 아주 간단하다.

위의 이야기에 등장한 여성 문제를 다루기 전에 좀 더 단순한 예를 살펴보자. 선수 A와 B가 달리기와 수영으로 이루어진 약식 철인경기를 완주한다. 총 거리는 10킬로미터이다. A는 달리기 구간을 시속 15킬로미터로 주파하고, B는 더 느리게 시속 12킬로미터로 주파한다. 수영에서도 A가 B보다 빠르다. A는 시속 4킬로미터, B는 시속 3킬로미터로 수영한다. 그럼에도 B는 총 거리를 1시간 20분에 완주하고, A는 2시간 8분에 완주한다. 전체적으로 A가 더 느린 셈이다. 어찌 이런 일이 일어날 수 있을까?

설명을 들으면 당신은 아마 말도 안 된다고 항의할 것이다. 선수 각각에게 부여된 달리기 거리와 수영 거리가 서로 다르기 때문에 이런 일이 일어났다. 구체적으로 A는 2킬로미터를 달리고 8킬로미터를 수영한 반면, B는 거꾸로 8킬로미터를 달리고 2킬로미터를 수영했다. 따라서 달리기에서나 수영에서나 A에게 뒤지는 B가 더 먼저 결승점에 도달한 것은 놀라운 일이 아니다.

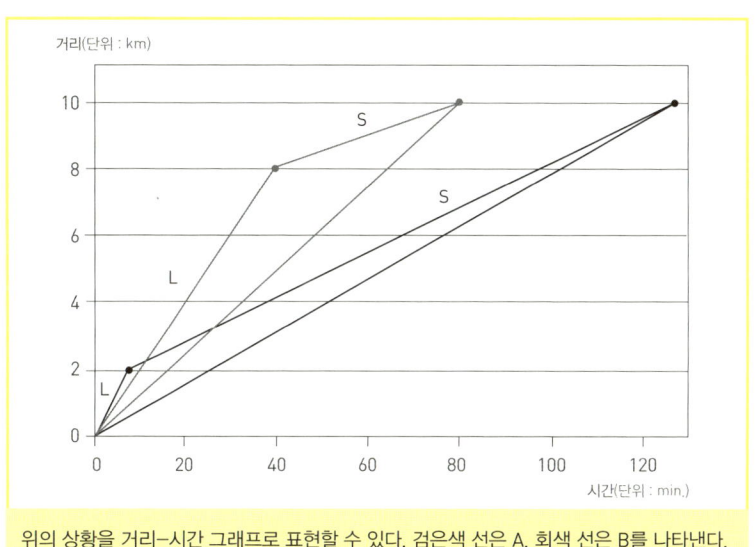

위의 상황을 거리-시간 그래프로 표현할 수 있다. 검은색 선은 A, 회색 선은 B를 나타낸다.

앞의 그래프에서 선분 각각의 기울기는 속도를 나타낸다. 자세히 보면, A의 달리기 구간 선분(철자 L이 붙은 선분)과 수영 구간 선분(철자 S가 붙은 선분)이 대응하는 B의 선분 각각보다 더 가파르다. 그럼에도 결국에는 B가 더 빨리 결승점에 도달한다.

공정한 경기가 아니었으므로, 이 같은 결과는 놀랍지 않다. 우리가 살펴본 합격률 이야기도 이와 비슷하다. 이 이야기에 등장하는 수치들은 꾸며낸 것이 아니다. 실제로 1970년대에 버클리 소재 캘리포니아대학교에서 여성이 입학 절차에서 불이익을 당한다는 주장이 제기되어 토론이 벌어졌다. 심지어 그 문제가 심프슨 역설의 전형적인 사례임을 보여주는 논문이 과학 학술지 《사이언스 *Science*》에 실리기까지 했다. 나는 그 논문에 나온 네 학과의 통계 자료를 위의 이야기에 그대로 써먹었다. 다만 학과들의 명칭은 바꿨다.

다시 보아도 명백하다. 모든 학과에서 여성 합격률이 남성 합격률보다 높다. 그럼에도 학교 전체에서는 여성 합격률이 31퍼센트

학과	남성 지원자	합격자	합격률 (단위 : %)	여성 지원자	합격자	합격률 (단위 : %)
영어학과	825	512	62	108	89	82
러시아어학과	560	353	63	25	17	68
스페인어학과	417	138	33	375	131	35
이탈리아어학과	373	22	6	341	24	7
전체	2175	1025	47	849	261	31

심프슨 역설의 전형적인 사례

로 남성 합격률 47퍼센트보다 더 낮다. 혹시 여성이 차별을 받았기 때문일까? 방금 살펴본 철인경기에 빗대어 이야기하자면, 남성들이 달릴 때, 여성들은 수영을 강요당했기 때문일까?

실제로 대다수의 여성은 '더 어려운' 학과들에 지원했다. 앞의 표를 다시 보자. 영어학과는 합격률이 (남녀를 통틀어 약 64퍼센트로) 상당히 높은 반면, 이탈리어학과의 합격률은 겨우 6.4퍼센트이다. 즉, 남성들은 주로 합격하기 쉬운 학과들을 (철인경기에 빗대면, '달리기'를) 선택한 반면, 여성들은 상대적으로 합격률이 낮은 두 학과에 몰렸다. 여성들은 '수영'을 강요당한 셈이다. 따라서 네 학과를 종합

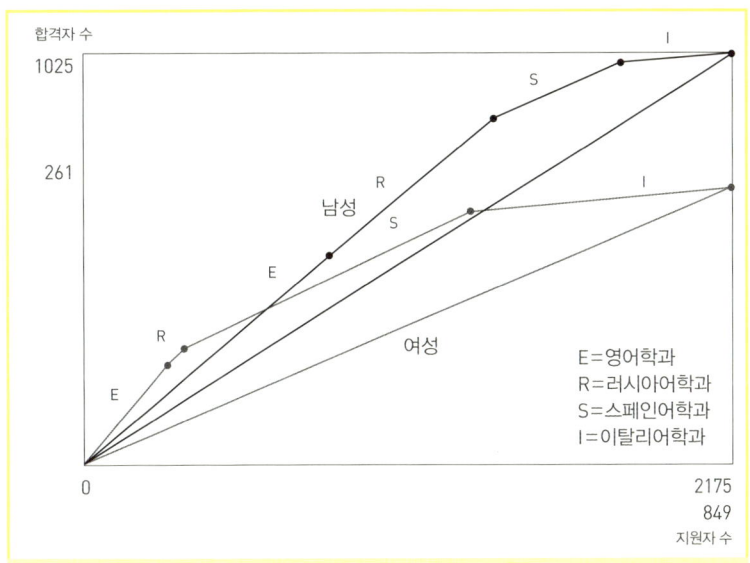

남녀의 상황을 한눈에 비교할 수 있도록, 그래프 가로축의 척도를 이중으로 설정했다. 즉, 남성 그래프에서는 가로축이 0명에서부터 2175명까지, 여성 그래프에서는 가로축이 0명에서 849명까지를 나타내도록 했다. 또 이 비율에 맞게 세로축의 척도도 이중으로 설정했다.

제5화 여성 차별 문제

했을 때 여성의 합격률이 더 낮은 것은 놀라운 일이 아니다. 이 상황도 앞 페이지의 그래프로 나타낼 수 있다.

여성 그래프와 남성 그래프에서 같은 철자가 붙은 선분들을 비교해보면, 여성 그래프의 선분이 남성 그레프의 선분보다 더 가파르다(특히 E와 R에서). 그러나 전체 기울기는 여성 그래프가 더 완만하다. 모든 심프슨 역설에는 일종의 '숨은 변수' 즉 총계에서 드러나지 않는 사정이 있다. 철인경기의 예에서는 달리기 구간과 수영 구간이 선수마다 다르게 설정된 것이 그 사정이고, 대학 합격률의 예에서는 학과별 지원자 분포가 고르지 않은 것이 숨은 변수이다.

어떤 부수 조건이 숨어 있어서 사태가 왜곡되었는지를 알아채기는 때때로 매우 어렵다. 실제로 있었던 사례를 하나 더 살펴보자. 미국 항공사들은 매년 '시간 준수 보고서'를 발표한다. 이를 위해 공항 30곳을 선정하여 그곳들에서 항공기 연착이 발생하는 비율을 조사한다. 이 조사에서 알래스카 항공Alaska Airlines은 아메리카 웨스트 항공America West Airlines(지금은 US 에어웨이스US Airways와 합병됨)보다 늘 더 좋은 성적을 거뒀다. 그렇다면 알래스카 항공이 아메리카 웨스트 항공보다 시간을 더 잘 준수했다는 결론을 내릴 수 있을까?

이 예에서 숨은 변수는 두 항공사가 모든 공항을 같은 빈도로 이용하지 않는다는 사실이다. 항공사마다 허브 공항, 즉 수많은 노선이 모여드는 중심 공항이 다르기 마련이다. 아메리카 웨스트 항공은 애리조나 주 피닉스 시의 공항을 허브로 삼는다. 그곳의 하늘은 일 년 내내 맑다. 반면에 소규모 항공사인 알래스카 항공은 과거에 조사 대상인 대형 공항 30곳 가운데 5곳만 이용했고, 미국 북서부 귀퉁이에 위치하여 자주 안개가 끼는 시애틀 공항을 허브로 삼았다. 1991년에 두 항공사가 모두 이용한 공항 5곳에서 집계된 연착 자료는 아래와 같았다.

	알래스카 항공		아메리카 웨스트 항공	
	비행횟수	연착률	비행횟수	연착률
로스앤젤레스 공항	559	11.1	811	14.4
피닉스 공항	233	5.2	5255	7.9
샌디에이고 공항	232	8.6	448	14.5
샌프란시스코 공항	605	16.9	449	28.7
시애틀 공항	2146	14.2	262	23.3
총계	3775	13.3	7225	10.9

알래스카 항공과 아메리카 웨스트 항공의 시간 준수 보고서(1991)

공항 5곳 모두에서 알래스카 항공의 연착률이 더 낮다. 그럼에도 총계를 보면, 아메리카 웨스트 항공의 시간 준수 성적이 더 우수하다! 그렇다면 무엇을 기준으로 삼아야 할까? 공항별 성적을 보고 평가해야 할까, 아니면 종합 성적을 보고 평가해야 할까? 주저 없이 다음과 같은 대답을 내놓아야 마땅하다. 공항별 성적표는 표면적인 사실에 관한 추가 정보를 제공하며 그 사실을 정반대로 뒤집을 수 있다. 공항별 성적표는 알래스카 항공이 기상 상황이 좋을 때나 나

빨 때나 경쟁사보다 시간을 더 잘 지켰음을 보여준다.

철인경기의 예도 우리로 하여금 "이건 불공정해!"라고 외치고 싶게 만든다. 그렇다면 남녀 합격률의 예는 어떨까? "여성 차별이 있는가?"라는 질문에 어떻게 대답해야 할까? 다음과 같은 결론을 내려야 마땅하다. 여성들은 학과를 자유롭게 선택하여 지원했다. 단지 더 어려운 길을 선택했을 뿐이다. 이 때문에 대학을 비난할 수는 없다. 물론 여성이 특히 선호하는 학과들의 정원을 늘리는 (실현 가능성이 매우 낮은) 방안이나 사전에 지원자들에게 충분한 정보를 제공하는 방안을 논의해볼 수는 있겠다.

하지만 이런 논의는 수학의 영역을 벗어난다. 마무리하자. 전체 합격률을 근거로 여성이 차별당했다는 결론을 내린 것은 섣부른 추론이었다. 추가 정보(학과별 남녀 합격률)는 이 결론을 뒤집고 실상을 더 잘 보여줄 수 있다.

 클로즈업 수학 Q.

아래의 표는 1972년부터 1994년까지 영국에서 실제로 이루어진 조사의 결과다. 조사의 목적은 흡연자와 비흡연자의 사망률을 알아내는 것이었다. 연구자들은 각 연령대의 흡연자들(또는 비흡연자들) 중에서 20년 이내에 사망한 사람이 몇 명인지 조사했다.

	55~64세(사망률)	65~74세(사망률)	총계(사망률)
흡연자	51명(44%)	29명(80%)	80명(**53%**)
비흡연자	40명(33%)	101명(78%)	141명(**56%**)

굵은 글씨로 표기된 숫자들을 보면, 흡연자가 비흡연자보다 더 오래 사는 듯하다! 이것은 옳은 해석일까?

제6화 경로 계획

장관의 여행

1966년 12월 1일, 본. 빌리 브란트가 새로운 연립 정부의 외교장관으로 취임한다. 어제까지만 해도 대도시 서베를린의 시장이었던 그는 이제 독일 연방의 소박한 수도 본으로 이주하여 기독민주당 소속이며 나치 전력이 있는 총리 쿠르트 게오르크 키징거 밑에서 부총리 겸 외교장관으로 일해야 한다. 일종의 정략결혼인 셈이다.

오전 9시. 외교장관실의 널찍한 밤나무 책상 위에 카네이션 꽃병과 촛불이 켜진 대림환待臨環(성탄절을 앞두고 설치하는, 초 네 개가 꽂힌 둥근 장식물—옮긴이)이 놓여 있다. 가죽 안락의자에 앉은 브란트가 멍하니 앞을 바라본다. 해마다 11월이면 찾아오는 우울증의 여파가 아직 가시지 않은 것이다.

문을 두드리는 소리가 나고, 젊은 남자가 뛰듯이 들어온다. 짧은 머리에 구김 없는 회색 정장 차림이다. 직무를 충실히 수행하겠다는 불굴의 의지가 느껴진다. 의전 담당관 헤르베르트 프라일링이 신임 장관에게 환영 인사를 건넨다. 그 자신도 인정하듯이 아침이면 늘 침울한 브란트이지만, 프라일링은 그런 브란트를 봐주지 않고 곧장 용건을 밝힌다.

"취임 첫날부터 업무 이야기를 꺼내야 해서 송구스럽습니다."

의전 담당관이 쉬지 않고 말한다.

"장관님께서 취임을 계기로 독일과 함께 유럽경제공동체에 속한 나머지 다섯 나라를 방문하시는 것과 관련한 사안입니다. 동맹국들의 예민한 정서도 고려하면서 방문 계획을 신속히 세워야 합니다."

"뭐라고요?"

브란트가 투덜거린다.

"그러니까 내가 다섯 나라를 다 돌아다녀야 한다는 말이오? 룩셈부르크까지?"

이 말을 마치자마자 그는 방금 자신이 작은 동맹국 룩셈부르크의 정서를 충분히 고려했는지 자문한다.

"예, 룩셈부르크까지."

책상 앞에 선 젊은이가 대답한다.

"제 생각에는 한 번의 순방으로 다섯 나라를 전부 들르시는 편이 나을 듯합니다."

프라일링이 장난기 섞인 윙크를 보낸다. 브란트는 그런 순방이 재미있을 수도 있겠다고 생각한다.

"음, 좋아요."

장관이 말한다.

"그럼 계획을 짜봐요. 무엇보다도 이동 경로를 최대한 줄여야 합니다. 나는 다른 나라 외교장관들을 의례적으로 방문하는 것보다 더 중요한 일거리가 있으니까. 어떻소? 이번 발언도 룩셈부르크의 정서에 거슬리겠소?"

프라일링이 장관과 함께 웃는다. 공무원은 이 맛에 산다.

"예, 알겠습니다. 최단 경로!"

프라일링이 의욕에 차서 대답하고, 준비해온 것을 장관 앞에 바로 펼친다.

"제가 여섯 나라의 수도가 표시된 유럽지도를 가져왔습니다. 지금 당장 여행 경로를 지도에 표시해볼까요?"

"지루하지 않게."

브란트가 심드렁하게 내뱉는다.

"경로가 빨리 확정되면 좋겠는데……. 음, 간단한 일이 아닌 것 같군. 이렇게 합시다. 우선 헤이그에 가고, 그다음에 브뤼셀, 이어서 파리. 그다음이 문제네. 로마에 갔다가 룩셈부르크에 가야 하나, 아니면 먼저 룩셈부르크에 가고 그다음에 로마에 가야 하나?"

외교장관이 지도를 내려다보면서 머뭇거린다. 그러자 프라일링이 책상 위의 자를 집어서 거리를 잰다.

"먼저 로마에 가는 편이 이동거리가 조금 더 짧습니다. 제가 지도에 경로를 표시해드리죠."

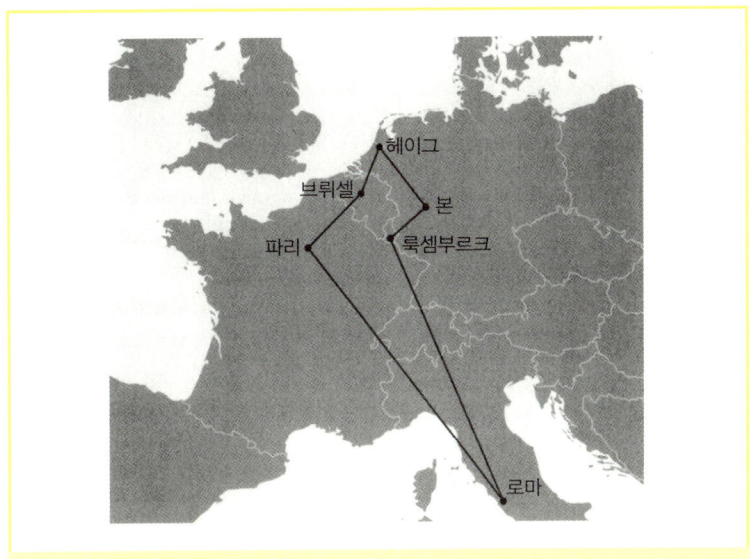

유럽경제공동체 소속 6개국 수도를 순회하는 최단 경로(1966). 본→헤이그→브뤼셀→파리→로마→룩셈부르크→본 순서로 이동하는 것이 최단 경로이다.

"그리하시오."

브란트가 짧게 대꾸한다.

"나는 이제 언론 기사들을 읽어야겠어요. 모름지기 외교장관은 세상이 어떻게 돌아가는지 알아야 하니까."

일차 최적화

1974년 5월 17일, 본. 한스-디트리히 겐셔가 신임 외교장관으로 취임한다. 연방총리 빌리 브란트의 사퇴로 내각을 개편할 필요가 있었다. 기존 외교장관 발터 셸은 연방 대통령에 당선되었고, 겐셔는 내

무부에서 외교부로 옮겨가는 데 성공했다. 외교장관직은 그가 꿈꿔 온 자리였다.

드디어, 외교장관이 되었다! 새 집무실 안에서 왔다갔다 서성거리던 겐셔가 커다란 세계지도 앞에 멈춰 선다. 참 크다. 그의 마음은 지구를 이미 몇 바퀴 돌았다. 이토록 많은 국가! 하지만 그가 이름조차 모르는 국가도 몇 곳 있음을 인정하지 않을 수 없다.

문을 두드리는 소리가 나고, 삼십 대 초반인 듯한 짧은 머리에 검은 정장의 젊은 남성이 들어온다. 직무를 충실히 수행하겠다는 의지가 느껴진다. 의전 담당관 헤르베르트 프라일링이 신임 장관에게 환영 인사를 건넨다. 노련한 의전 담당관인 그는 신임 장관이 일을 시작하고 싶어 안달이 날 지경임을 즉시 알아챈다. 겐셔가 새로운 업무를 기쁨으로 기다리고 있는 것이 빤히 보인다. 겐셔는 다만 4주 뒤에 독일에서 시작되는 월드컵만큼은 그냥 내무장관 신분으로 맞이했으면 좋았을 텐데 하는 미련은 있다고 프라일링에게 고백한다.

그런 미련이라면 프라일링이 해소해줄 수 있다. 그는 앞일을 내다보는 지혜로 장관을 위해 독일 대 칠레 경기의 입장권을 예매해 놓았고, 다음과 같이 예언한다.

"우리나라 팀이 예선을 통과하면, 보나마나 내각의 절반이 관중석에 앉게 될 겁니다."

이어서 프라일링의 진짜 용건이 나온다.

"신임 외교장관은 취임한 후에 되도록 빨리 유럽의 다른 나라 외교장관들을 방문하는 것이 관례입니다. 작년부터 유럽공동체 소속 국가가 9개국으로 늘어났기 때문에, 장관님의 여행이 고될 수도 있겠습니다."

프라일링이 심각한 표정을 짓는다. 그는 신임 외교장관이 가련하다.

"고되다니, 천만의 말씀을!"

겐셔가 손을 내젓는다.

"여행 계획은 세웠습니까? 제일 먼저 어디로 가야 하죠? 되도록이면 최단 경로를 선택합시다. 월드컵이 시작되기 전에 돌아와야 하니까."

"제가 유럽지도를 가져왔는데 한번 보시겠습니까?"

이 말을 채 마치기도 전에 프라일링이 종이 펴는 소리를 요란하게 내며 장관의 책상 위에 지도를 펼친다.

"아이고, 복잡하기도 해라! 그냥 맨 먼저 코펜하겐으로 가고, 그다음에 헤이그로 가면……."

복잡한 세부사항들을 싫어하는 겐셔가 투덜거린다.

"제 생각엔 먼저 브뤼셀로 가고, 그다음에 파리, 런던……."

"그렇게 하면 이동거리가 더 짧아진다는 말이오? 휴, 프라일링 씨가 알아서 계획을 짜고 내일 아침에 나에게 알려주시오. 나는 지금 연방총리와 통화해야 하오. 기독민주당의 콜이라는 작자가 벌써 새 정부에 시비를 걸고 있소. 슈미트 총리가 나서서 조처해야 하오."

이튿날 아침 9시 정각, 외교장관실에 들어온 프라일링이 옆구리에 간추려 끼고 있던 컴퓨터 인쇄용지를 어리둥절해하는 장관 앞의 바닥에 펼쳐놓는다. 인쇄용지가 얼마나 긴지, 한없이 펼쳐진다.

"문제가 생각보다 더 어려웠습니다."

프라일링이 한숨을 내쉬며 말을 잇는다.

"유럽공동체 국가들의 수도 9곳을 순회하는 경로가 총 20160개 존재합니다. 우리는 그중에서 가장 짧은 경로를 찾아내려고 했지요. 다행히 최신 컴퓨터를 사용할 수 있었습니다. 지난밤에 컴퓨터가 다섯 시간 동안 계산한 끝에 최단 경로를 알아냈습니다. 제가 곧바로 이 지도에 그 경로를 표시했고요."

"아주 그럴싸한 경로이군요."

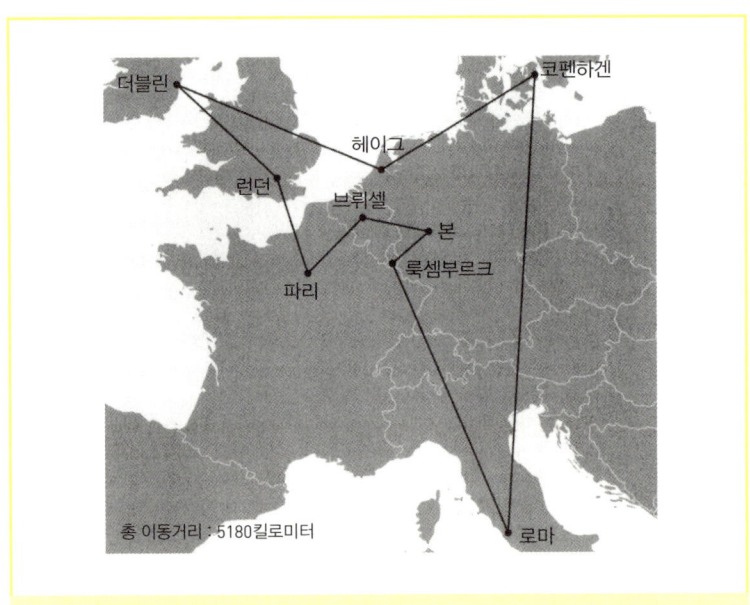

유럽공동체 소속 9개국의 수도를 순회하는 최단 경로(1974). 본→브뤼셀→파리→런던→더블린→헤이그→코펜하겐→로마→룩셈부르크→본 순서로 이동하면 최단 경로가 된다.

겐셔가 중얼거린다.

"그런데 컴퓨터로 이 경로 하나를 알아내는 데 다섯 시간이 걸립니까? 앞으로 유럽공동체가 확장되면, 계산 시간이 더 걸리겠네요. 하긴, 컴퓨터도 발전하겠군요. 유럽공동체의 확장이 더 빠를지, 컴퓨터의 발전이 더 빠를지, 자못 궁금하군요."

프라일링이 고개를 가로젓는다.

"장관님은 15개국이나 20개국으로 이루어진 연합을 정말로 상상할 수 있으세요? 그런 연합이 생기면 브뤼셀에서 열리는 회담들이 정말 지루해질 텐데……."

"두고 봅시다, 프라일링 씨."

장관이 미소 지으며 말한다.

"역사는 가끔 도약을 합니다. 그건 그렇고, 이제 멋진 여행을 계획해볼까요?"

큰 수 앞에 무릎을 꿇다

2005년 11월 22일, 베를린. 연립 정부의 새 외교장관이 취임한다. 신임 장관 프랑크-발터 슈타인마이어는 정부청사 내부의 지리에 환하다. 게르하르트 슈뢰더 총리 밑에서 총리실장으로 일할 때 그는 외교 업무를 자주 담당했다. 특히 가끔 슈뢰더 총리가 최대 라이벌인 녹색당의 요슈카 피셔에게 정책 결정권을 준 사람이 누구인지를 보여주기로 마음먹었을 때 그랬다.

문을 두드리는 소리가 나고, 흰 머리에 회색 양복을 입은 남자가 들어온다. 의전 담당관 헤르베르트 프라일링이 신임 장관에게 환영 인사를 건넨다.

슈타인마이어는 '대단해, 공룡만큼 오래 묵은 직원이겠는걸' 하고 생각한다. 장관이 고맙다고 답례하고, 잡담이 이어진다.

"사실 내 입장에서는 사무실만 바뀐 셈입니다. 일은 지금까지와 별로 다르지 않겠지요. 여행, 여행, 또 여행……."

"맞습니다. 바로 여행이 문제입니다. 과거에는 신임 장관이 되도록 빨리 유럽연합의 수도들을 방문하는 것이 관례였습니다."

"설마, 농담이겠죠!"

신중한 슈타인마이어가 평소답지 않게 흥분한다.

"유럽연합 회원국이 25개국이고, 곧 27개국이 됩니다. 내가 그 많은 나라를 일일이 찾아다닐 것 같습니까? 게다가 나는 그 회원국들의 외교장관들을 벌써 다 압니다. 파리, 런던, 바르샤바에 들를 테니 약속을 잡아주시오. 꼭 필요한 건 아니지만 로마 쪽도 한번 알아보시고. 미안하지만 나는 이제 국무회의를 준비해야 하니까, 그만 나가보시오."

너무나 어려운 경로 계획

우선 외교장관 겐셔가 우리의 이야기 속에서 품었던 궁금증부터 해소하자. 오늘날의 컴퓨터는 겐셔가 외교장관으로 취임할 당시의 컴퓨터보다 계산 속도가 3만 배 빠르다. 그럼에도 여행 문제의 복잡성 증가를 따라잡기에는 턱없이 부족하다. 유럽연합 회원국 27개국을 순회하는 여행 경로를 최적화하려면, 9개국 순회 경로를 최적화하는 데 필요한 것보다 대략 10^{22}배 많은 계산이 필요하다. 수도 27곳을 순회하는 최단 경로를 찾는 과제는 최신 슈퍼컴퓨터로도 수백 년 동안 계산해야 해결할 수 있을 것이다. 요컨대 계산이 완결되기 전에 세계가 통일될 가능성이 높다.

최단 순회 여행 문제는 수학에서 '보부상 문제'로도 불린다. 이 문제는 구멍 뚫는 로봇이 인쇄회로기판에 수백 개의 구멍을 뚫어야 하는 상황에서도 등장한다. 왜냐하면 로봇이 최대한 신속하게 일을 마치게 하려면 로봇의 이동 경로를 최적화해야 하기 때문이다.

학교에서는 이 최적화 문제를 거의 다루지 않는다. 이 문제가 '순수' 수학과 거의 무관하기 때문이다. 따지고 보면, 원리는 간단하다. 모든 가능한 경로 각각의 길이를 계산해서 가장 짧은 경로를 찾아내면 끝이다.

그런데 가능한 경로가 얼마나 많을까? 도시 n곳을 거치는 순회 여행이라면, 처음 들를 도시의 선택지가 $n-1$개 있다. 그다음에 들를 도시의 선택지는 $n-2$개, 또 그다음 선택지는 $n-3$개 등이므로, 가능한 경로의 개수를 구하려면 1부터 $n-1$까지의 모든 수를 곱해야 한다. 그러나 여기에서 끝난 것이 아니다. 그렇게 곱해서 개수를 구하면, 순회 경로 각각이 두 번씩 세어지는 결과가 발생한다. 왜냐하면 한 경로를 시계방향으로 순회하는 것과 반시계방향으로 순회하는 것이 서로 다른 가능성으로 간주되기 때문이다. 그러므로 모든 가능한 경로의 개수는 다음과 같이 구할 수 있다.

$$\frac{1 \times 2 \times 3 \times \cdots \times (n-1)}{2}$$

이 식을 아래와 같이 간단히 적을 수 있다.

$$\frac{(n-1)!}{2}$$

'!' 기호는 '팩토리얼'이라고 읽으며 조합 계산에서 자주 등장한다. 아래 표가 보여주듯이, 가능한 경로의 개수는 급격히 증가한다.

n	$\frac{(n-1)!}{2}$
3	1
5	12
10	181440
20	6×10^{16}
50	3×10^{62}
100	5×10^{155}

순회지의 개수(n)에 따른 가능한 경로의 개수

n의 값이 크면, 최단 경로 계산은 사실상 불가능하다. 계산 방법을 몰라서가 아니라 그 엄청난 계산을 할 수 있는 컴퓨터가 아직 없기 때문이다. 또 컴퓨터의 계산 속도가 더 빨라진다 하더라도, 예컨대 도시 101곳을 거치는 순회 경로를 최적화하려면 도시 100곳을 거치는 순회 경로를 최적화할 때보다 100배 많은 계산이 필요하다.

그러므로 기술이 아무리 진보하더라도 꽤 많은 도시를 거치는 순회 경로의 최적화 문제는 난공불락으로 남을 것이다.

이처럼 최선의 해를 발견할 가망은 없더라도, 최소한 훌륭한 해를 발견할 수는 있지 않을까? 이를테면 최단 경로보다 길어봐야 최대 10퍼센트만 긴 경로를 발견하는 방법이 있지 않을까? 실제로 그런 방법들이 있는데, 여기에서는 두 가지를 소개하겠다. 겐셔가 해야 했던, 도시 9곳을 거치는 순회 여행을 예로 들어보자. 우리는 이 예에서 최적의 해를 안다. 그러므로 우리가 다른 방법으로 발견한 해들이 최적의 해에서 얼마나 벗어나는지 계산할 수 있을 것이다.

최적 순회 경로(본–브뤼셀–파리–런던–더블린–헤이그–코펜하겐–로마–룩셈부르크–본)의 길이는 5180킬로미터이다. 우리는 이 값

	본	헤이그	브뤼셀	룩셈부르크	파리	로마	런던	더블린	코펜하겐
본	0	240	190	140	400	1040	520	980	660
헤이그	240	0	240	280	380	1210	290	690	590
브뤼셀	190	240	0	190	260	1100	310	790	760
룩셈부르크	140	280	190	0	280	970	490	960	800
파리	400	380	260	280	0	1080	350	790	1020
로마	1040	1210	1100	970	1080	0	1420	1870	1510
런던	520	290	310	490	350	1420	0	480	950
더블린	980	690	790	960	790	1870	480	0	1250
코펜하겐	660	590	760	800	1020	1510	950	1250	0

순회 여행에서 거칠 9곳의 도시들 사이의 거리를 나타낸 표

을 기준으로 삼아 근사해들의 정확도를 평가할 것이다. 근사해를 찾는 첫 번째 전략은, 장거리 이동을 되도록 피하는 것을 원칙으로 삼는다. 좌우명은 "넓게 생각하고, 좁게 행동하라"이다. 구체적으로 이 전략은 "당신이 어느 도시에 있든 거기에서 가장 가까우면서 아직 방문하지 않은 도시로 가라"는 것이다. 우리의 예에서 이 전략을 채택하면 처음에는 여행이 아주 순조롭다. 우선 본에서 룩셈부르크로 가고, 이어서 브뤼셀, 헤이그, 런던을 거친다. 하지만 그다음부터 고된 여행이 시작된다. 런던에서 가장 가까우면서 아직 방문하지 않은 도시는 파리이고, 그다음에는 다시 북쪽으로 이동하여 더블린에 들르고, 이어서 코펜하겐과 로마를 거쳐 본으로 돌아온다.

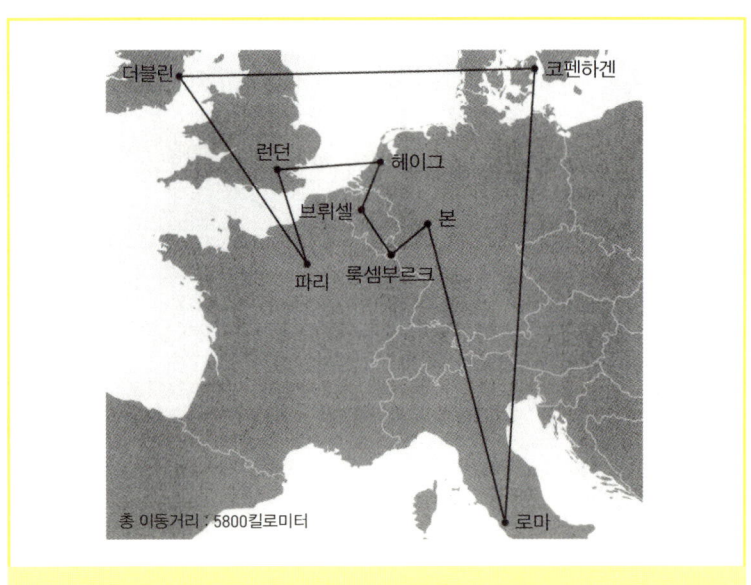

유럽공동체 소속 9개국의 최적 순회 경로에 대한 첫 번째 근사해

이 순회 여행의 총 거리는 5800킬로미터로 최단 경로보다 대략 12퍼센트 길다. 결과가 이렇게 불만족스러운 것은 이 전략이 '근시안적이기' 때문이다. 이 전략은 항상 근처의 도시들만 염두에 둔다. 따라서 마지막에는 가장 멀리 떨어진 도시들이 남기 마련이고, 그곳들을 방문하려면 어쩔 수 없이 장거리 우회를 감수해야 한다.

거꾸로 우선 멀리 떨어진 곳들부터 방문하는 전략도 있다. 이 '광역' 순회 전략은 구체적으로 아래와 같다.

1. 출발점(이 예에서는 본)에서 가장 멀리 떨어진 도시(로마)를 찾아서 출발점과 그곳을 직선으로 연결하라.
2. 위의 두 도시에서 가장 멀리 떨어진 제3의 도시를 찾아라. 더 정확히 말해서, 본과 로마를 제외한 다른 도시에서 출발해서 본과 로마에 들르려면 일정한 거리를 이동해야 할 텐데, 그 거리의 최솟값이 가장 큰 그런 도시를 찾아라. 이 예에서 그 제3의 도시는 더블린이다. 이제 지금까지 나온 세 도시를 연결하는 순회 경로를 그려라.
3. 다시 한 번, 위의 세 도시에서 떨어진 거리의 최솟값이 최대인 도시(코펜하겐)를 찾아라. 그 도시를 순회 경로에 포함시키되, 순회 경로의 길이가 최소로 늘어나도록 포함시켜라 (결과적으로 순회 경로 '본-더블린-코펜하겐-로마-본'이 만들어진다).
4. 모든 도시가 순회 경로에 포함될 때까지 단계 3을 반복하라.

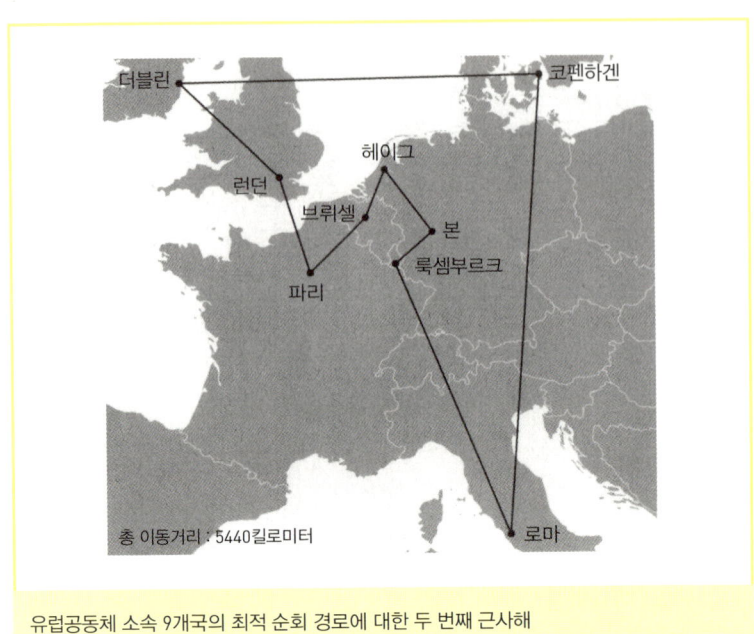

유럽공동체 소속 9개국의 최적 순회 경로에 대한 두 번째 근사해

    이 전략으로 얻은 순회 경로는 길이가 5440킬로미터로 최적의 해보다 겨우 5퍼센트 길다. 이 정도면 충분히 훌륭한 근사해라고 할 수 있을 것이다.

    이제껏 설명한 두 근사해를 얻는 데 필요한 계산의 양은 수용할 만한 수준이다. '국지' 전략에 필요한 계산은 대략 n^2회, '광역' 전략에 필요한 계산은 대략 n^3회다. 이 수들은 정확한 해를 얻기 위한 계산의 횟수에 등장하는 '팩토리얼'보다 훨씬 더 느리게 성장한다.

    보부상 문제처럼 원리적으로는 풀기 쉽지만 문제의 규모가 커지면 계산에 필요한 시간이 폭증하여 풀기 어렵게 되는 문제들이 수

n	$\dfrac{(n-1)!}{2}$	n^2	n^3
3	1	9	27
5	12	25	125
10	181440	100	1000
20	6×10^{16}	400	8000
50	3×10^{62}	2500	125000
100	5×10^{155}	10000	1000000

순회지의 개수(n)에 따른 가능한 경로의 개수와 최단 경로에 근접한 근사해를 얻기 위한 국지 전략과 광역 전략

학에는 많이 있다. 또 다른 예로 큰 수의 소인수분해를 들 수 있다. 인터넷 보안 시스템들은 큰 수의 소인수분해가 현실적으로 불가능하다는 사실을 기반으로 삼는다. 이른바 양자컴퓨터는 이런 문제들을 풀 수 있다는 희망을 떠받치는 유일한 버팀목이다. 언젠가 양자컴퓨터들이 등장하여 이런 최적화 문제들을 해결할 것이라고 한다. 예컨대 보부상 문제에서는 모든 가능한 순회 경로를 한꺼번에 계산함으로써 말이다. 그러나 이것은 미래의 이야기이고, 지금 우리는 최적은 아니지만 훌륭한 근사해를 얻는 것으로 만족해야 한다. 우리의 인터넷 금융거래는 당분간 안전할 것이다.

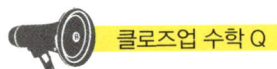 클로즈업 수학 Q

이 문제의 일반해는 레온하르트 오일러Leonhard Euler가 처음으로 제시했다. 쾨니히스베르크 시에는 프레겔 강의 두 지류가 합류하는 지점이 있고 강 중간에 섬도 하나 있다. 강에 의해 구분된 네 구역 A, B, C, D를 총 7개의 다리가 연결한다. 이 다리들 각각을 한 번씩만 건너는 산책로를 만들 수 있을까?

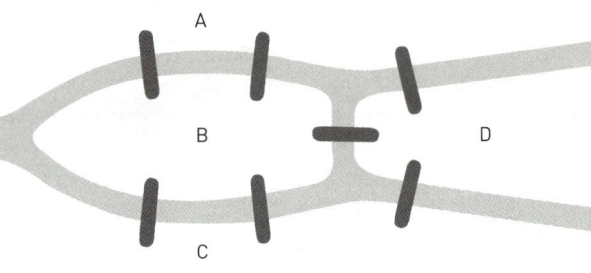

2부
대수학의 역습

"전문 분야로서 수학은 워낙 진지하므로
수학을 재미있게 만들기 위한 노력을 절대로 게을리하지 말아야 한다."
— 블레즈 파스칼Blaise Pascal

제7화 큰 수를 두려워하지 마라

괴테가 마지막으로 내쉰 분자 여섯 개

요한 괴테Johann Goethe는 마지막 숨을 내쉬기에 앞서 이렇게 말했다고 한다. "빛을 더 밝혀줘!" 곧이어 그 위대한 독일 시인은 영원히 잠들었다.

괴테의 마지막 날숨은 그의 골수팬들에게 향기롭기 그지없는 기체일 것이 분명하다(물론 다른 사람들에게는 꺼림칙할 수도 있겠지만). 그런데 그 기체는 어디로 갔을까? 지금 우리가 여기에서 들이쉬는 공기 속에는 과거에 괴테가 내쉰 분자가 들어 있을까? 이런 질문 앞에서 철학을 할 수도 있겠지만 계산을 할 수도 있다. 계산을 하는 사람은 극히 드물지만 말이다. 아무튼 기본적인 수치 몇 개만 알면, 그리 어렵지 않은 계산을 통해 위의 질문에 답할 수 있다. 일부 독자들은 학교에서 배운 '몰mol'이라는 단위를 아직 기억하고 있을 것이다. 몰은 물질의 양을 나타내는 단위인데, 1몰은 분자 6×10^{23}개, 즉 600000000000000000000000개와 같다. 물질을 이루는 아주 작은 요소인 분자를 다루려면 몰을 비롯한 특별한 단위들이 필요하다.

종류와 상관없이 무릇 기체 1몰이 평범한 대기압에서 차지하는 부피는 25리터다(이상기체 1몰의 부피는 1기압 섭씨 0도에서 22.4리터, 약 섭씨 32도에서 25리터다. 따라서 저자는 괴테의 마지막 날숨 온도를 약 섭씨 32도로 추정한 셈인데, 이 추정은 합리적이라고 여겨진다-옮긴이). 사람의 날숨—예컨대 괴테의 마지막 날숨—은 부피가 약 1리터이므로, 그 양은 $\frac{1}{25}$ 몰, 즉 분자 2.4×10^{22}개와 같다. 사람은 평균적으로 1분에 20회 날숨을 뱉으므로, 83년(괴테는 83세까지 살았다) 동안 뱉는 날숨은 $20 \times 60 \times 24 \times 365 \times 83 = 872496000$회다. 이 많은 날숨을 분자의 개수로 따지면, 총 2×10^{31}개다(이 개수는 개략적인 근사계산의 결과다. 괴테는 상당히 많은 분자를 두 번 이상 내쉬었을 것이 분명하다. 특히 밤에 창을 닫고 잘 때 그랬을 것이다. 그러나 우리의 계산은 이 점을 감안하지 않았다).

괴테가 죽고 난 후 지구의 공기는 아주 잘 뒤섞였고 따라서 괴테가 내쉰 분자들이 어디에나 골고루 퍼졌다고 전제하자. 이것은 충분히 받아들일 만한 전제다. 지구에는 얼마나 많은 공기가 있을까? 내가 어딘가에서 읽은 바에 따르면, 지구의 공기 총량은 5×10^{21}그램이다. 그리고 공기 1몰의 무게는 약 30그램이다. 따라서 지구에 있는 공기의 총량을 몰 단위로 계산하면, $\frac{5 \times 10^{21}}{30} = 1.7 \times 10^{20}$몰이 나온다. 이 양을 다시 분자의 개수로 따지면, 무려 10^{44}이라는 상상할 수 없을 정도로 큰 수가 나온다.

　이제 최종 계산에 필요한 수치들이 전부 확보되었다. 우선 지구에 있는 공기 분자의 개수를 괴테가 평생 내쉰 분자의 개수로 나누자. 그 결과는 $\frac{10^{44}}{2 \times 10^{31}} = 5 \times 10^{12}$(5조)이다. 이는 지구에 있는 공기 분자 5조 개 중 하나는 괴테가 언젠가 내쉰 분자라는 것을 뜻한다. 더 나아가 공기 분자 $4 \times 10^{21} (= \frac{10^{44}}{2.4 \times 10^{22}})$개 중 하나는 괴테의 마지막 날숨에 들어 있던 분자다. 그런데 우리는 과거의 괴테와 마찬가지로 숨을 한 번 들이쉴 때 공기 분자 2.4×10^{22}개를 빨아들이므로, 그 분자들 속에는 괴테가 언젠가 호흡한 분자가 평균 48억($= \frac{2.4 \times 10^{22}}{5 \times 10^{12}}$) 개, 괴테가 삶을 마감하면서 내쉰 분자가 평균 6($= \frac{2.4 \times 10^{22}}{4 \times 10^{21}}$)개 들어 있다. 평균적으로 그렇다는 말이다. 한마디 덧붙이자면, 언젠가 괴테의 몸속으로 들어갔던 물 분자가 우리 앞의 물 한 컵 속에 몇 개나 들어 있는지도 이와 비슷한 방식으로 계산할 수 있다.

　우리가 매번 들이쉬는 공기 1리터 속에 괴테가 마지막으로 내쉰 분자 여섯 개가 들어 있다! 그러니 항상 경건한 마음으로 호흡하자. 물론 위의 계산은 상당히 허술하다. 나는 과감하게 근사계산을 했고 매 단계에서 대범하게 반올림을 했다. 그러나 그것은 큰 문제가 아니다. 내가 알아내고자 한 것은 크기의 등급이었다. 나는 괴테가 호흡한 분자가 우리의 들숨에 항상 들어 있다고 할 수 있는지 여부를 확인하고 싶었다. 그리고 확인한 결과, 그렇다고 할 수 있다. 괴테가 마지막으로 호흡한 분자가 우리의 들숨에 정확히 몇 개 들어 있는지, 예컨대 6개 들어 있는지 혹은 2개나 20개 들어 있는지는 중요하지 않다.

우리가 던진 질문의 구체적인 내용을 떠나서, 이렇게 큰 수들을 다루다보면 크기의 등급에 대한 감각이 발달한다. 그 감각은 중요하다. 적어도 돈과 관련해서 그렇다. 예를 들어서 100유로를 내는 것과 1만 유로를 내는 것은 천양지차이다. 독일의 경제장관을 지낸 방게만Bangemann 씨는 기자들에게서 10억은 1에 0이 몇 개 붙어 있느냐는 질문을 받고 쩔쩔매야 했다. "아이, 참! 일곱 개인가요, 여덟 개?" 아홉 개다, 이 한심한 양반아!

물론 갑자기 텔레비전 카메라나 마이크를 들이대면 누구나 말

문이 막힐 수 있다. 생각할 시간을 어느 정도 주어야 마땅하다. 그러나 안타깝게도 많은 정치인은 10억이란 숫자에서 0이 몇 개가 나열되어 있는지를 정말로 모르는 것이 분명하다. 그럼에도 그들은 0이 7개, 8개, 9개 붙은 금액에 관한 결정을 매일 내린다. 우리는 뉴스에서 10억 단위의 금액에 관한 소식들을 끊임없이 듣지만, 10억이 얼마나 큰지를 제대로 느끼는 사람은 극소수다. 돈에 대한 일반인의 감각을 연구한 심리학자들에 따르면, 보통 사람들은 약 50만 마르크(연구 당시 독일의 화폐 단위는 마르크였다)까지는 그 크기를 감각적으로 가늠할 수 있었지만(50만 마르크로 무엇을 살 수 있느냐는 물음에 집

을 살 수 있다고 대답했다) 그 이상의 금액에 대해서는 감이 없었다(과거 1마르크는 원화로 환산하면 대략 500원이므로 50만 마르크는 약 2억 5000만 원이다-옮긴이). 지난해에 200억 유로였던 예산을 올해에는 210억 유로로 늘리기 위해 애쓰는 장관은 그 금액이 얼마나 큰지 과연 가늠할 수 있을까? 틀림없이 가늠하지 못할 것이다.

　큰 수들은 흔히 우리의 감각적 한계를 벗어나지만, 큰 수들을 다루는 연습은 장관뿐 아니라 일반인에게도 유익하다. 우리는 큰 수들의 크기를 우리가 잘 아는 다른 크기와 비교함으로써 가늠할 수 있다. 앞서 괴테의 마지막 날숨에 관한 예에서 보았듯이, 큰 수들이 등장하는 계산은 작은 수들이 등장하는 계산과 다를 바 없이 간단하다(큰 수들을 다룰 때는 10의 거듭제곱이 아주 유용하다. 더 자세한 내용은 325쪽의 부록2 참조).

　돈에 관한 예를 하나 들겠다. 도이체방크의 회장 요제프 아커만Josef Ackermann이 컴퓨터 앞에 앉아서 일을 한다고 상상해보자. 잠깐 쉬려고 고개를 든 아커만은 사무실의 문 앞에 누군가가 떨어뜨린 5유로 지폐를 발견한다. 아커만이 자리에서 일어나 그 지폐를 챙기는 것은 과연 유익한 행동일까? 그가 컴퓨터 앞에서 일을 할 때는 돈을 벌지만, 그렇지 않을 때는 돈을 벌지 못한다고 전제하자. 요컨대 질문은 정확히 이것이다. 아커만이 5유로를 벌려면 얼마나 오래 일해야 할까? 본격적인 계산에 앞서 한번 추측해보라!

　아커만은 2006년에 약 1200만 유로를 벌었다. 엄청난 소득이다. 그에게 유리하도록, 그가 일주일에 60시간 일하고 휴가를 전혀 쓰지 않았다고 가정하자. 그렇다면 그는 시급 3846유로를 받은 셈이다. 계산을 좀 더 단순히 하기 위해 시급 3600유로를 받았다고 치자. 그러면 그는 1초에 1유로를 번 셈이다. 따라서 문 앞의 5유로 지폐를 챙기는 행동이 아커만에게 유익하려면, 그 행동이 5초 안에 완료되어야 한다. 회장님, 잽싸게 해내시지 못하면 오히려 손해입니다.

우리의 최고경영자들이 얼마나 많은 돈을 버는지 생생하게 느끼기 위해 좀 더 비교해보자. 아커만 회장이 독일의 실업자에게 매달 지급되는 수당 345유로를 벌려면 345초, 그러니까 약 6분만 일하면 된다. 실업수당 이야기가 나온 김에 한마디 더 하자. 유로파이터(유럽의 전투기-옮긴이) 한 대 값으로 실업자 몇 명에게 1년 동안 수당을 줄 수 있을까? 180명일까, 1800명일까, 1만 8000명일까?

유로파이터 한 대의 가격은 7500만 유로다. 이 가격은 당연히 납세자들이 부담한다. 이 엄청난 가격을 실업수당으로 나누고 또 12로 나누면 대략 1만 8000이 나온다. 1만 8000명이면 보훔Bochum 시에서 실업수당을 받는 인원 전체와 맞먹는다. 물론 전투기를 살 돈을 죄다 실업수당으로 돌리자는 이야기는 아니다. 최신예 전투기의 필요성을 부인하지 않겠다. 그러나 독일이 주문한 유로파이터는 한 대가 아니라 무려 180대다. 이런 비교 계산은 사과와 배를 비교하는 것과 마찬가지로 뜬금없고, 대중 선동적이라는 정치적 반발이 당연히 있을 수 있다. 독일의 국방을 위해 최신예 전투기들이 절실히 필요하고 그것들의 가격은 정당하다고 주장하는 이들이 틀림없이 있을 것이다. 그들이 옳을지도 모른다. 하지만 어쨌거나 우리의 계산은 틀리지 않았다. 전투기 구입을 주장하려는 사람은 질적인 논증("우리에게 유로파이터가 필요한 이유는……")만 할 것이 아니라 양적인 논증("우리는 전투기 가격을 감당할 수 있습니다")으로 우리를 설득해야 한다. 또한 사과와 배를 비교하는 우리의 논증에 대응해야 한다. 왜냐하면 납세자들이 낸 한 푼 한 푼은 단 한 번만 지출될 수 있기 때문이다.

부정확성을 두려워하지 마라

또 하나의 예로 다음과 같은 내기를 생각해보자. 누군가가 함부르크와 베를린을 잇는 고속도로 가장자리에 지름 2센티미터, 높이 2미터짜리 막대를 꽂는다. 당신은 그 막대가 함부르크와 베를린 사이의 어딘가에 있다는 것만 알 뿐, 정확한 위치는 전혀 모른다. 당신은 한밤중에 권총을 가지고 자동차를 몰아 그 고속도로를 달린다. 그러다가 마음이 내킬 때 차창을 내리고 고속도로 가장자리를 향해 권총을 쏜다. 단 한 방만. 만일 당신이 막대를 맞힌다면, 내기의 승자는 당신이다.

1유로를 내고 이 내기를 해서 이기면 100만 유로를 받는다면, 당신은 이 내기를 하겠는가? 아마 안 할 것이다. 그런데 이 내기를 수백만 명이 매주 한다. 바로 로또를 말하는 것이다. 이 내기에서 막대를 쏘아 맞힐 확률은 로또에서 숫자 6개를 맞힐 확률과 똑같이 1400만분의 1이다(제3화에서 언급했듯이 독일 로또는 숫자가 49까지 있어서 1등 당첨 확률이 우리나라 로또와 다르다. 우리나라 로또는 45개의 숫자를 사용하므로 1등 당첨 확률은 814만 5060분의 1이다-옮긴이).
로또를 하는 분들의 행운을 빈다.

우리는 확률도 잘 실감하지 못한다. 그래서 실상을 못 보고 겉 모습에 홀려 허무맹랑한 내기에 뛰어들곤 한다. 이 경우에도 유일하게 기댈 곳은 계산이다. 적어도 어림셈을 해야 한다.

우리는 학교에서 계산을 정확하게 하라고 배웠다. "7 곱하기 14는 얼마입니까?"라는 질문에 "대충 100입니다"라고 대답하면 야단을 맞았다. 선생님은 98이라는 정확한 답을 원했다.

그러나 실생활의 거의 모든 사례에서 7 곱하기 14는 대충 100, 원주율은 (3.14…가 아니라) 3, 중력가속도는 ($9.81 m/s^2$이 아니라) $10 m/s^2$이다. 정확한 값들은 미세한 차이까지 고려해야 하는 특별한 경우에만 필요하다. 예컨대 스포츠에서 우리는 아무개 육상선수가 100미터를 "대충 10초"에 달린다고 말하는 것으로 만족하지 않는다. 이 경우에는 9.8초와 10.4초가 하늘과 땅 차이이기 때문이다. 반면에 크기의 등급을 따지는 계산에서 정확성은 허울에 불과할 때가 많다. 통계학자 발터 크레머Walter Krämer는 제2차 세계대전에서 희생된 민간인의 수를 열거한, 영국의 어느 출판물에 게재된 표를 즐겨 예로 든다.

다음 페이지에 나와 있는 표는 한마디로 전혀 무의미하다. 왜냐하면 정확한 수치(예컨대 노르웨이)와 대략적인 수치(벨기에), 심지어 알려지지 않은 수치가 뒤섞여 있기 때문이다. 이런 덧셈의 결과는 항상 겉보기에 정확한 값이어서 우리의 신뢰를 유발하지만 확실

	국가	희생된 민간인의 수(단위 : 명)
연합군	영국 벨기에 중국 덴마크 프랑스 네덜란드 노르웨이 소련	60595 90000 엄청나게 많음 미상 152000 242000 3638 6000000 6548233
적군	독일 오스트리아 이탈리아 일본 폴란드 유고슬라비아	500000 125000 180000 600000 5300000 상당히 많음 6705000

제2차 세계대전에서 희생된 민간인의 수

히 틀린 값이라고 단언할 수 있다.

  요컨대 크기의 등급만 틀리지 않는다면 부정확성을 걱정할 필요가 없다. 마지막으로 약간의 연습을 통해 큰 수를 다루는 솜씨를 향상시켜보자.

 클로즈업 수학 Q

지구에 사는 사람은 총 65억 명이다. 그 모든 사람이 록 콘서트의 관객처럼 빽빽하게 모여 서려면 얼마나 큰 면적이 필요할까? 독일 남부의 보덴제Bodensee 호수만큼의 면적(536제곱킬로미터)이면 충분할까? 우선 대충 짐작해보고, 그다음에 계산해보자.

제8화 비례식 계산

천재도 실수할 수 있다

많은 사람이 마릴린 보스 사반트Marilyn vos Savant는 세계에서 가장 똑똑한 여자라고 이야기한다. 어쨌거나 그녀는 지능지수가 가장 높은 사람으로 몇 년 동안 기네스북에 등재되어 있었다. 지금은 그 항목이 삭제되었지만 말이다.

사반트는 미국 잡지 《퍼레이드Parade》에 매주 〈마릴린에게 물어보세요!〉라는 칼럼을 썼다. 논리 수수께끼도 풀고 철학적 질문도 다루는 칼럼이었다. 그녀가 제시한 가장 유명한 (올바른) 답은 '염소 문제'에 대한 것이다. 이 문제는 어느 텔레비전 쇼에서 출연자가 선택할 수 있는 최선의 전략이 무엇인지 묻는다. 이 글은 염소 문제를 다루지 않지만, 이 사실만큼은 분명히 해두어야겠다. 사반트가 제시한 답이 옳았고, 그녀에게 편지를 보내 그 답이 틀렸다고 반발한, 수학 교수들을 포함한 수천 명의 독자가 틀렸다.

어느 독자는 사반트에게 이런 질문을 던졌다. "암탉 1.5마리가 1.5일에 달걀 1.5개를 낳는다면, 6일에 달걀 6개를 낳으려면 암탉 몇 마리가 필요할까?"

영리한 사반트는 이렇게 대답했다. "우리 아버지도 이 질문을 좋아했습니다. 하지만 저는 예나 지금이나 이 질문의 의도를 잘 모르겠습니다. '암탉 한 마리'가 정답이라는 것이 너무 뻔하지 않나요? 암탉 1.5마리가 달걀 1.5개를 낳고 어쩌고 하면, 결국 암탉 한 마리가 하루에 달걀 하나를 낳는다는 것입니다. 그런 암탉이 6일 동안 매일 하나씩 달걀을 낳는다면 총 6개를 낳겠지요. 정답이죠?"

그런데 사반트가 틀렸다. '암탉 한 마리'는 오답이다(정답은 한참 후에 제시하겠다). 똑똑한 사람들 중에서도 탁월하게 똑똑하다는 그녀조차도 초등학교에서 배우는 비례식 계산에 능숙하지 못한 모양이다. 비례식은 대개 6학년 수학 교과서에 나온다. 그런데도 나는 계산서에 찍힌 총액을 보고 역으로 부가가치세를 계산하는 방법을 알려달라는 부탁을 친구들에게서 점점 더 자주 받는다. 그들이 알려달라는 것 역시 비례식 계산이다.

나는 인터넷의 어느 수학 사이트에서 다음과 같은 멋진 정의를 발견했다. "비례식 문제란 어떤 양(알아낼 양)이 다른 양(혹은 양들)에 비례하거나 반비례하고, 특정한 값의 다른 양과 알아낼 양의 값이 주어졌을 때, 다른 양이 다른 값일 때의 알아낼 양의 값을 구하는 문제이다." 나무랄 데 없이 훌륭한 정의이지만, 우리의 질문을 해결하는 데 별 도움은 안 된다. 당장 이렇게 묻게 된다. 우리의 질문에서 '알아낼 양'은 무엇인가? 달걀의 개수? 암탉의 마릿수? 날수?

가장 단순한 비례식 문제는 두 양이 비례 관계를 맺은 사례이다. 한 양이 늘어나면 다른 양도 같은 정도로 늘어나는 사례 말이다. 이를테면 과일 가게의 사과 상자에 '사과 1킬로그램에 2.9유로'라는 팻말이 꽂혀 있다고 해보자. 요컨대 '사과의 무게'라는 한 양과 '사과의 가격'이라는 다른 양이 서로 비례한다. 사과를 많이 사려면 돈을 많이 지불해야 한다. 2배를 사려면 2배를 지불해야 하고, 10배를 사려면 10배를 지불해야 한다. 이처럼 두 양의 관계를 따지는 몇 가지 경우의 비례식 문제들을 살펴보자.

1. "사과 3킬로그램은 얼마입니까?" 아마 전 국민의 90퍼센트가 맞힐 수 있는 문제일 것이다.
2. "사과 700그램은 얼마입니까?" 약간 복잡해졌지만, 종이와 연필을 써도 된다면 대다수가 맞힐 수 있을 것이다.
3. "5유로로 사과를 얼마나 살 수 있을까?" 이 문제도 아마 과반수가 맞힐 수 있을 것이다.
4. 다음과 같은 질문도 원리적으로 동일한 비례식 문제이다. "부가가치세 포함 가격이 599유로인 텔레비전의 부가가치세 제외 가격은 얼마일까?" 그러나 이 문제를 맞히는 사람은 드물 것이다. 대다수는 599의 19퍼센트(독일의 부가가치세율−옮긴이)인 113.8을 599에서 뺀 값을 제시하겠지만,

그것은 오답이다. 서두르지 말고 차근차근 따져보자.

1. 가장 단순한 비례식 문제는 두 단계만 거치면 풀린다.

    사과 1킬로그램은 2.9유로다.

    사과 3킬로그램은 3×2.9, 즉 8.7유로다.

    킬로그램당 가격을 알면, 그 가격에 무게를 곱해서 정답을 얻을 수 있다.

2. 진정한 비례식 문제는 사과의 무게가 1킬로그램의 정수배가 아닐 때 비로소 시작된다. 이런 문제는 세 단계를 거쳐야 풀린다.

    사과 1킬로그램은 2.9유로다.

    사과 100그램은 $\frac{2.9}{10}$, 즉 0.29유로다.

    사과 700그램은 0.29×7, 즉 2.03유로다.

3. 그럼 5유로로 살 수 있는 사과의 양은 어떻게 구할 수 있을까? 관계식과 그래프에 대한 공포를 조금만 떨쳐낸다면, 주어진 상황을 이렇게 정리할 수 있다. 사과 장수는 팻말을 통해서 함수 하나를 정의했다. 그 함수는 무게 M(단위는 킬로그램)에서 가격 P(단위는 유로)를 계산할 수 있게 해준다. 그 함수의 관계식은 아래와 같다.

    $P = 2.9 \times M$

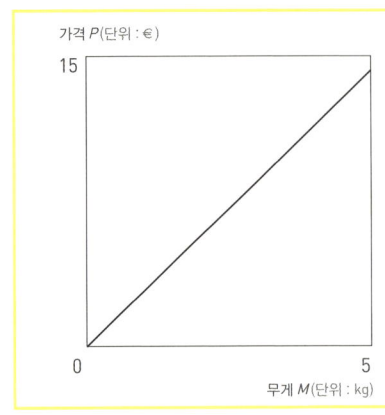

함수 $P=2.9 \times M$의 그래프를 그리면 직선이 나온다. 그래서 이런 함수를 선형함수linear function라고 한다.

M이 주어지면 거기에 2.9를 곱하여 해당 가격을 구할 수 있다. 이렇게 하면 앞선 문제에서도 세 단계를 거칠 필요가 없다. 사과 700그램(0.7킬로그램)의 가격은 $2.9 \times 0.7 = 2.03$유로다.

이제 거꾸로 가격 P에서 무게 M을 구할 수 있는 함수를 정의해보자. 이 함수는 앞에서 제시한 함수의 역함수이다. 이 역함수의 관계식은 원래의 관계식을 M에 대해서 풀기만 하면 얻을 수 있다.

$$P = 2.9 \times M$$
$$M = \frac{P}{2.9} = \frac{1}{2.9} \times P$$

새 관계식을 이용하면 임의의 가격으로 살 수 있는 사과의

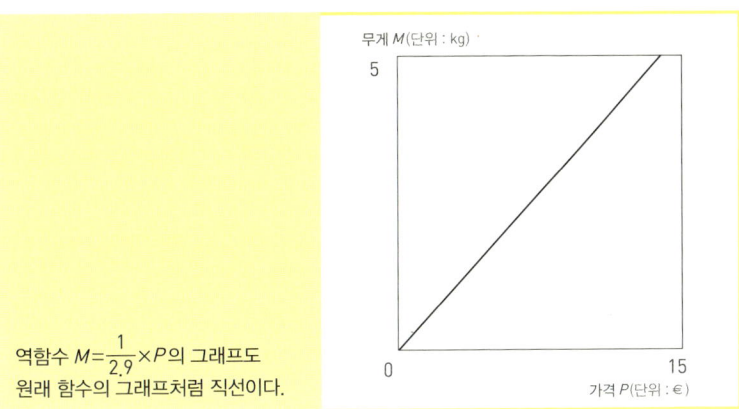

역함수 $M=\frac{1}{2.9}\times P$의 그래프도 원래 함수의 그래프처럼 직선이다.

무게를 알아낼 수 있다. 예컨대 5유로로는 $\frac{5}{2.9}$ = 1.72킬로그램의 사과를 살 수 있다.

4. 부가가치세 계산 문제의 배후에도 선형함수, 즉 비례 관계가 숨어 있다. 부가가치세 포함 가격은 부가가치세 제외 가격 더하기 이 가격의 19퍼센트다. 바꿔 말해서 부가가치세 포함 가격 B는 부가가치세 제외 가격 N의 1.19배다.

$$B = 1.19 \times N$$

N이 주어졌을 때, B를 구하는 계산은 거의 누구나 할 줄 안다. 반면에 B가 주어졌을 때 N을 구하는 계산은 어떨까? 이 계산을 하라고 하면, 많은 사람은 B에서 B의 19퍼센트를 뺀다. 요컨대 다음의 공식을 써먹는다.

$$N = 0.81 \times B$$

그러나 이 공식은 틀렸다. 옳은 공식을 얻으려면 먼저 나온 공식 $B = 1.19 \times N$을 N에 대해서 풀어야 한다. 다음과 같이 말이다.

$$B = 1.19 \times N$$
$$N = \frac{B}{1.19} = \frac{1}{1.19} \times B \approx 0.84 \times B$$

명심하라! 어떤 양을 19퍼센트만큼 늘린 다음에 다시 19퍼센트만큼 줄이면, 그 결과는 원래의 양보다 작다.

양계장의 수학

이제 지능지수 최고 기록 보유자가 틀린 문제를 풀어보자. 앞에서 보았듯이, 문제는 이것이다. "암탉 1.5마리가 1.5일에 달걀 1.5개를 낳는다면, 6일에 달걀 6개를 낳으려면 암탉 몇 마리가 필요할까?"

우선 눈에 띄는 것은 세 가지 양이 등장한다는 점이다. 구체적으로 암탉의 마릿수 H, 날수 T, 달걀의 개수 E가 등장한다. 암탉 $\frac{1}{2}$마리나 달걀 $\frac{1}{3}$개는 당연히 없지만, 있다고 해도 문제가 되지 않는다. 우리는 위의 세 양이 연속적인 값을 가질 수 있다고 가정할 것이다. 그런데 그 양들은 서로 어떤 관계를 맺고 있을까? 이 질문에 답하기 위해 세 가지 양 가운데 하나를 고정해보자. 예컨대 단 하루만 고찰하기로 하자. 즉, T(날수)를 1로 고정하자. 그러면 H(암탉의 마릿수)와 E(달걀의 개수)는 서로 비례할 것이 분명하다. 암탉이 많을수록, 더 많은 달걀이 생산될 것이다.

H를 1로 고정하여 암탉 한 마리가 낳는 달걀만 고찰하면, T와 E 역시 서로 비례한다. 암탉에게 주어진 시간이 많을수록, 더 많은 달걀이 생산될 것이다.

하지만 T와 H의 관계는 비례 관계가 아니다. 예컨대 E를 10으로 고정하면, 그 정해진 생산량을 채우는 데 필요한 시간은 암탉들이 많을수록 줄어든다. 요컨대 T와 H의 관계는 하나가 늘어나면 다른 하나는 줄어드는 관계, 즉 '반비례' 관계이다. 이 관계를 그래프로 그리면 직선과 영 딴판인 곡선이 나온다.

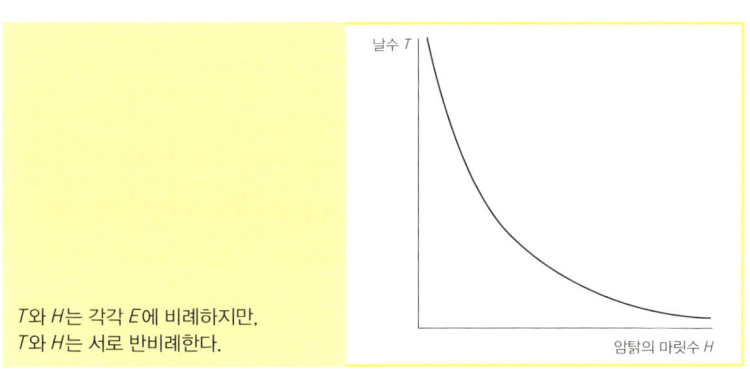

T와 H는 각각 E에 비례하지만,
T와 H는 서로 반비례한다.

H를 고정했을 때, T와 E는 서로 비례한다. 다시 말해 E는 T에 적당한 수 ℓ을 곱한 결과와 같다.

$$E_H = \ell \times T$$

E에 작은 H를 붙인 까닭은 위의 등식이 H가 1로 고정된 상황에서 성립함을 분명히 밝히기 위해서다. 소문자 ℓ은 적당한 상수인데, 이를 '산란상수'라고 부르겠다. 이 상수는 암탉 한 마리가 하루에 낳는 달걀의 개수를 뜻한다(우리는 모든 암탉의 산란능력이 동일하다고 전제한다).

요컨대 암탉 한 마리가 낳는 달걀의 개수는 $\ell \times T$다. 이제 여러 암탉이 낳는 달걀의 총 개수를 얻으려면, $\ell \times T$에다가 H를 또 곱해야 한다.

$$E = \ell \times T \times H$$

이 등식에는 암탉의 마릿수(H)와 달걀의 개수(E)와 날수(T)의 관계가 모두 들어 있다. 우리는 이 등식을 T에 대해서 쓸 수 있다.

$$T = \frac{E}{\ell \times H}$$

이 등식을 이용하면 "암탉 12마리가 달걀 17개를 낳으려면 며칠이 걸릴까?"와 같은 유형의 문제들을 풀 수 있다. 그러나 우리가 풀어야 하는 문제는 "……암탉 몇 마리가 필요할까?"이다. 그러므로 등식의 좌변에 H가 오도록 만들어야 한다.

$$H = \frac{E}{\ell \times T}$$

이것이 문제풀이를 위한 공식이다. 아직은 공식에 ℓ(산란상수)이 들어 있어서 당장 써먹을 수 없지만 말이다. ℓ의 값은 바로 이상야릇한 문제의 조건 속에 숨어 있다. 우리는 그 정보를 차근차근 풀어헤쳐서 암탉 한 마리가 하루에 몇 개의 달걀을 낳는지를 알아내야 한다. 그 정보는 암탉 1.5마리가 1.5일에 달걀 1.5개를 낳는다는 것이었다.

그럼 암탉 한 마리는 1.5일에 달걀을 몇 개 낳을까? 당연히 1.5마리가 낳는 것보다 적게 낳는다! 1.5마리가 낳는 달걀의 개수를 1.5로 나누면, 정답을 얻을 수 있다. 요컨대 암탉 한 마리는 1.5일에 달걀 1개를 낳는다.

그럼 암탉 한 마리가 하루에 낳는 달걀은 몇 개일까? 당연히 1.5일에 낳는 것보다 적게 낳는다! 따라서 정답을 얻으려면, 방금 얻은 1을 다시 1.5로 나눠야 한다(사반트는 이 단계를 간과한 듯하다). 결론적으로 암탉 한 마리가 하루에 낳는 달걀의 개수는 $\frac{2}{3}$개다.

우리는 비로소 ℓ이 $\frac{2}{3}$라는 것을 알았다. 이제 이 값을 위의 공식에 집어넣으면 아래와 같은 완성된 공식을 얻을 수 있다.

$$H = \frac{E}{\frac{2}{3} \times T} = \frac{3 \times E}{2 \times T}$$

문제에서 달걀이 6개, 날수가 6일이었으므로, 정답은 $\frac{18}{12}$, 즉

$\frac{3}{2}$이다. 말로 표현하면, 6일에 달걀 6개를 낳으려면 암탉 1.5마리가 필요하다는 것이다!

이 풀이 과정은 약간 길지만 서로 반비례하는 양들이 등장하는 모든 비례식 문제에 적용할 수 있다는 것이 장점이다. 예컨대 "제설차 2대로 3시간 동안 폭 4미터 도로 12킬로미터를 제설할 수 있다면, 제설차 10대로 폭 12미터 도로 1킬로미터를 제설하는 데 시간이 얼마나 걸릴까?"와 같이 네 가지 양이 등장하는 문제도 똑같은 과정을 거쳐 풀 수 있다(예시된 문제의 정답은 9분).

사반트가 틀린 답을 내놓자, 당연히 수많은 독자가 편지로 그녀의 실수를 지적했다. 그녀는 정직하게 대응했다. "역시나, 제 실수가 탄로 났군요! 당연히 암탉 1.5마리가 정답이라고 지적하신 분들이 옳고, '암탉 한 마리'라는 제 답이 틀렸습니다. 저는 늘 이 문제가 '들의 콩깍지는 깐 콩깍지일까 안 깐 콩깍지일까?'처럼 그저 말장난이라고 여겼습니다. 그런데 알고 보니 제대로 된 수학 문제였네요."

 클로즈업 수학 Q

탁자 위에 유리컵 두 개가 놓여 있다. 하나에는 물, 다른 하나에는 위스키가 똑같은 양만큼 들어 있다. 먼저 위스키를 한 스푼 떠서 물컵에 넣고 잘 섞는다. 그다음에는 물컵의 내용물을 한 스푼 떠서 위스키 컵에 넣고 잘 섞는다. 이제 위스키 컵에 들어 있는 물과 물컵에 들어 있는 위스키 중에서 어느 쪽이 더 많을까?

제9화 평균 소득자

평균의 속임수

코와 입가 사이에 깊게 파인 주름, 간헐적으로 붉거지는 턱 근육, 묘하게 움푹 들어간 미간. 사주社主가 곤경에 처했다. 뷔르머는 낙관적인 미소를 짓는다. 대장이 힘이 빠지면, 대장의 애마가 힘을 내어 꼬리를 흔들어야 하는 법이다.

"앉으세요."

바우너 전자 회사의 소유주 막스 바우너가 뷔르머 사장에게 퉁명스럽게 내뱉는다.

"되도록 편안하게 앉으세요. 이 소파를 처분할 날이 얼마 안 남았을지도 모르거든요. 분위기가 소란합니다."

바우너의 말에 뷔르머의 얼굴에서 미소가 사라진다.

"혹시 노조가 불만을 제기했습니까?"

"노조위원장이 그러는데 우리 회사 직원들의 급여가 너무 적다는군요."

바우너의 말이 끝나자마자 뷔르머가 콧방귀를 뀌며 경멸조로 말한다.

"욕심쟁이들 같으니라고! 제가 보기에 우리 회사의 급여는 아주 후하고 어느 모로 보나 만족스럽습니다."

"노조위원장의 생각은 달라요. 지난주에 우리 회사 직원들의 급여를 일일이 조사했답니다. 그랬더니 세금을 떼기 전의 월급이 2850유로래요. 평균이 그렇답니다. 당신은 우리 회사의 급여가 충분히 만족스럽다는 입장이신데, 혹시 동종 업계의 평균 급여가 얼마인지 아십니까? 3000유로입니다. 나는 임금을 박하게 준다는 욕을 먹고 싶지 않아요."

"노조사무국장 바이제 양에게 더 많은 업무를 맡겼다면, 이런 계산이나 할 여유가 없었을 텐데."

뷔르머가 투덜거린다.

"어쨌든 누군가가 계산을 할 겁니다. 게다가 요새는 복잡한 계산들을 이해하기 쉽게 가르쳐주는 책들까지 있지 않소. 아무튼 중요한 건 내가 우리 회사의 노사관계를 평화롭게 유지하는 것에 지대한 관심을 기울인다는 점이오. 급여 목록을 가져오셨습니까?"

사장은 모든 직원의 월급이 기재된 목록을 탁자에 내려놓는다.

"자, 이걸 보세요. 잘 보시라고요."

바우너가 탄성을 내며 말한다.

"월급이 2000유로인 직원이 10명입니다. 세금 안 떼고 2000유로. 당신이라면 이 월급으로 살 수 있겠어요?"

"아니, 왜 저를 끌어들이세요? 그 직원들은 조립 라인에서 일하는 미숙련자들이에요. 다른 회사에 가면 더 적게 받을 사람들이라고요."

뷔르머가 반발하지만, 바우너는 개의치 않고 예리한 눈초리로 탁자 위의 표를 빠르게 훑으며 따져 묻는다.

"2500유로를 받는 직원은 다섯 명이네요. 이 사람들은 관리직이죠?"

"예, 맞습니다. 여기 월급 3500유로를 받는 세 명은 외부 근무자들인데, 이 사람들은 그만큼 받을 자격이 충분히 있습니다. 다른 직원들이 질투한다면, 말이 안 되죠."

"당신의 대리인으로 일하는 크라프트 양은 4000유로를 받네요. 이게 적정한가요?"

바우너가 자그마한 돋보기안경 너머로 뷔르머를 보며 묻는다.

"크라프트 양은 겨우 2년 전에 대학을 졸업한 신참이라서 아직은 배우고 익히는 단계입니다."

뷔르머가 늙은 아버지 같은 어투로 말한다. 누구보다도 크라프트 양이 가장 싫어하는 어투다.

"이런 세상에! 당신은 매달 1만 유로를 가져갑니까?"

뷔르머가 앉은 자세를 고친다.

"바우너 씨, 전 중견 기업의 사장입니다. 정말 책임이 막중하지

요. 제가요, 지난 2년 동안 회사 매출을 매년 12퍼센트씩 성장시켰어요. 제 월급은 솔직히 사장 월급으로는 가장 적은 편이라고요."

바우너는 말없이 꽤 오랫동안 번거로운 절차를 거쳐 파이프에 불을 붙인 후 우호적으로 말한다.

"진정하세요, 진정. 당신의 능력이 탁월하다는 건 다 알아요. 그래서 지금 우리가 함께 해결책을 모색하는 것 아니겠소. 어떻게 하면 좋을까요? 노조위원장은 3000유로가 한계선이라고 강조합니다. 이러면 어떨까요? 2000유로를 받는 노동자들에게 200유로씩을 더 줍시다. 2500유로를 받는 관리직들에게도 똑같이 해주고요. 내가 한번 계산해보겠소."

사주의 파이프는 늘 그렇듯이 재떨이에 놓여 달콤한 악취를 풍긴다. 바우너가 계산을 마치고 자신의 제안을 표로 정리한다.

인상 전			인상 후		
10×2000	=	20000	10×2200	=	22000
5×2500	=	12500	5×2700	=	13500
3×3500	=	10500	3×3500	=	10500
1×4000	=	4000	1×4000	=	4000
1×10000	=	10000	1×10000	=	10000
합계		57000	합계		60000
평균 $\frac{57000}{20}$	=	2850	평균 $\frac{60000}{20}$	=	3000

바우너 전자 회사의 급여 인상 방안 1

뷔르머가 그 표를 꼼꼼히 살핀다.

"물론 이렇게 할 수도 있겠죠."

약간 거만한 어투로 이어 말한다.

"그럴싸하네요. 하지만 이렇게 하면 매달 200유로씩 15명, 그러니까 3000유로만 더 부담하고 끝나는 게 아니라는 것은 당연히 아시겠죠? 직원들의 급여를 올리면, 건강보험료, 연금보험료, 실업보험료 등도 같이 올려줘야 하니까 부담이 만만치 않습니다."

뷔르머가 주머니에서 접힌 종이를 꺼내 보란 듯이 펼친다.

"다른 해결책도 있습니다. 한번 보시겠습니까?"

바우너가 종이에 적힌 표를 들여다본다. 이윽고 두 사내의 시선이 마주친다.

"이야, 당신 정말 영리하시네."

바우너가 말한다.

인상 전			인상 후		
10×2000	=	20000	10×2000	=	20000
5×2500	=	12500	5×2500	=	12500
3×3500	=	10500	3×3500	=	10500
1×4000	=	4000	1×4000	=	4000
1×10000	=	10000	1×13000	=	13000
합계		57000	합계		60000
평균 $\frac{57000}{20}$	=	2850	평균 $\frac{60000}{20}$	=	3000

바우너 전자 회사의 급여 인상 방안 2

"이 계획대로라면, 당신 월급은 30퍼센트 오르고 다른 직원들은 구경만 하겠네요?"

"제가 30퍼센트 더 친근한 사장이 되면 괜찮지 않을까요?"

그러나 뷔르머는 농담 한마디 잘못해서 도덕적 위기에 봉착하기가 얼마나 쉬운지 곧바로 자각한다. 그래서 더욱 힘차게 객관적인 사실들을 늘어놓는다.

"이렇게 하시면 비용이 덜 듭니다. 저한테는 이런 저런 보험료를 더 줄 필요가 없으니까요. 제 민간 의료보험은 소득과 상관없이 보험료가 일정합니다. 그리고 전체적인 효과는 당신의 제안과 마찬가지예요. 보시다시피 평균 급여가 3000유로로 올라갑니다. 이것이야말로 숫자놀음 좋아하는 노조사무국장을 숫자로 물리치는 묘수가 아니겠습니까?"

"노사관계의 평화가 깨질 게 뻔합니다. 직원들이 각자의 월급

명세표를 받아들고 이렇게 물을 거예요. '도대체 누구의 월급이 오른 거야?' 그다음 일은 뻔하고요."

바우너가 난색을 표한다.

"절대로 그렇지 않습니다. 통계청에서 내놓는 숫자들도 다를 바 없거든요. 얼마 전에 모든 신문이 2005년 통계를 보도했어요. 그걸 보면, 독일 직장인의 평균 월급이 세금을 떼지 않은 상태에서 3452유로랍니다. 온갖 직장인들의 월급을 다 합산해서 평균한 결과입니다. 기술도 학벌도 없는 노동자부터 고도의 자격을 갖춘 직장인, 이를테면 저 같은 사람까지 전부 다요. 원래 평균은 그렇게 계산하는 겁니다."

뷔르머가 반발한다.

"일리 있는 말이오."

바우너가 고개를 끄덕인다.

"내가 신중하게 생각해보겠소. 오늘은 이만 합시다."

뷔르머가 떠난 뒤에 사주는 크라프트 양이 받는 주거수당을 200유로 올려주기로 결심한다. 이어서 그는 탁자 위에 놓인 표 두 장을 검토하면서 세 번째 표를 작성한다. 그 표대로 하면 사장과 직원들 모두의 월급이 오른다.

평균이 알려주는 것

'평균'은 우리가 일상에서 늘 사용하는 익숙한 개념이다. 우리는 아이들의 평균 성적을 계산하고, 내비게이션 장치는 우리가 평균 속도 얼마로 운행했는지 알려주며, 텔레비전의 축구 해설가는 분데스리가Bundesliga(1963년에 설립된 독일의 프로축구 리그—옮긴이) 경기에서 평균 몇 골이 터지는지 정확하게 안다.

우리는 여러 양들을 대표하는 하나의 양을 원할 때 평균을 사용한다. 그러면서 평균이 그 양들을 충실히 대표한다고 여긴다. 평균 남성의 키가 178센티미터라는 말을 들을 때, 우리는 키 178센티미터의 전형적인—얼굴 없는—남성을 떠올리게 된다.

그러나 평균이 한 집단에서 중간쯤 되는 대표라고 생각하는 것은 옳지 않다. 적어도 많은 경우에 옳지 않다. 수학자들은 똑같은 값들을 놓고도 다양한 평균을 계산할 수 있다. 예컨대 산술평균, 기하평균, 조화평균, 중앙값이 있는데, 이들 중 어떤 것이 적합한지는 상황에 따라 다르다.

평균을 계산하라고 하면, 일반인은 주어진 값들을 모두 더한 다음 합을 그 값들의 개수로 나눈다. 이때 나오는 결과는 산술평균이다. 바우너 전자 회사의 평균 월급을 계산하려면, 전체 직원 20명의 월급을 다 더한 다음에 20으로 나누면 된다. 계산 결과는 2850유로다. 그런데 이 회사의 '전형적인' 직원이 그만큼을 벌까?

우선 확실한 것은 실제로 2850유로를 받는 직원은 한 명도 없다는 사실이다. 요컨대 '평균' 직원은 존재하지 않는다. 아마 평균 직원이 존재하리라고 기대하는 사람도 없을 것이다. 평균은 그저 계산을 통해 얻은 값일 뿐이니까.

그렇다면 평균은 '중간 가는' 직원의 처지를 반영하기는 할까?

제9화 평균 소득자

전혀 그렇지 않다. 아래의 그래프를 보라. 월급이 가장 적은 직원부터 사장까지, 모든 직원을 월급 순으로 나열한 그래프다.

전체 20명 중에서 15명이 평균보다 적은 월급을 받는다는 사실이 금세 눈에 들어온다. 요컨대 평균이 전체 집단을 대략 이등분하리라는 기대는 어리석다.

이런 문제는 산술평균이 특이한 값, 즉 평균을 크게 벗어난 값에 민감하게 좌우되기 때문에 발생한다. 가난한 마을에 엄청난 고소득자가 단 한 명이라도 있으면, 마을 주민의 평균 소득은 꽤 높을 수 있다. 이처럼 평균 소득은 '주민 일반'의 실제 소득 상황과 무관할 수도 있다.

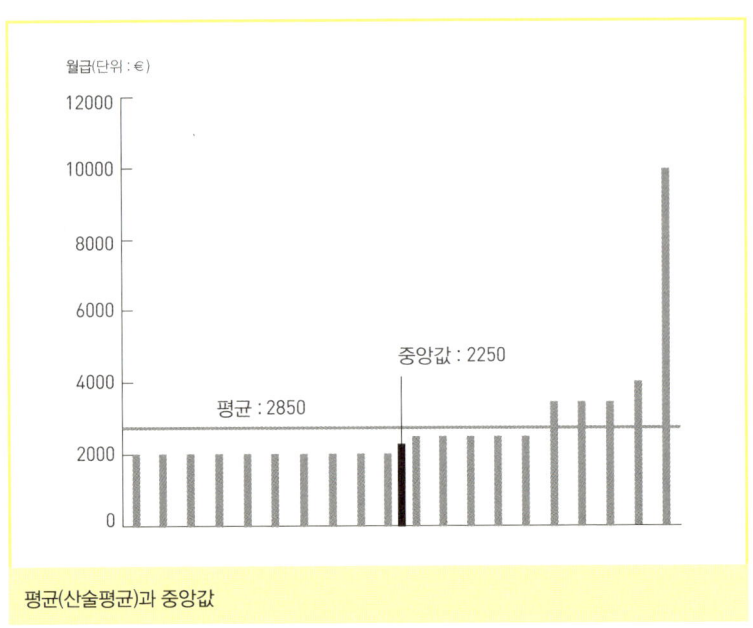

평균(산술평균)과 중앙값

반면에 또 다른 수학적인 양인 중앙값은 집단 전체의 사정을 더 잘 반영한다. 중앙값을 계산하려면, 말 그대로 군중 속으로 들어가 '중간 가는' 대표자를 찾아야 한다. 그 '중앙 직원'은 전체 직원을 월급 순으로 나열했을 때 중간에 놓이는 직원이다.

만일 전체 직원 수가 홀수라면, 그런 중앙 직원이 실제로 존재한다. 전체 직원이 3명이라면 중앙 직원은 월급 순으로 2번째인 직원이고, 15명이라면 8번째인 직원이다. 반면에 전체 직원 수가 짝수이면, 중앙은 두 직원 사이에 놓이게 된다. 우리의 예에서는 월급 순으로 10번째인 직원과 11번째인 직원 사이가 중앙이다. 이런 경우에는 일반적으로 중앙의 양옆에 있는 값들의 산술평균을 중앙값으로 정의한다. 바우너 전자 회사의 월급 중앙값은 월급 순위(낮은 월급부터 높은 월급 순으로 나열했을 때) 10위(2000유로)와 11위(2500유로)의 산술평균, 즉 2250유로다.

우리의 예에서 중앙값은 평균보다 훨씬 더 낮으며 전체 직원의 $\frac{3}{4}$이 처한 현실을 훨씬 더 잘 반영한다. 게다가 중앙값은 특이한 값들에 흔들리지 않는다. 사장 뷔르머의 월급이 오르면, 월급의 평균은 오르지만 중앙값은 변함없이 2250유로다.

반면에 바우너의 제안이 채택되면, 월급의 평균이 3000유로로 상승할 뿐더러 중앙값도 올라간다. 이 친사회적인 제안에서 월급 순위 10위는 2200유로, 11위는 2700유로이므로, 중앙값은 2450유로가 된다.

분배의 문제

값들이 한쪽으로 심하게 치우쳐 있을 경우, 산술평균은 중간 값을 보여주는 지표로 적당하지 않다. 우리의 예에서는 가난한 직장인의 수가 부유한 직장인의 수보다 훨씬 더 많기 때문에 산술평균은 좋은 지표가 아니다.

그럼에도 정부의 통계청은 국민의 평균 소득을 공개한다. 예컨대 2005년에 독일의 직장인들은 한 달에 평균 (세금을 떼기 전 금액으로) 3452유로를 벌었다. 그러나 독일 국민의 과반수는 평균보다 더 적게 벌었다.

우리는 중앙값 개념을 확장할 수 있다. 예컨대 전 국민을 두 집단이 아니라 10개의 집단으로 세분화하자. 각 집단에는 전 국민의 10퍼센트가 속한다. 이른바 '십분위'가 언급되는 통계들은 이런 식의 집단 구분을 기초로 삼는다. 다음 페이지의 그래프는 2004년에 독일 가구들의 순소득 분포를 보여준다.

해설하자면 이렇다. 가장 가난한 제1십분위 가구들은 겨우 국민총소득의 3.1퍼센트를 벌었다. 가구 수로는 10퍼센트를 차지하는 집단이 소득으로는 10퍼센트의 $\frac{1}{3}$에도 못 미친 셈이다. 반면에 가장 부유한 제10십분위 가구들은 국민총소득의 22.4퍼센트를 벌었다. 이 집단은 가구 수로 따진 비중의 2배가 넘는 소득 비중을 달성했다.

또한 다음 사실들도 분명하게 드러난다. 전 국민의 60퍼센트는 평균 이하 소득자이고, 10퍼센트는 대략 평균 소득자이며(정확한 평균을 따지려면 제7십분위를 더 세분해야 할 것이다) 겨우 30퍼센트만

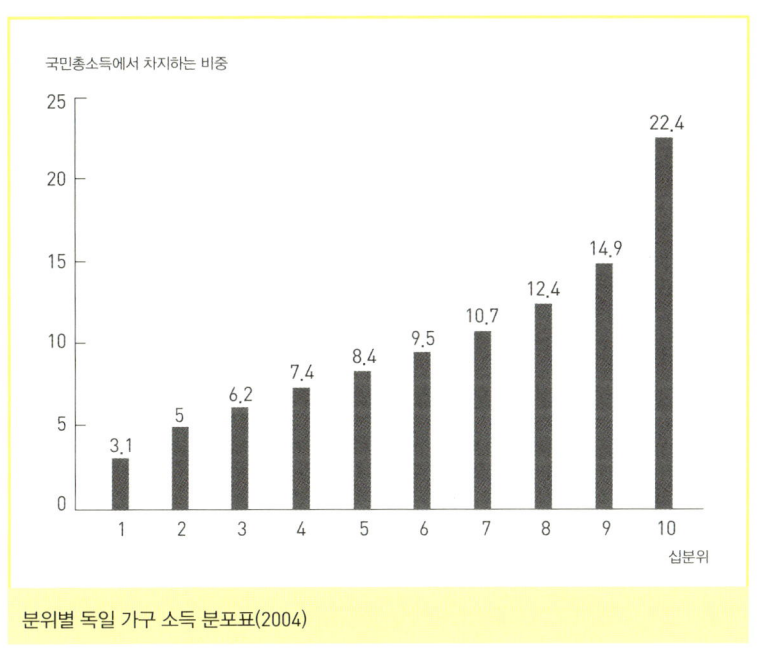

분위별 독일 가구 소득 분포표(2004)

평균보다 확실히 많이 번다. 우리의 현실은 바우너 전자 회사의 상황과 그리 다르지 않다.

요컨대 평균은 자료 값들이 어느 정도 골고루 분포할 때만 충실한 정보를 제공한다. 그러나 안타깝게도 현실에는 그런 분포가 드물다(160쪽 참조). 여기서 얻을 수 있는 교훈은, 평균을 내세우는 자들을 경계하라!

많은 자동차 운전자는 이동 경로를 선택하면서 평균과 관련한 또 다른 실수를 범한다. 예를 들어보자. 밀츠 씨는 다른 도시에 가서 중요한 면담을 해야 한다. 그는 늦지 않게 도착하기 위해 계산을 해보았고, 평균 시속 100킬로미터로 달리면 늦지 않는다는 결론을 얻었다. 기분 좋게 출발한 밀츠 씨는 곧 정체 구간을 만난다. 조바심을 내며 느릿느릿 가다보니 어느새 전체 경로의 절반이 지나고, 그제야 비로소 정체가 풀린다. 내비게이션 장치를 보니, 출발 이후 지금까지 밀츠 씨의 평균 속도는 겨우 시속 50킬로미터였다. 아직 전체 경로의 절반을 더 가야 하는 그는 재빨리 계산하면서 생각한다. '이제부터 평균 시속 150킬로미터로 달리면, 전체 평균이 시속 100킬로미터가 될 테니까, 늦지 않게 면담 장소에 도착할 수 있을 거야.'

밀츠 씨의 계산은 옳을까? 그는 평균 속도를 이동거리와 연관 지었다. 전체 거리의 절반은 시속 50킬로미터, 나머지 절반은 시속 150킬로미터로 달린다는 식으로 말이다. 만일 전체 거리가 200킬로미터라면(꼭 200킬로미터가 아니더라도 이 논증은 타당하다) 밀츠 씨의 생각을 아래의 그래프로 나타낼 수 있다.

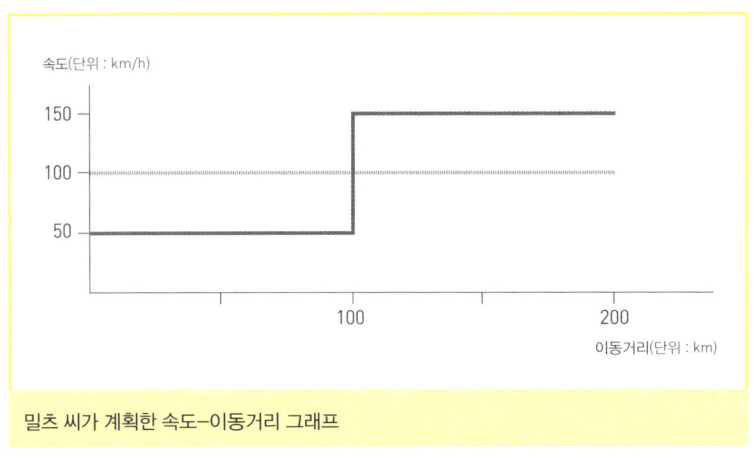

밀츠 씨가 계획한 속도-이동거리 그래프

이 그래프에서 속도의 평균은 시속 100킬로미터인데, 과연 이 평균의 의미는 무엇일까? 만일 이동 구간에 일정한 간격으로 과속 카메라들이 설치되어 있다면, 그 카메라들에 측정된 속도 값들의 평균은 실제로 시속 100킬로미터일 것이다. 그러나 이것은 밀츠 씨가 알아내고자 한 평균 속도가 아니다. 그가 궁극적으로 원하는 바는 일정한 거리를 일정한 시간에 주파하는 것이다. 그리고 평균 속도는 전체 거리를 전체 시간으로 나눈 값이다.

그러므로 그래프를 그리려면 이동거리와 시간을 대응시키는 그래프를 그려야 한다. 결과는 전혀 다른 모양의 그래프가 나온다.

해설하자면 이렇다. 밀츠 씨는 2시간 정도 걸려서 목적지에 도달할 계획을 세웠으나, 실제로 2시간 40분이나 걸려서 목적지에 도착한다. 따라서 총 이동거리를 걸린 시간으로 나누어서 구한 그의

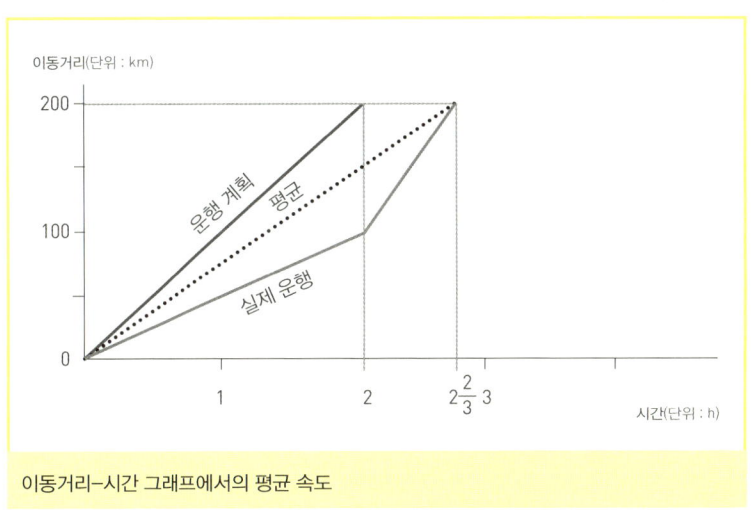

이동거리-시간 그래프에서의 평균 속도

실제 평균 속도는 시속 75킬로미터밖에 안 된다.

설령 그가 정체를 벗어난 후에 더 빨리 달렸다 하더라도, 그가 원한 평균 속도에 도달하기는 불가능했다. 왜냐하면 그래프에서 보듯이 그가 정체를 벗어난 때는 이미 출발한 지 2시간이 경과한 시점이었기 때문이다. 원래 계획대로라면 그는 그때에 이미 목적지에 도착했어야 한다. 그러니 밀츠 씨가 초능력을 발휘하여 순간 이동을 하지 않는 한, 그가 면담 시간에 늦는 것은 이미 정해진 일이었다.

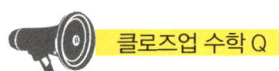

클로즈업 수학 Q

어떤 사람이 A 지점에서 B 지점까지 달려갔다가 돌아온다. 갈 때는 뒷바람이 불어 시속 12킬로미터로 달렸고, 올 때는 맞바람이 불어 시속 8킬로미터로 달렸다. 이 사람의 평균 속도는 얼마일까?

제10화 계산으로 이기는 선거

때로는 지는 것이 이기는 것이다

호펜슈타트 '포스트'의 실내 분위기가 탁하고 무겁게 내려앉았다. 금연 구역인 그 식당에서 누군가 담배를 피워서가 아니다. 세 시간 전부터 별실에서 시민당(BP) 최고 위원들이 호펜슈타트의 정치 현안을 놓고 처절하게 고뇌하는 중이다. 정확히 말하면 호펜슈타트가 아니라 하인펠덴-호펜슈타트가 맞다. 하인펠덴과 호펜슈타트는 올해 초에 주 정부의 개혁 조치로 통합되었다. 그 여파로 선거구들을 새로 설정해야 한다. 예산 절감을 위해 기존 선거구 16곳을 8곳으로 재편해야 하는 것이다. 원리적으로 선거구 재편에 반대할 이유는 없다. 그럼에도 호펜슈타트 시민당 최고 위원 5명은 침울하다. 호펜슈타트는 하인펠덴보다 작고, 하인펠덴을 지배하는 정치 세력은 시민당과 치열하게 경쟁하는 시민의 당(PB)이기 때문이다.

"친애하는 동지 여러분, 이제 우리의 입장을 정리할 때입니다. PB는 선거구 개편안을 이미 내놓았습니다. 여러분의 의견을 말씀해 주십시오."

호펜슈타트 시민당 위원장이자 아직은 시장인 유스투스 뇌팅은 자신의 시장직이 위태로워진 것에 대한 고민을 떨쳐내고 과감하게 실행에 나서려고 애쓴다. 그러나 부질없는 노력이다.

벽에 지도가 걸려 있다. 제빵업자 게지네 슈빙과 벽돌공 프레트 쿠겔은 말없이 앞에 놓인 물컵과 맥주잔을 바라볼 따름이다. 여대생 할당제 덕분에 최고 위원이 된 피아 파울젠과 지점장으로 승진할 가망이 있는 은행원 마티아스 자우어, 이 둘만이 지도와 거기에 적힌 숫자들을 유심히 살펴본다. 이들 최고 위원에게 그 지도는 추

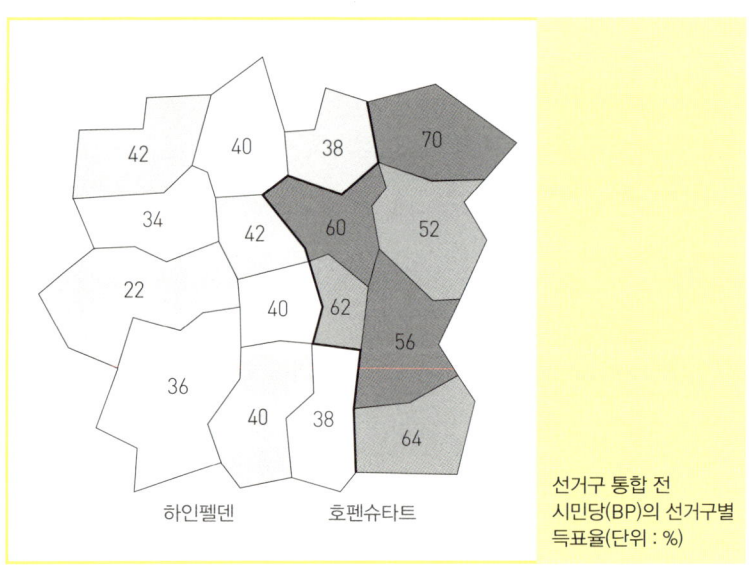

선거구 통합 전 시민당(BP)의 선거구별 득표율(단위 : %)

상적인 도안이 아니다. 이들은 여러 가능성을 검토한다.

이제껏 하인펠덴과 호펜슈타트는 유권자 1000명 규모의 선거구들로 분할되었고, 각 선거구에서 주 의원 한 명을 선출했다. 선거구들은 (주민의 과반수가 신교도인) 하인펠덴에 10곳, (주민의 과반수가 구교도인) 호펜슈타트에 6곳이 있었다. 그런데 이제 옛 선거구 두 곳을 합쳐서 새 선거구 한 곳으로 만들어야 한다. 호펜슈타트는 전통적으로 BP 우세 지역인 반면, 하인펠덴은 PB 우세 지역이다. 이들 외에 다른 당은 없다. BP 대표 뇌팅은 지난 지방 선거에서 BP의 선거구별 득표율을 첫 번째 지도에 표시해놓았다.

"이런 호시절도 있었지요."

마치 은퇴한 노인이 수평선 너머로 지는 해를 바라보듯이 정감 어린 눈빛으로 지도를 바라보며 뇌팅이 말한다.

"PB의 제안은 나름대로 일리가 있습니다. 그들은 인접한 선거구 두 곳을 통합하자는 입장입니다. 그러면 새 선거구가 하인펠덴에 5곳, 우리 호펜슈타트에 3곳이 생기지요."

"그렇게 되면 앞으로 선거는 하나 마나예요. 전통대로 우리 선거구 3곳에서는 우리가 대승하고, 다른 선거구들에서는 PB가 대승할 테니까요."

벽돌공 쿠겔이 투덜댄다.

"맞아요, 간단하게 계산할 수 있어요."

여대생 피아가 말한다.

"통합될 두 선거구에서 나온 선거 결과를 평균하기만 하면 미

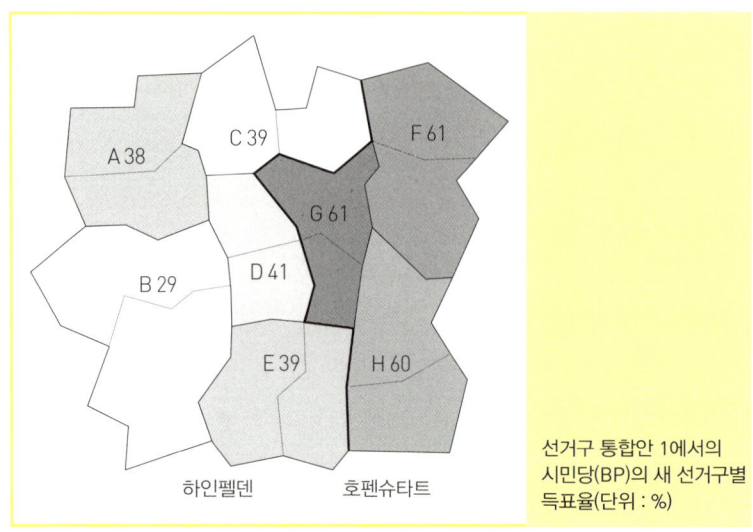

선거구 통합안 1에서의 시민당(BP)의 새 선거구별 득표율(단위 : %)

래의 통합 선거구에서 어떤 결과가 나올지 예상할 수 있죠."(이 경우에는 평균을 따지는 것이 옳지만, 다른 경우에는 평균에 의지하면 온갖 실수를 범할 수 있다. 제9화 참조)

새로운 통합 하인펠덴-호펜슈타트에서 BP의 득표율은 46퍼센트다. 모든 선거구 16곳에서의 득표율을 더한 다음에 16으로 나누면 그 값이 나온다. 그런데 이제 PB의 제안대로 선거구를 8곳으로 개편하면, BP는 의석 8개 중에 3개를 차지하게 되어 의석 점유율 37.5퍼센트에 머물 것이다. 결과적으로 시장부터 각종 부서장까지 모든 주요 직책을 PB가 차지할 것이다.

"이건 말도 안 되잖아! 그 좋다는 민주주의가 이런 거였어?"

쿠겔이 또 투덜댄다.

"선거구 제도, 참 좋고 훌륭하죠. 하지만 나쁠 수도 있어요. 혹시 '게리맨더링gerrymandering'이라는 단어를 들어보신 분 있어요?"

다들 호기심 어린 눈빛으로 피아를 바라본다. 피아가 말을 잇는다.

"19세기에 미국에서 엘브리지 게리Elbridge Gerry라는 상원의원 후보가 오로지 교묘한 선거구 개편 덕분에 당선된 일이 있어요. 그때 신설된 선거구 한 곳이 도롱뇽salamander 모양이었거든요. 그래서 '게리Gerry-맨더링mandering'이라는 단어가 생겨났죠."

"샐러맨더에다가 게리를 붙인 말이었구나! 난 처음 알았네."

은행원 자우어가 조그맣게 혼잣말을 하면서 종이에 메모를 한다. 피아가 벽에 걸린 지도로 걸어간다.

"우리의 문제는 게리가 맞닥뜨렸던 문제와 똑같습니다. 한편으로 우리의 득표율 평균은 거의 50퍼센트예요. 그런데 다른 한편으로 득표율 분포가 심하게 들쑥날쑥해요. 우리가 가장 크게 이긴 선거구에서는 우리의 득표율이 70퍼센트나 되죠. 50퍼센트만 넘겨도 충분히 선거에 이기니까, 나머지 20퍼센트는 그냥 버려진 것과 다름없어요."

"솔직히 나는 득표율이 50퍼센트를 훌쩍 넘는 것이 좋아요. 기독사회당(CSU)이 계속 바이에른에만 머물지는 않을 거라고요."

쿠겔이 끼어든다.

"잠깐만요."

피아가 쿠겔의 투덜거림을 끊으며 말한다.

"우리는 지금까지 호펜슈타트에서 과반수가 훌쩍 넘는 60퍼센트의 지지를 받았어요. 그래서 매번 선거가 끝나면 전설적인 60-케이크를 놓고 잔치를 벌였죠."

"앞으로 그 케이크를 볼 일은 당연히 없겠지."

제빵업자 슈빙이 한마디 한다.

"그럴 수도 있겠죠. 아무튼 우리가 할 일은 우리가 우세한 선거구의 표 일부를 열세한 선거구로 옮기는 것입니다."

할 말을 마친 피아가 의미심장한 미소를 짓는다.

"나는 하인펠덴으로 이사 안 해요. 내가 그 정도로 당을 사랑하지는 않거든요."

슈빙이 화들짝 놀라서 외친다.

"그래요, 방법이 있을 듯하네요."

자우어는 피아의 의도를 이해한 모양이다.

"선거구 개편을 이용해서 득표율 차이를 좀 줄일 수 있을지 생각해보죠. 그러니까 선거구별 득표율이 고르게 되도록 해보자고요. 이를테면 기존의 선거구 경계를 유지해야 한다는 규정은 어디에도 없어요."

자우어가 말을 마치자, 피아가 탁자에서 맥주잔을 집어들며 다시 말한다.

"저의 제안을 말씀드릴게요. 하인펠덴과 호펜슈타트의 경계에 위치한 선거구들을 통합해서 두 도시에 걸친 선거구들로 만드는 거예요. 그러면 어떻게 되는지 따져봅시다."

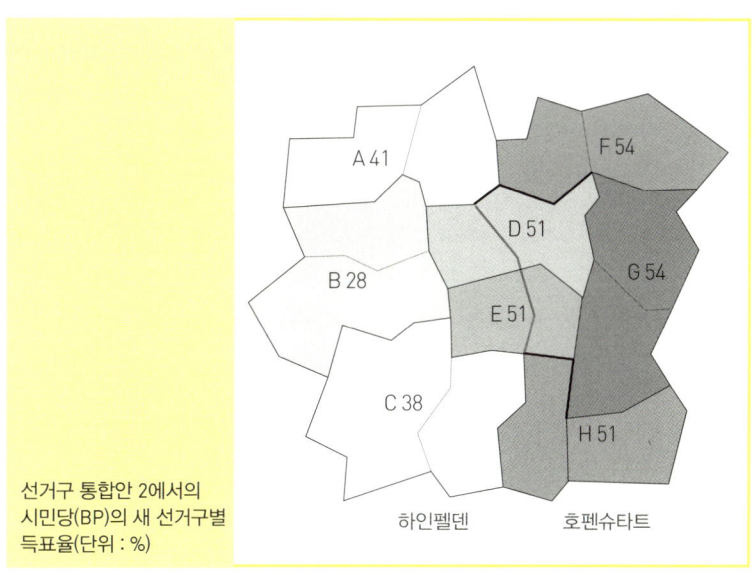

선거구 통합안 2에서의 시민당(BP)의 새 선거구별 득표율(단위 : %)

침울했던 분위기가 돌변한다. 새로 주문한 음식을 가져온 여종업원은 손님 다섯 명이 종이에 수식을 써가면서 계산에 열중하는 모습을 본다.

"어머, 공부를 열심히 하시네요!"

감탄한 듯 이렇게 외친 여종업원은 피아가 남은 맥주를 다 마실 때까지 기다린다.

20분 뒤, 세상은 훨씬 더 아름다워졌다. 하인펠덴과 호펜슈타트의 경계에 위치한 선거구들을 합쳐서 만든 통합 선거구 4곳 모두에서—일부에서는 간발의 차이이지만—BP가 이긴다는 계산이 나온 것이다. 그렇다면 BP의 의석수는 3석에서 5석으로 증가한다. 전체 8석 가운데 5석!

"하지만 예상 득표율이 51퍼센트인 선거구들에서 확실히 이긴다는 보장이 없지 않을까요?"

위원장이 '의심쟁이'라는 비난을 능숙하게 감내하며 반론을 제기한다.

"어느 정도의 선거전은 당연히 치러야 할 겁니다."

피아가 대꾸한다.

"하지만 지금 우리는 우리에게 유리한 상황을 만들 가능성에 대해서 의논하는 중입니다. 기존의 상황으로 굳어진다면, 우리는 만년 야당에 머물 게 뻔하니까요."

"PB도 당연히 알 거예요. 그 사람들도 어리석지 않아요. 아니, 어리석기는 한데 바보는 아니에요."

슈빙이 끼어든다.

이어서 유스투스 뇌팅에게 정치 경력 17년 동안 맞닥뜨린 결정적 순간들 중 하나가 찾아온다. 모든 눈이 그를 향한다. 그 모든 눈에서 희망의 불꽃이 번득인다.

"하인펠덴과 주 정부에 우리의 선거구 개편안을 보낼 때 저 득표율 수치들을 표시하지 않겠습니다."

위원장이 미소를 지으며 말한다.

"정치적인 명분을 내세웁시다. 적당히 엄숙하고 비장하게."

뇌팅이 주먹을 불끈 쥐고 목소리를 키워서 덧붙인다.

"시민당은 호펜슈타트와 하인펠덴의 새로운 통합 정당이다! 우리는 분단을 공고히 하는 대신에 낡은 경계들을 허문다!"

이날 저녁에 여종업원은 유난히 자주 별실에 드나든다. 때로는 정치도 재미있는 모양이라고 그녀는 생각한다.

선거의 수학

말할 필요도 없겠지만, 하인펠덴과 호펜슈타트는 현실에 없는 도시들이며 시민당 대표가 맞닥뜨린 선거 상황도 가상이다. 게리맨더링(엘브리지 게리는 1812년 매사추세츠 주에서 게리맨더링을 통해 선거구 40곳 가운데 29곳에서 승리했다. 그의 경쟁자는 득표율 51퍼센트를 기록하고도 최종 결과에서 패배했다)은 다수대표제majority representation에서만 효과를 발휘한다. 각 선거구에서 직접 선거를 통해 당선된 후보들로 의회를 구성하는 다수대표제는 지금도 미국과 영국에서 쓰인다. 독일에서는 거의 모든 기초 의회와 주 의회 그리고 연방 의회에서 비례대표제proportional representation, 곧 각 정당의 득표율에 따라 의석을 배분하는 제도가 쓰인다. 그러나 대개의 경우 이 비례대표제와 다수대표제가 함께 쓰이므로, 독일에서도 선거구를 개편함으로써 선거 결과를 뒤바꾸는 것이 가능하다.

우리는 서쪽의 큰 지역과 동쪽의 작은 지역이 통합하는 경우를 예로 들었는데, 그렇게 한 의도가 있다. 하인펠덴-호펜슈타트의 선거구 개편과 유사한 일이 2000년에 베를린에서 실제로 일어났다. 과거에 동베를린과 서베를린을 가르던 장벽을 뛰어넘어 동서에 걸친 새로운 선거구들이 만들어진 것이다. 그러나 이 현실의 사례에서 그 개편의 동기는 동베를린에서 높은 지지를 받던 민주사회당(PDS)을 강화하는 것이 아니라 오히려 약화하는 것이었다. 독일의 선거법에 따르면, 전체 득표율 5퍼센트를 넘기지 못한 정당도 선거구에서 승리한 다수대표를 3명 이상 배출하면 (득표율에 따라 비례대표 의석을 추가로 차지하면서) 의회에 진출할 수 있다. 그런데 베를린에서는 동베를린의 선거구들을 민주사회당에 대한 지지가 낮은 서베를린 지역까지 확장했다. 그럼으로써 민주사회당이 다수대표들을 배출할 가능성을 줄였던 것이다. 민주사회당이 1998년 선거에서와 똑같은 표를 얻는다면, 선거구 개편의 효과로 그 정당의 다수대표는 4명에서 2명으로 줄어들 것이었다(실제로 2002년 선거에서 민주사회당은 선거구 개편이 없었다 하더라도 다수대표를 2명밖에 배출하지 못했을 만큼 참패했다).

독일 연방 의회 선거에서 쓰이는 비례대표제와 다수대표제의 복잡한 조합은 다른 기이한 일들도 빚어낸다. 그 일들은 정치적으로 의도된 것일 법하지 않기에 더욱더 어처구니가 없다. 심지어 더 많은 표를 얻은 정당이 더 적은 의석을 차지하는 경우까지 발생한다. 선거 수학자들은 이런 경우와 관련해서 '역 득표 효과'를 이야기한다. 특히 눈에 띄는 사례는 2005년에 드레스덴 160선거구에서 발생했다. 그곳에서 출마한 민족민주당(NPD)의 여성 후보가 선거 직전에 사망하는 바람에 그곳의 선거는 2주일 연기될 수밖에 없었다. 슈뢰더와 메르켈의 운명을 가른 그 선거의 전체적인 결과는 이미 확고했지만, 그럼에도 연기된 드레스덴 선거의 결과에 따라 의석 배분이 달라질 수 있었다. 게다가 역설적이게도 기독민주당(CDU)은 너무 많은 표를 얻으면 도리어 의석 하나를 잃을 상황이었다. 따라서 기독민주당 후보는 유권자들에게 후보자별 투표에서는 자기를 찍고 정당별 투표에서는 가능하면 기독민주당을 찍지 말아달라고 호소해야 할 판이었다.

왜 이런 역설이 발생할 수 있는지 이해하려면, 독일의 복잡한 연방 선거 시스템을 자세히 살펴봐야 한다. 그 시스템은 이러하다. 연방 의원 전체의 절반인 299명은 한 선거구에서 한 명씩 후보자별 투표에 의해 선출된다. 각 선거구에서 가장 많은 표를 얻은 후보가 연방 의원이 되는 것이다. 이렇게 다수대표로 선출된 의원은 다른 사람으로 대체될 수 없다.

나머지 절반의 연방 의원, 즉 비례대표 의원들은 각 정당의 전

국적인 득표 결과에 따라 결정된다. 구체적으로 각 정당의 총 의석수가 그 정당이 정당별 투표에서 기록한 득표율에 최대한 비례하도록 비례대표 의석들이 할당된다(득표율에서 총 의석수를 계산하는 문제도 복잡하지만, 이 문제는 다루지 않겠다). 더 나아가 각 정당은 할당받은 총 의석수를 주별로 배분하는 절차를 거쳐야 한다.

예컨대 X당이 총 180석을 할당받았고, 이미 다수대표 93명을 확보했다고 해보자. 그러면 간단히 비례대표 의석 87개를 추가로 얻을까? 아니다. 절차가 훨씬 더 복잡하다. 우선 총 의석수 180을 개별 주들에서 X당이 얻은 표수에 맞게 각 주에 분배해야 한다. 그러니까 의석 180개를 놓고 16개의 정당이 경쟁하는 것과 똑같은 상황인 것이다(독일의 주는 총 16곳―옮긴이).

이렇게 먼저 각 주의 X당 의석수가 결정된다. 그런 다음에 비로소 다수대표의 수를 따진다. 그러다보니 특정한 주의 X당 의석수가 그 주에서 선출된 X당 다수대표의 수보다 오히려 더 적은 경우가 발생할 수 있다. 예컨대 사회민주당(SPD)이 함부르크 주에서 그런 경우를 당한다고 해보자. 사회민주당이 그곳의 선거구 여섯 곳에서 모두 이겨 비례대표 6석을 배출한다. 그러나 사회민주당이 함부르크 주에서 확보한 총 의석수는 4석에 불과하다. 그런데 이미 말했듯이, 다수대표 의원은 다른 사람으로 대체될 수 없다. 그러므로 사회민주당이 함부르크에서 6석을 차지할 수밖에 없는데, 그렇다고 다른 주에서 사회민주당이 불이익을 당하게 만들 수도 없다. 그러므로 연방 의회는 의원 2명을 추가로 받아들일 수밖에 없다. 이제 2005년에 드레스덴에서 발생한 상황을 살펴보자. 기독민주당은 정당별 투표에서 4만 2000표 이상을 얻으면 도리어 의석 하나를 잃을 처지였다. 그 이유는 이러했다.

뒤늦게 치러지는 드레스덴 160선거구의 선거는 정당별 득표율에 따른 총 의석수 분배에 영향을 끼치지 못할 것이었다. 그러기에는 그 선거구가 너무 작았던 것이다.

하지만 기독민주당의 주별 의석수는 바뀔 수 있는 상황이었다. 구체적으로 그 선거에서 기독민주당이 대승하면, 작센 주의 의석이 10석에서 11석으로 늘고 노르트라인베스트팔렌 주의 의석이 47석에서 46석으로 줄 것이었다.

그런데 작센 주에는 이미 기독민주당 다수대표 13명이 선출되어 있었다. 그러니까 그곳의 기독민주당 의석수가 11석으로 늘어나는 것은 그닥 기독민주당에게 이로울 게 아니었다. 의석수가 10석이건 11석이건, 어차피 기독민주당은 작센 주에서 연방 의원 13명을 배출할 터였으니까 말이다.

결과적으로 기독민주당이 드레스덴 160선거구에서 대승할 경우, 기독민주당의 작센 주 출신 연방 의원은 동수를 유지하는 반면 노르트라인베스트팔렌 주 출신 연방 의원은 한 명 줄어들 판이었던 것이다!

기독민주당은 노골적으로 다른 당을 찍으라고 호소하지 않으면서도 용케 자신들의 난처한 처지를 유권자들에게 알리는 데 성공했다. 그들은 지연된 160선거구 선거의 정당별 투표에서 3년 전보다

1만 1000표 적은 3만 8000표를 얻어 득표율 24.4퍼센트를 기록했다. 반면에 후보자별 투표에서는 기독민주당 후보 안드레아스 렘멜이 37퍼센트의 득표율로 압도적인 승리를 거뒀다. 그리하여 기독민주당은 원래 할당된 의석수를 초과하는 의석을 하나 더 챙겼다.

그러나 만일 노르트라인베스트팔렌 주의 기독민주당 후보 카이우스 율리우스 체사르(실명이 이렇게 특이하다)가 드레스덴의 선거 결과를 보고 자신이 의원직을 차지하게 되었다고 기뻐했다면, 그는 성급했다. 왜냐하면 그 결과 때문에 기독민주당의 주별 의석수가 다시 바뀌어 노르트라인베스트팔렌 주의 의석 하나가 자를란트 주로 옮겨갔기 때문이다. 결국 자를란트 주의 아네테 휘빙거가 독일의 특이한 선거법 덕분에 어부지리로 연방 의회에 진출했다.

이 사건은 역 득표 효과를 생생하게 보여준 실례였다. 그러나 그 효과는 늘 존재한다. 다만 대개의 선거에서는 나중에 돌이켜보면서 비로소 그 효과를 ("만약에 X당이 Y 선거구에서 표를 덜 얻었다면, 연방 의석을 하나 더 확보했을 텐데!"라는 식으로) 이야기할 수 있지만, 이 사건에서는 드레스덴의 선거가 지연되는 바람에 그 효과의 발생을 미리 예측할 수 있었다는 점이 특별했다.

수학에 맞선 연합

선거의 수학이 너무 어려워서 이해가 안 되는 독자들이 있다면, 실망할 필요 없다. 정치인들과 판사들도 여러분과 다를 바 없다. 아무튼 연방 헌법재판소는 '역 득표 효과'가 위헌이라는 판결을 내렸다.

그러나 기존의 선거 결과를 뒤집을 경우, 이제껏 연방 의회에서 이루어진 의결들에 심각한 영향이 미칠 것이므로, 그 결과는 그대로 유지된다. 현재 모든 정당은 똘똘 뭉쳐 기존 질서를 옹호하면서도 수학적으로 불가피한 역 득표 효과를 어떻게든 막아내려고 애쓰는 중이다.

 클로즈업 수학 Q

원예 동호회 '정원사랑'에서 새 회장을 선출한다. A, B, C가 후보로 나섰고, 투표 방법은 유권자가 후보 한 명을 찍는 것이 아니라 선호하는 순서대로 세 후보의 등수를 매기기로 했다. 그럼으로써 유권자들의 선호를 더 세밀하게 확인하자는 것이다. 세 후보의 등수 배열은 모두 6가지가 가능하다. 유권자 21명이 투표한 결과는 아래와 같다.

A-B-C : 4표   B-A-C : 0표   C-A-B : 2표
A-C-B : 4표   B-C-A : 7표   C-B-A : 4표

이 결과를 보고 세 후보가 모두 자신이 당선되었다고 주장한다. A의 말은 이렇다. "전체 유권자 21명 가운데 8명이 나를 1등으로 뽑았다. B를 1등으로 뽑은 유권자는 7명, C를 1등으로 뽑은 유권자는 6명이다. 그러므로 확실히 내가 1등이다!"

B는 이렇게 말한다. "내가 A보다 낫다고 판단한 유권자(11명)가 과반수이고, 내가 C보다 낫다고 판단한 유권자(11명)도 과반수이다. 그러므로 내가 1등이다!"

C는 이렇게 말한다. "1등에 3점, 2등에 2점, 3등에 1점을 주어야 한다. 그러면 나는 44점, A는 39점, B는 43점이다. 따라서 내가 종합 순위 1등이다."

누구의 말이 옳을까?

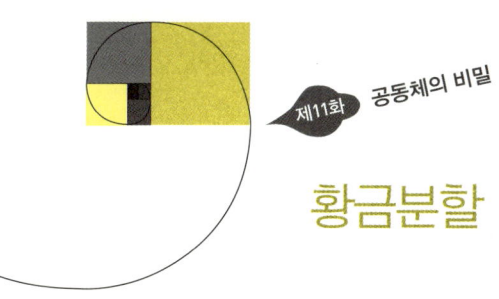

제11화 공동체의 비밀

황금분할

"필롤라오스, 난 이제 더는 침묵하지 못하겠어!"

히파소스Hippasos는 흥분해서 얼굴이 붉어졌다. 20대 초반의 젊은이인 그는 연상의 친구와 함께 장화 모양으로 생긴 이탈리아 반도의 뒤꿈치에 위치한 작은 도시 메타폰툼Metapontum의 중심을 산책하는 중이다.

때는 기원전 449년. 이탈리아 남부의 하늘에 태양이 찬란하게 빛난다. 시장에서는 인근에 사는 여자들이 무화과와 올리브를 판다. 유난히 붐비는 매대 앞에서 남자들이 대낮부터 포도주를 마신다. 그러나 히파소스의 눈에는 아무것도 들어오지 않는다. 그는 분개하여 중얼거린다.

"모든 것이 수라고? 모든 것이? 난 이제 가만히 듣고만 있을 수 없어!"

지나가는 사람들이 돌아볼 정도로 큰 목소리다.

"히파소스, 조심해."

필롤라오스Philolaos가 말린다.

"여기는 벽에도 귀가 있다는 것을 명심해. 핵심 회원들이 자네 말을 듣는다면……."

"아하, 핵심 회원 나리들."

히파소스가 필롤라오스의 심각한 표정을 흉내 내면서 과장된 몸짓으로 굽실거린다.

"신앙을 지키는 위대한 분들이지. 계명을 영원히 지키기 위해서 돌에 새겨놓으신 분들. 이봐, 필롤라오스. 피타고라스는 벌써 50년 전에 죽었어!"

"하지만 피타고라스의 사상은 살아 있어."

필롤라오스가 침착하게 반발한다.

"그의 사상은 새로운 세계관의 바탕이야. 우리 신앙의 중심이자 600명의 남녀로 이루어진 우리 공동체의 기반이지. 그의 사상은 이 황량한 곳을 문화의 중심으로 번창하게 만들었네."

"피타고라스가 전쟁이 끝난 후 크로톤을 떠난 것은 바로 자네 같은 사람들 때문이었을 거야. 다들 그에게 경탄하고 굽실거리니까 떠났을 거라고!"

히파소스가 쏘아붙인다.

"흥분했더라도 말은 똑바로 하게. 피타고라스는 그를 시기하는 사람들을 피해 달아나야 했어. 우리 공동체는 그의 유산을 보존하고 있지. 자네도 그의 가르침을 따르고 검소하게 살고 공동체의 비밀을 지키겠다고 맹세하지 않았나. 피타고라스는 우리에게 아주 많은 것을 물려주었네. 화음에 대한 피타고라스의 지식이 없었다면 내가 하는 음악은 상상조차 할 수 없었을 걸세. 현의 떨림에서부터 별들의 운행까지 온 세상이 그의 법칙을 따르지."

"피타고라스가 위대한 인물이라는 건 두말하면 잔소리지."

히파소스도 인정한다.

"하지만 위대한 인물도 오류를 범할 수 있어. 그는 신이 아니야. 그런데도 공동체는 그의 저술을 신성시하네. 신성한 것과 과학은 상극이야. 신성한 것은 숭배의 대상이지. 신앙인에게는 필요하겠지만 우리에게는 필요 없다고. 나는 남을 숭배하려고 몇 년 동안 내 정신을 갈고닦지 않았네."

"히파소스, 자네가 내 친구이고 아끼는 후배이기에 망정이지. 그렇지 않았다면 난 자네를 핵심 회원들에게 고발했을 걸세."

필롤라오스가 근심 어린 표정으로 젊은 친구를 바라본다.

"도대체 왜 그리 흥분하나? 자네도 보다시피 이곳은 신의 집이 아니라 사람의 집일세."

과거에 피타고라스Pythagoras가 살던 집 앞에 많은 사람이 서 있다. 입구 위에 피타고라스학파의 상징인 펜타그람pentagramm이 새겨져 있다. 펜타그람은 뿔이 다섯 개인 별이다.

"피타고라스가 틀렸어."

제11화 공동체의 비밀

히파소스가 말한다.

"그는 모든 것이 수라고 했네. 세상의 모든 비율을 정수들을 통해 나타낼 수 있다고 생각했던 거지. 바꿔 말하면, 임의의 두 수를 공통 단위의 배수들로 표현할 수 있다고 믿었단 말일세. 하지만 그 믿음은 틀렸어. 두 수의 공통 단위를 알아내고 싶을 때 우리는 번갈아 반복해서 한 수에서 다른 수를 빼지."

한 떼의 아이들이 지나간다. 히파소스가 막대기를 들고 있는 아이에게 말을 건다. 아이가 도리질하고, 히파소스가 동전을 꺼낸다. 막대기의 주인이 바뀐다. 히파소스는 그 막대기로 땅바닥에 그림을 그린다. 아이들이 다가와 구경한다.

"7과 19의 공통 단위를 구해보세."

젊은 학자 히파소스가 혼잣말하듯 말한다.

"이건 길이가 19인 선분일세. 내가 여기에서 7을 두 번 빼면, 5

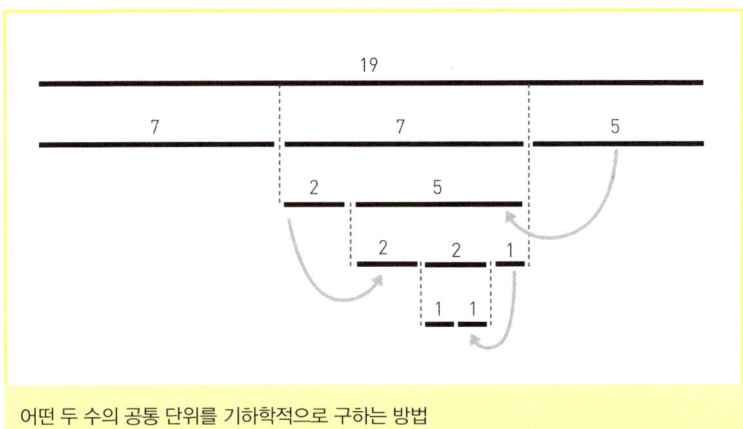

어떤 두 수의 공통 단위를 기하학적으로 구하는 방법

가 남지. 그다음에는 7에서 5를 빼는 거야. 그러면 2가 남네. 이어서 5에서 2를 두 번 빼면 1이 남아. 1은 2 속에 두 개 들어가지. 딱 두 개 들어가고 나머지는 없네. 결론적으로 7과 19의 공통 단위는 1일세."

"나도 이 계산법을 아네."

필롤라오스가 미소 지으며 말을 잇는다.

"분수들에도 써먹을 수 있는 방법이지. 항상 유용한 방법이야. 언제나 공통 단위가 있기 마련이니까. 스승께서 말씀하신 대로, 모든 것은 수라네."

"아니, 천만에."

흥분한 히파소스가 아이들을 쫓아버린다. 아이들이 인상을 찌푸리며 흩어진다.

"내가 어디에서 모순을 발견했는지 아나? 우리 공동체의 상징에서 발견했네."

히파소스는 벽에 새겨진 펜타그람을 가리키더니 뿔이 다섯 개인 그 별과 그것을 둘러싼 정오각형을 땅바닥에 그린다. 막대기를 판 아이가 다시 다가와서 순진한 듯이 묻는다.

"이 그림 안 밟을게요. 그럼 구경해도 되죠?"

"자꾸 얼쩡거리면 너희 다섯 명을 펜타그람의 뿔 다섯 개에 매다는 수가 있다."

히파소스가 대꾸한다. 아이들은 그의 표정이 진지한 것을 보고 슬그머니 달아난다. 히파소스는 다시 그림에 집중한다.

"내가 정오각형의 변 AB와 대각선 AC의 공통 단위를 찾아보았

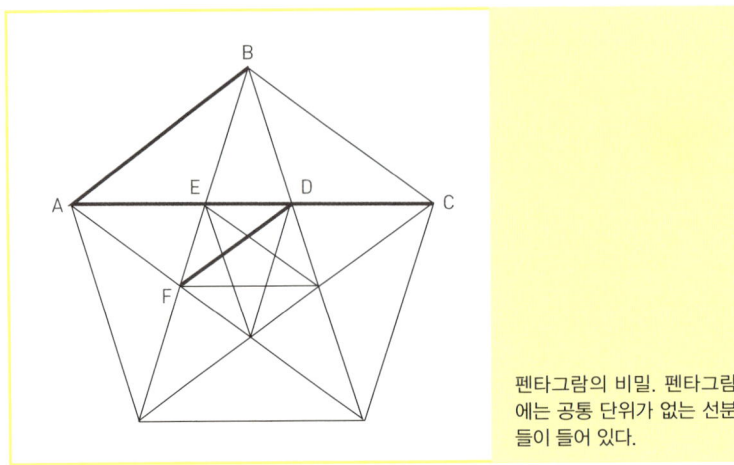

펜타그람의 비밀. 펜타그람에는 공통 단위가 없는 선분들이 들어 있다.

"네. 방법은 늘 똑같아. 우선 긴 선분에서 짧은 선분을 빼야 하지. 그런데 선분 AB는 선분 AD와 같으니까, 선분 AC에서 선분 AB를 빼면 선분 DC가 남네. 이제 선분 AD에서 선분 DC를 빼야겠지. 그런데 선분 DC는 선분 AE와 같으니까, 선분 AD에서 선분 DC를 빼면 선분 ED가 남아. 그럼 선분 AE에서 선분 ED를 빼는 것은 어떻게 해야 할까? 생각해보면 금세 알 수 있듯이, 선분 AE와 선분 DC는 선분 DF와 같네."

히파소스는 망설이는 듯한 표정으로 선배를 바라보지만, 선배는 다만 귀 기울여 들으면서 이렇게 말한다.

"자네가 할 말이 더 있는 듯한데……."

"그렇다네."

히파소스가 흥분해서 말한다.

"이제 선분 DF에서 선분 ED를 빼야 할 텐데, 이렇게 되면 우리는 다시 출발점으로 돌아온 셈일세. 선분 ED와 선분 DF는 작은 정오각형의 변과 대각선이니까, 큰 정오각형에서 선분 AB, 선분 AC와 마찬가지야. 우리는 계속 긴 선분에서 짧은 선분을 빼고 있는데, 두 선분 사이의 비율은 항상 똑같았고 지금도 그렇다네. 이렇게 빼가는 과정은 끝없이 계속되지. 긴 선분과 짧은 선분의 공통 단위가 없다는 말일세. 요컨대 정오각형의 변과 대각선 사이의 비율은 분수로 표현되지 않아! 절대적일 줄 알았던 피타고라스의 가르침에 뜻밖의 결함이 있다는 사실을 다름 아니라 우리가 늘 보아온 우리 공동체의 상징이 증언하고 있네."

히파소스는 흥분한 채로 서성거리다가 친구 앞에 바투 다가가 선다.

"뭐라고 말 좀 해보게. 이건 엄청난 일일세. 모두에게 알려야 한다고!"

"이봐, 히파소스."

필롤라오스가 대답한다.

"나는 자네의 열정을 좋아하네. 많은 지식인에게는 없는 열정이 자네에게는 있지. 하지만 나는 자네의 지나친 열정을 제지하지 않을 수 없네. 우리 피타고라스주의자들은 앵무새처럼 남의 말만 따라하는 바보들이 아니야. 자네가 발견한 그 사실을 우리도 이미 알고 있다네."

"허, 그렇군!"

젊은 천재의 탄성에서 당혹감이 배어 나온다.

"공통 단위가 없는 수들이 있다는 것을 몇몇 회원들이 알아챘지. 직각삼각형에 관한 정리만 생각해봐도 알 수 있네. 다름이 아니라 피타고라스의 이름을 따서 붙인 그 유명한 정리 말일세. 거기에서도 모순이 발생하네. 직각삼각형에서 직각을 이룬 두 변의 길이가 같다고 해보세. 그러면 그 변들과 나머지 한 변 사이에는 공통 단위가 없네."

"맞아, 나도 그렇게 추측했다네. 단지 증명에 이르지 못했을 뿐이야."

히파소스가 반색을 하며 외친다.

"나는 이 깨달음을 내 전문 분야인 음악에서 얻었어."

선배가 미소 지으며 말한다.

"피타고라스에 따르면, 모든 화음은 정수들의 비율에서 나오고, 그 비율이 단순할수록 더 아름다운 화음이 되네. 심지어 천구들도 신성한 화음에 맞게 운동하지."

"이럴 수가, 그것도 틀린 가르침이란 말인가?"

히파소스가 놀라서 묻는다.

"아니, 그런 화음이 있기는 있네. 그렇지만 정확하게 맞는 화음은 아니고, 작은 오차가 항상 발생하네. 나는 그 오차들을 최대한 깔끔하게 제거하는 연구를 하는 중이네."(바흐와 '평균율'을 다루는 제13화 참조)

"그러니까 자네들은 이런 오류와 모순을 알면서도 감추고 있다는 것인가?"

히파소스는 막대기로 땅바닥을 마구잡이로 긋는다. 그가 그렸던 그림이 지워진다. 히파소스가 중얼거린다.

"우리는 진리를 추구한다. 그리고 진리는 드러나야 한다."

잠시 후에 두 사람은 시장의 가장자리에 놓인 탁자에 앉았다. 포도주는 시원하고, 히파소스의 심장은 뜨겁다. 필롤라오스는 화제를 바꾸고 싶지만, 젊은 후배가 무엇에 몰두하고 있는지 빤히 안다.

"이보게, 히파소스. 우리 피타고라스주의자들은 수학 수수께끼나 푸는 동호회원들이 아니야. 우리 공동체는 세계관을 공유하네. 신성한 질서와 올바른 삶의 방식이 우리 공동체의 기둥이라고."

히파소스가 킬킬거린다.

"신들이 황당하겠군. 위대하시고 올바르신 피타고라스와 본의 아니게 엮였으니. 신들이 머리를 맞대고 물귀신 같은 피타고라스를 떼어놓을 궁리를 하게 생겼어."

"신성한 질서는 물귀신도 허용하네."

히파소스가 잔을 내려놓고 말한다.

"우리는 정말 멋진 공동체야. 삶과 아주 밀접하게 연결된 공동체지. 나는 콩을 먹지 말라는 규칙이 제일 마음에 들어! 콩에는 인간의 영혼이 깃들어 있어서, 콩을 먹으면 소화관에 가스가 차지. 웬 인간의 영혼이냐고? 콩의 모양이 태아를 닮았지 않은가! 하하하, 정말 위대한 규칙이야! 필롤라오스, 나의 진심을 말해줄까?"

"아니라고 대답하면, 입을 다물 텐가?"

"나는 우리 공동체의 목표가 권력이라고 보네. 우리 회원들은 새로운 그리스에서 많은 요직을 차지하고 있지. 사람들이 그들을 지혜롭고 오류를 범하지 않는다고 여기는 덕분이야. 그런데 위대한 스승의 가르침이 틀렸다는 소문이 돌면, 피타고라스주의자들의 지혜는 어떻게 되겠나? 그들이 오류를 범한다면, 그들은 아주 평범한 인간에 불과하네. 또 그들이 평범한 인간이라면, 다른 사람들이 얼마든지 그들을 대신할 수 있을 걸세. 그러면 그들은 막강한 지위를 상실할 테고."

필롤라오스가 주위를 둘러본다. 혹시 옆 테이블의 사람들이 대화를 멈추고 귀를 쫑긋 세웠나? 그는 히파소스의 어깨를 움켜쥐고 힘주어 말한다.

"자네는 처음에 나한테 배웠어. 나중에는 자네와 내가 친구가 되었지만. 자네는 내가 만난 사람들 중에 가장 유능한 축에 들어. 아버지가 아들에게 하듯이 경고할 테니 잘 듣게. 핵심 회원들이 자네의 행동을 근심스럽게 지켜보고 있네. 자네는 쉽게 흥분해서 요란하게 떠들곤 하지. 특정 사안들에 관한 이야기를 부적절한 사람들 앞에서 할 때가 많아."

"자네들이 내 생각을 금지할 셈인가?"

히파소스가 발끈하여 대든다.

"지식인이 다른 지식인의 생각을 금지해? 진리는 공개되어야 하네!"

"우리는 자네의 생각을 금지하지 않아. 다만, 자네에게 진심으로 충고하겠네. 모든 것을 광장으로 가지고 나갈 필요는 없네."

"내가 오류를 발견했단 말일세. 그런데 어떻게……."

"참인지 거짓인지만 따지겠다는 마음가짐으로 수학 문제를 대하면 곤란해. 수학 문제에는 더 많은 것이 걸려 있으니까."

히파소스가 깊은 숨을 몰아쉰다. 그는 동료의 경고와 위협이 무엇을 뜻하는지 이해했다. 주위는 어느새 고요해졌다.

"다들 들으시오!"

갑자기 히파소스가 소리를 지른다. 미친 사람 같다.

"피타고라스가 틀렸소! 나, 메타폰툼의 히파소스가 그 사실을 증명할 수 있소!"

이어서 그는 격하게 일어나면서 포도주잔들을 쓰러뜨린다. 테이블들 사이를 휘젓고 다니면서 미처 그를 피하지 못한 모든 사람과 부딪친다. 이틀 후, 메타폰툼 해변의 어부들이 젊은 남자의 시체를 발견한다.

트집쟁이들을 위한 기하학

위의 대화는 허구이지만, 메타폰툼의 히파소스는 실존 인물이며 아마도 모든 수를 분수로 나타낼 수 있다는 피타고라스의 생각이 틀렸음을 처음으로 증명한 사람이다. 음악 이론가 필롤라오스와 피타고라스주의자들의 공동체도 실제로 존재했다. 그 공동체는 과학적인 진리를 추구하는 것 외에도 많은 목표를 가지고 있었다. 또한 전설에 따르면 히파소스는 실제로 살해되었다. 공동체의 회원들이 그를 배에 태우고 바다로 나가 익사시켰다고 한다.

공통 단위가 없는 수들이 있다는 사실은 오늘날 그저 평범한 진리일 뿐이다. 우리는 학교에서 제곱근을 다룰 때 그 사실을 배운다. x의 제곱근은, 자기 자신과 곱하면 x가 되는 그런 수이다. 제곱근은 때때로 정수이다. 예컨대 9의 제곱근이 그렇다. 하지만 2의 제곱근처럼 무리수인 제곱근들도 있다. 기하학적으로 생각하면, 2의 제곱근은 한 변이 1인 정사각형의 대각선이다. 오늘날 우리는 무리수인 제곱근들을 아무렇지도 않게 다룬다.

히파소스가 무리수임을 증명한, 정오각형의 변과 대각선 사이의 비율은 수학과 미학에서 중요한 구실을 한다. 그 비율은 이른바 '황금비율'이다. 황금비율을 수치로 따지면 정확히 얼마일까? 제곱근 계산을 통해서 간단히 계산할 수 있다. 히파소스가 지적한 속성, 즉 긴 선분과 짧은 선분 사이의 비율이 짧은 선분과 두 선분들의 차이(긴 선분에서 짧은 선분만큼을 뺀 나머지 길이) 사이의 비율과 같다는 것을 이용하면 된다. 이 속성을 기하학적으로 표현하려면 긴 선분과 짧은 선분을 두 변으로 가진 직사각형을 그리면 된다.

긴 변 a와 짧은 변 b를 지닌 직사각형에서 b×b 정사각형을 잘라내자. 그러면 긴 변 b와 짧은 변 a−b를 지닌 직사각형이 남는다.

히파소스가 옳게 파악했듯이, 이런 분할 과정은 끝없이 되풀이될 수 있다. 간단히 정사각형 하나만 잘라내면 원래 직사각형과 모양은 같고 크기는 작은 직사각형이 만들어지니까 말이다. 새로운 직사각형들은 원래 직사각형의 내부에 그려진다.

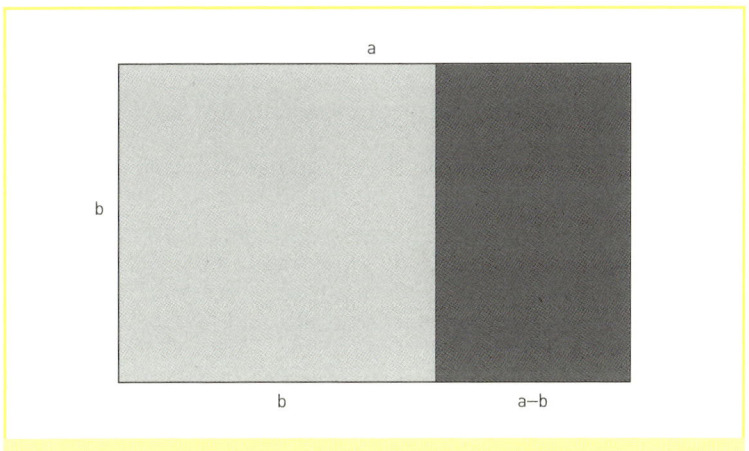

a와 b 사이의 비율이 황금비율이라면, 어두운 색으로 칠해진 새로운 직사각형의 가로 세로 비율도 원래 직사각형의 가로 세로 비율과 같아야 한다.

오직 양변 사이의 비율이 특정한 값일 때만 이런 분할 과정이 가능하다는 사실을 이해하기 위해, 그 비율을 계산해보자. 짧은 변의 길이가 1, 긴 변의 길이가 x라고 하자(단위는 무엇이든 상관없다). x와 1이 황금비율을 이룬다면, x 대 1은 1 대 $x-1$과 같다. 이것을 방정식으로 표현하면 아래와 같다.

$$\frac{x}{1} = \frac{1}{x-1}$$

양변에 $(x-1)$을 곱하면, 다음의 등식이 나온다.

$x \times (x-1) = 1$

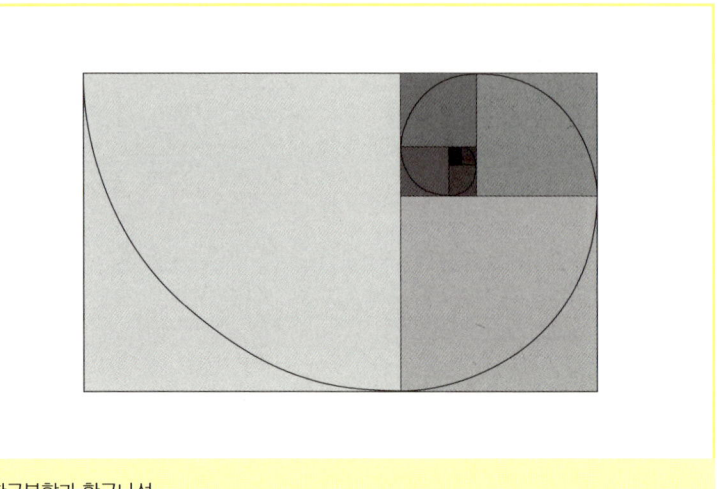

황금분할과 황금나선

다시 말해

$$x^2 - x - 1 = 0$$

이다. 이것은 이차방정식이다. 우리가 학교에서 배운, 이차방정식의 해를 구하는 공식(319쪽 부록2 참조)을 이용하면 아래의 두 해를 얻을 수 있다.

$$x_{1,2} = \frac{1}{2} \pm \sqrt{\frac{5}{4}} = \frac{1 \pm \sqrt{5}}{2}$$

5의 제곱근은 1보다 크므로, 두 해 중 하나는 음수이다. 그러나 두 길이 사이의 비율은 양수이어야 하므로, 그 음수 해는 무시된다. 따라서 다음과 같이 양수의 해만 남는다.

$$\Phi = \frac{1+\sqrt{5}}{2} \approx 1.618\cdots$$

이 값이 바로 황금비율이다. 황금비율을 나타내는 기호 Φ는 그리스어 철자이며 '파이'라고 읽는다. Φ는 예컨대 원주율 π보다 훨씬 덜 알려져 있지만 수학에서 중요한 역할을 한다.

Φ는 놀라운 속성을 지녔다. 황금비율의 역수, 즉 짧은 변의 길이를 긴 변의 길이로 나눈 값은 $\frac{1}{\Phi}$인데, 이 값은 1보다 작으며 때때로 그리스어 소문자 φ로 표기된다. 그런데 φ는 정확히 아래와 같다.

$$\varphi = \frac{1}{\Phi} \approx 0.618\cdots$$

소수점 아래의 숫자들은 Φ에서와 똑같다! 이렇게 Φ와 φ의 차이가 1이라는 속성을 이용하면, Φ를 아래처럼 연분수로 표현할 수 있다.

$$\Phi = 1 + \varphi = 1 + \frac{1}{\Phi}$$

맨 끝의 Φ 대신에 $1+\frac{1}{\Phi}$을 집어넣으면 다음 등식이 나온다.

$$\Phi = 1 + \frac{1}{\Phi} = 1 + \frac{1}{1 + \frac{1}{\Phi}}$$

마치 마술사가 속임수를 쓰는 것처럼 보일 수도 있겠지만, 위의 등식은 전적으로 옳다. 심지어 이런 대신 집어넣기를 무한히 반복해도 옳은 등식이 나온다.

$$\Phi = 1 + \frac{1}{\Phi} = 1 + \frac{1}{1 + \frac{1}{1 + \frac{1}{1 + \cdots}}}$$

수학자들은 이런 식으로 간단히 '…'을 붙임으로써 무한의 문제를 처리한다.

연분수는 항상 무리수다. 연분수의 끝없는 분수 계산을 어딘가에서 중단하면 원래 무리수의 근삿값인 유리수를 얻을 수 있다. 그런데 Φ의 경우에는, 분모에 1이 많이 있기 때문에 이런 식으로 근삿값을 구하면 오차가 크게 발생한다. Φ는 유리수로 근사하기에 가장 부적합한 무리수인 것이다. 그래서 Φ는 최고의 무리수, 혹은 '가장 고귀한' 수로 일컬어지기도 한다.

'아름다운' 파이

가로 세로 비율이 황금비율인 종이가 있다면, 그 종이에서 정사각형을 잘라내면 더 작은 황금 직사각형을 얻을 수 있다. 이런 잘라내기

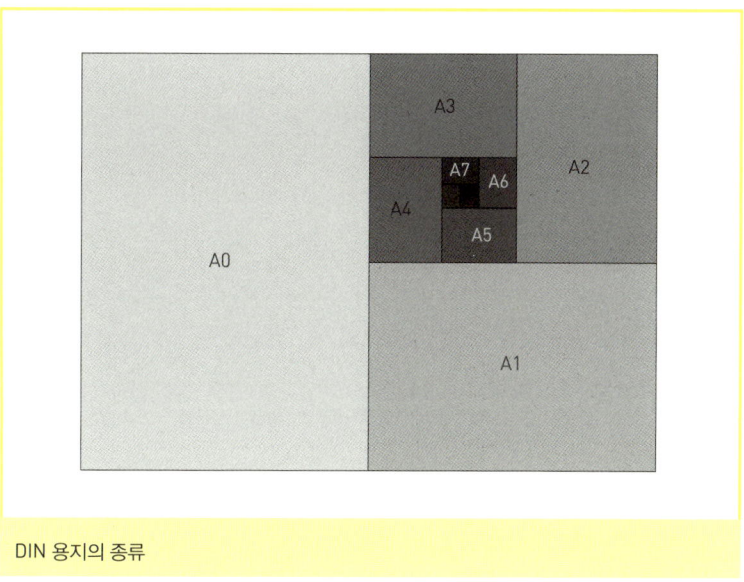

DIN 용지의 종류

를 계속 반복하면, 점점 더 작은 정사각형들(그리고 너무 작아서 더는 분할할 수 없는 종잇조각)이 만들어질 것이다.

그러나 복사 용지의 가로 세로 비율은 황금비율이 아니다. 복사 용지를 반으로 자른 결과물은 원래의 용지와 가로 세로 비율이 똑같다. 예컨대 독일 공업 규격(DIN) 용지들이 그러하다. DIN-A5 용지는 DIN-A4 용지와 가로 세로 비율은 같고 크기만 절반이다.

이런 관계가 성립하려면 애당초 가로 세로 비율이 얼마여야 할까? 이번에도 원래 용지의 긴 변이 x, 짧은 변이 1이라고 해보자. 그러면 x와 1 사이에 다음의 관계가 성립한다.

$$\frac{x}{1} = \frac{1}{\frac{x}{2}}$$

양변을 정리하면 아래와 같다.

$$x = \frac{2}{x}$$

다시 말해

$$x^2 = 2$$

이다. 이 방정식의 (양의) 해는 2의 제곱근, 즉 1.414…이다. 이 무리수 역시 앞에서 살펴본 두 그리스인의 대화에 등장했다(그러나 DIN-A0 용지의 가로와 세로는 각각 1.41미터와 1미터가 아니라 용지의 넓이가 1제곱미터가 되도록 1189밀리미터와 841밀리미터로 정해졌다)!

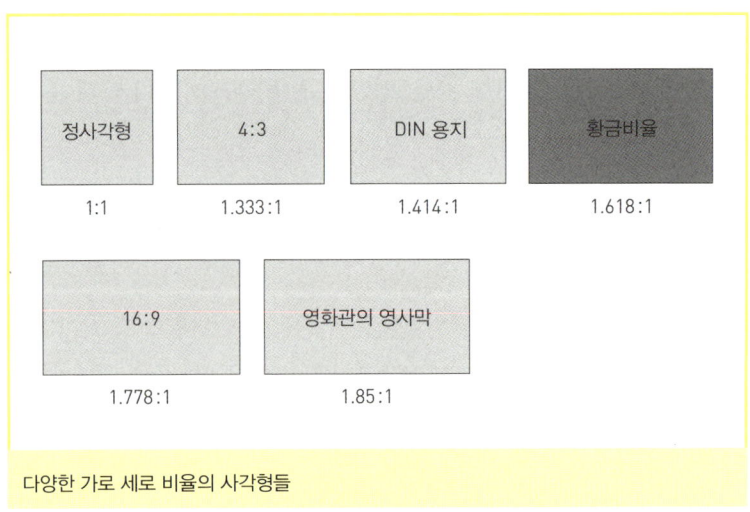

다양한 가로 세로 비율의 사각형들

당신은 황금 직사각형과 DIN 용지 중에 어느 쪽이 더 아름답다고 느끼는가? 앞의 그림에서 정사각형에 가까운 형태부터 꽤 길쭉한 형태까지 다양한 사각형들을 볼 수 있다. 신중하게 선택해보라.

4:3은 전통적인 텔레비전의 규격, 16:9는 영화를 보기에 더 적합한 최신 텔레비전의 규격이다. 하지만 폭이 더 넓은 시네마스코프cinemascope 규격으로 찍은 영화를 볼 때에는 최신 텔레비전에서도 위와 아래에 검은 여백이 남는다. 왜냐하면 시네마스코프 규격은 2.35:1이기 때문이다. 황금비율은 오랫동안 가장 아름다운 비율로 여겨졌다. 고대 그리스인들은, 예컨대 아테네의 파르테논 신전에 황금비율을 적용했다. 고대를 동경한 르네상스 시대의 사람들도 황금비율을 애용했다. 미술사학자들은 레오나르도 다빈치Leonardo da Vinci의 〈모나리자〉와 인체 스케치들에서 황금비율을 발견했다. 심지어 20세기의 건축가 르코르뷔지에Le Corbusier도 황금비율을 열렬히 옹호했다. 그는 직사각형 모양의 단출한 건물들을 많이 설계했는데, 그 작품들에 황금비율이 자주 쓰였다.

오늘날의 취향은 더 다양해졌다. 사람들은 제각각 다르게 생겼다. 그런데 정말로 우리는 두 눈 사이의 거리나 코의 길이 따위가 황금비율에 맞는 사람들을 가장 아름답다고 여길까? 일부 심리학자들은 대부분의 사람들이 다양한 직사각형 중에서 황금 직사각형을 가장 아름답게 여긴다는 사실을 실제로 확인했다고 주장하지만, 다른 심리학자들은 그 주장을 입증할 수 없었다. 현대 미술에서도 이런저런 황금비율들이 끊임없이 발견되고 있다. 예컨대 수직선들과 수평선들로 구획된 피에트 몬드리안 Piet Mondrian의 추상화들을 보라. 그 작품들에는 아주 많은 직사각형이 있어서 그중 하나 정도는 거의 불가피하게 황금 직사각형이기 마련이다. 나는 유명한 회화 작품 약 20점의 규격을 조사해보았다. 그 규격들은 정사각형부터 길쭉한 직사각형까지 다양했으며 특별히 선호되는 비율은 없었다. 황금비율 Φ만을 다루는 책을 쓴 천체물리학자 마리오 리비오 Mario Livio의 견해도 이러하다. "황금비율은 수학적으로 아주 매력적인 속성들을 지녔고 자연에서 전혀 예상치 못한 장소들에서 등장하는 경향이 있다. 그러나 인간의 얼굴에서든 미술에서든 황금비율을 아름다움의 보편적인 기준으로 삼는 것은 이제 바람직하지 않다."

 클로즈업 수학 Q

점 10개가 직선 5개 위에 놓이되 각각의 직선 위에 점 4개가 놓이도록 하려면, 점 10개를 어떻게 배열해야 할까?

제12화 시간은 돈이다

매혹적인 제안

"안녕하세요, 베니거 부인. 안녕하세요, 베니거 씨."

남색 정장 차림의 날씬한 여자가 밝은 미소를 지으며 고객들에게 다가와 자신을 소개한다. 그녀는 고객 상담원 자스키아 바이히만이다.

그 젊은 은행 여직원이 가느다란 하이힐을 똑딱거리며 화분들 너머 자기 자리로 돌아가는 동안, 게오르크 베니거는 그녀의 뒷모습을 유심히 바라본다. 안드레아 베니거는 남편이 바이히만 양의 부드럽게 흔들리는 엉덩이를 바라본다는 것을 잘 안다. 그러나 베니거는 34-24-35가 아니라 3500을 생각하는 중이다. 그의 딸뻘 되는 그녀의 월급이 아마 3500유로쯤 될 것이라고 말이다. 3500유로는 그가 집에 가져다주는 액수보다 더 많다. 그리고 여직원은 이 사실을 알 것이다. 그의 경제형편을 최대한 알아내야 하는 은행원이니까. 그런 정보는 은행원들에게 현금과도 같으니까. 자신이 유리인형처럼 속이 훤히 들여다보이는 신세라고 생각하니 베니거는 기분이 언짢다.

시작은 지난주에 걸려온 전화였다. "빌머스도르프 슈파르방크 은행의 바이히만입니다. 베니거 씨, 고객님 계좌에 어느새 상당한 금액이 쌓여 있는 것을 보고 전화 드렸어요. 그 금액을 어떻게 굴릴 것인지에 대해서 언제 커피라도 한잔하면서 얘기해보면 어떨까요? 이율이 고작 2.5퍼센트인 예금계좌에 그냥 넣어두는 건 바람직하지 않을 것 같습니다."

베니거는 과거에도 여러 차례 은행 직원의 전화를 받은 적이 있다. 매번 새로운 이름의 담당자가 전화를 걸어 짐짓 객관적이고 사무적이지만 경멸이 약간 섞인 어투로, 그의 대출 한도가 또 초과되었다고 알려주었다. 고객이 불량고객이 되면, 은행들은 유능하게도 그 사실을 당사자에게 곧바로 통지한다. 그러나 이제 상황이 돌변했다. 이번 전화는 내용도 어투도 아주 새롭다. 바이히만 양이 말한 '상당한 금액'이란 6만 유로를 뜻한다. 그것은 30년 동안 아끼고 아껴서 모은 돈이다. 기술자인 베니거는 월말에 조금이라도 돈이 남으면, 30유로가 되었든 100유로가 되었든, 무조건 저축했다. 모은 돈을 예금계좌에서 빼내어 굴려볼 생각도 이미 여러 번 했다. 그러나 복잡한 금융계에 대한 두려움이 그를 가로막았다. 베니거 부부는 주식이나 펀드에 대해서 장황한 설명을 들을 생각이 없다. 그런 세계는 그들의 세계가 아니다. 그들은 위험을 감수할 생각이 없다. 작아도 확실한 수익이 더 좋다. 그들의 두 자녀는 아직 공부하는 학생들이다.

"카푸치노를 드릴까요, 아니면 카페라테를 드릴까요?"

고객 상담원이 묻는다.

"그냥 평범한 커피는 없나요?"

베니거가 되묻는다. 그의 아내도 동의의 뜻으로 고개를 끄덕인다. 고객 상담원이 커피를 가지러 간다.

"커피를 상담원이 직접 만들어야 하는 모양이네."

베니거가 중얼거린다.

다들 커피 한 잔씩 들고 둘러앉자, 여직원이 서류철을 펼친다.

"6만 유로."

그녀가 전화로 했던 말을 흐뭇한 어투로 되풀이한다.

"어딘가 좋은 투자처를 물색하기에 딱 좋은 시점이네요."

"나는 주식에 손대고 싶지 않습니다."

베니거가 곧바로 잘라 말한다.

"내 동료가 주식에 투자했다가 몇 주 만에 수십만 유로를 날렸어요. 그때 통신회사 텔레콤에 투자했다가 망한 사람도 몇 명 알고요. 내가 그런 꼴을 자초할 이유는 전혀 없습니다."

"그럼요. 고객님께서 전화하실 때 이미 안전한 투자처를 선호하신다고 말씀하셨는걸요."

"제가 보수적인 사람이라고 말씀드렸지요."

"그럼요. 자기가 보수적이라고 해서 부끄러워할 필요는 없습니다."

여직원이 약간 냉랭한 어투로 맞장구를 치면서 지난번 통화의 마지막 부분을 떠올리지 않으려 애쓴다. 확실히 베니거는 모든 면에서 지나치게 보수적이었다.

"지난번 통화하실 때, 안전하고 장기적인 투자처를 원하신다고 말씀하셨어요."

고객 상담원이 말투를 부드럽게 바꾼다.

"제가 고객님께 드리고 싶은 말씀은 이겁니다. 고객님께서 자금을 한동안 묶어두실 생각이라면, 제가 고객님께 정말 특별한 금융 상품을 제공할 수 있습니다."

내 계좌의 잔액란에 0이 하나 없다면, 이 여자의 말투가 어떻게 달라질까, 하고 베니거는 생각한다.

"최근에 저희 은행에서 세 가지 신상품을 내놨어요."

자스키아 바이히만이 자랑한다.

"주식, 펀드, 메뚜기 투자와 무관한 상품들이지요. 그런데도 수익률은 일반 예금 이자율보다 훨씬 높습니다."

"안전성은 어떤가요?"

베니거 부인이 끼어든다.

"가장 안전한 상품은 일반 예금과 마찬가지로 이자가 붙습니다. 우리는 이런 상품에 투자하는 것을 '고전적 투자'라고 부르지요."

"그건 지루하기 그지없는 상품이네요."

다들 어안이 벙벙해져서 베니거 부인을 바라본다. 금융 전문가 바이히만이 약간 당황하며 말을 잇는다.

"하지만 수익률이 일반 예금보다 훨씬 더 높습니다. 단 하나 조건이 있는데, 최소한 3년 동안 자금을 맡기셔야 한다는 거예요. 그러면 저희가 8퍼센트의 이자를 드립니다. 반면에 현재 고객님이 받으시는 이자는 2.5퍼센트예요."

그녀는 자신이 발설한 숫자들이 일으킨 효과를 흡족한 기분으로 감상한다.

"괜찮네요. 3년이라면 그리 긴 시간도 아니고. 우리는 그 돈을 먼 미래를 위한 예비자금으로 생각하거든요."

베니거가 긍정적인 평가를 내놓는다.

"그러시다면 저희 은행의 다른 상품들이 고객님 취향에 정확히 맞겠네요."

바이히만이 반색을 하고 나선다.

"두 번째 상품은 '직선형 투자' 상품이라는 것인데요. 처음에 고객님이 맡기신 금액 1유로당 매년 50센트를 이자로 드리는 상품이에요. 그러니까 고객님이 100유로를 맡기시면, 1년 뒤에 고객님의 돈은 150유로가 되겠죠. 2년 뒤에는 200유로, 3년 뒤에는 250유로, 이런 식으로 계속 늘어나는 겁니다. 시간이라는 게 참 빠르게 흐른다는 건 잘 아시죠?"

"그럼 이자율이 무려 50퍼센트나 되네요."

베니거가 감탄하며 말한다.

"뭐, 약소하죠."

제12화 시간은 돈이다

바이히만이 짧게 대꾸한다.

"하지만 이 상품에는 이자의 이자가 없습니다. 그 대신에 고객님의 돈은 경이로울 정도로 빠르게 늘어납니다."

"수익이 보장됩니까?"

"보장됩니다."

바이히만이 얼른 손을 들어 선서하는 자세를 취했다가 재빨리 내린다.

"괜찮군요."

베니거가 긍정적인 반응을 보인다. 마지막 순간에 상담 약속을 취소하지 않은 것이 잘한 행동인지도 모른다고 그는 생각한다. 그는 정말 취소하고 싶었지만, 안드레아가 은행에 가자고 고집했다.

"마지막 상품은 더욱 믿기 힘드실 겁니다."

차츰 신이 난 바이히만이 말을 잇는다.

"이른바 '역동적 투자' 상품이라는 건데요. 고객님께서 이 상품을 선택하시고 처음에 100유로를 맡기시면, 첫해에는 이자가 5유로만 붙습니다. 다른 상품들보다 적게 붙는 셈이지요. 하지만 그다음이 굉장합니다. 저희가 드리는 이자가 둘째 해에는 10유로, 그다음 해에는 15유로, 그다음엔 20유로 등으로 늘어나거든요. 열 번째 해에 고객님이 받으시는 이자는 무려 50유로입니다."

베니거가 난감한 표정으로 아내를 바라본다.

상담원이 알록달록한 그래프를 쳐들어 보여준다.

"세 상품을 비교해놓은 그림입니다. 찬찬히 한번 보시죠. 고객

님께서 처음에 100유로를 넣으면, 이후 10년 동안 고객님의 돈이 어떻게 늘어나는지 보실 수 있습니다. 항상 명심하셔야 할 것은 무엇보다도 고객님의 돈이 중요하다는 거예요. 고객님의 돈이 무럭무럭 성장해야죠, 안 그렇습니까?"

베니거 부부가 그림을 꼼꼼히 살펴본다. 바이히만이 그림에 대한 부연 설명을 한다.

"어두운 회색 선은 고전적 투자 상품, 밝은 회색 선은 역동적 투자 상품을 뜻합니다. 마지막으로 검은색 선은 직선형 투자 상품을 뜻하고요."

베니거 부인이 그래프를 보면서 믿기지 않는다는 표정을 지으며 서둘러 말한다.

"100유로가 600유로로 늘어난다고요? 겨우 10년 만에? 그럼 더 따질 것이 없지요. 게오르크, 당장 이 상품을 삽시다."

베니거는 안드레아가 신속하게 결정하는 성향을 지녔음을 잘 안다. 그는 그녀와 살면서 신중한 사람의 역할을 맡아 훌륭하게 수행해왔다.

"어디에 함정이 있는 겁니까? 어딘가에 함정이 있어요. 맞죠?"

베니거가 재차 묻는다.

"이 상품은 정말 특별한 상품입니다."

바이히만이 과장된 어투로 대답한다.

"정말 특별한 상품에는 정말 특별한 조건이 붙을 수밖에 없고요. 하지만 고객님께는 별 것 아닌 조건입니다. 아까 말씀하셨듯이 고객님은 장기적인 투자를 계획하시니까요. 아주 장기적인 투자."

"계약 기간이 얼마나 깁니까?"

"직선형 투자 상품은 40년, 역동적 투자 상품은 60년입니다."

돌연 정적이 깔린다.

"40년? 60년? 그땐 우리가 죽은 다음이잖아."

베니거 부인이 믿기지 않는다는 표정으로 되묻는다.

"누구나 자신을 위해서가 아니라 자식과 자손들을 위해서 저축하지요."

바이히만 양이 아주 쉽게, 자식이 없는 입장이라서 더더욱 쉽게 말한다.

"그래서 우리더러 손자를 위해 저축하라는 말이오?"

안드레아 베니거는 이제 제대로 화가 났다.

"이 자료들을 우편으로 보내드리겠습니다."

자스키아 바이히만이 상냥한 목소리로 말한다.

"이 매혹적인 상품들에 대해서 시간을 두고 곰곰이 생각해보십시오. 오후 4시 30분이면 괜찮으시겠어요? 다음 주 목요일 말이에요. 40년 후가 아니고요."

바이히만이 베니거 부부를 배웅하면서 말한다.

"의문이 생기면 언제든 전화하십시오. 현재 이자율이 2.5퍼센트라는 사실을 잊지 마셔야 합니다. 미래는 고객님들 자신의 손에 달려 있습니다."

베니거 부부가 은행 앞에서 심호흡을 한다.

"우리 계산기가 어디 있지?"

베니거가 기운차게 묻고 이렇게 덧붙인다.

"아이들과 함께 찬찬히 계산해봅시다."

성장이라고 다 똑같은 성장이 아니다

베니거 부부의 자식들 중에 수학을 어느 정도 할 줄 아는 사람이 한 명이라도 있기를 바란다. 그러면 슈파르방크 은행의 제안이 터무니없는 사기라는 사실이 금세 드러날 테니까 말이다.

먼저 밝혀둘 것이 있다. 당연한 말이지만, 실제 은행들은 이런 제안을 하지 않는다. 위의 예는 완전한 허구이다. 나는 우리의 상식적 직관이 다양한 유형의 성장들을 비교하는 일을 그리 잘 해내지 못함을 보여주기 위해 이 허구를 지어냈다. 한마디 덧붙이자면, 만에 하나 어느 은행이 당신에게 계약 기간 3년에 연이율 8퍼센트의 조건으로 정기예금을 제안하거든, 무조건 그 제안을 받아들여라.

허구적인 슈파르방크 은행의 제안에서 이자율 8퍼센트의 고전적 투자 상품이 얼핏 보면 가장 매력적이지 않은 것 같지만 실은 가장 좋다. 슈파르방크 은행이 제안한 세 가지 투자 상품을 비교하려면, 향후 10년을 내다보는 것으로는 부족하다. 새로운 '창조적' 상품들에서는 최소한 40년 후에 돈을 찾을 수 있으니까 말이다. 그러므로 세 상품에 투자한 돈이 향후 40년 동안 어떻게 성장하는지 살펴보자.

곡선들에 대해서 언급해둘 것이 있다. 현실에서나, 앞의 이야

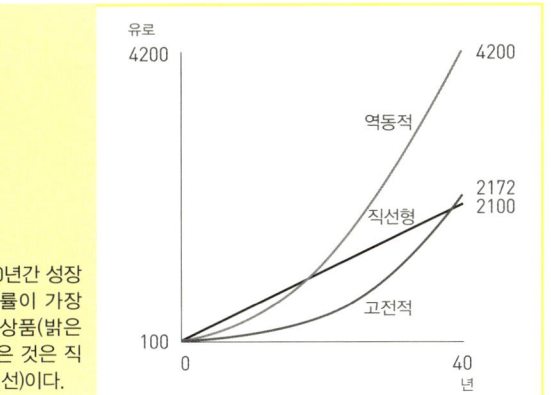

세 가지 투자 상품의 40년간 성장 곡선. 40년 동안 성장률이 가장 큰 것은 역동적 투자 상품(밝은 회색 선)이고, 가장 작은 것은 직선형 투자 상품(검은색 선)이다.

기에서나 마찬가지로 이자는 1년에 한 번 지급된다. 따라서 돈의 성장을 그래프로 나타내면, 실은 매끄러운 곡선이 아니라 1년마다 턱이 지는 계단형 그래프가 만들어진다. 하지만 위 그림에서는 계단형 그래프들을 매끄러운 곡선들로 대체했다. 곡선 각각의 방정식은 다음과 같다.

1. 직선형 모델(직선형 투자 상품)

$$y = 100 + 50x$$

2. 역동적 모델(역동적 투자 상품)

$$y = 100 + (1+2+\cdots+x) \times 5 = 100 + \frac{x(x+1)}{2} \times 5$$
$$= \frac{5}{2}(x^2+x+40)$$

3. 고전적 모델(고전적 투자 상품)

$y = 100 \times 1.08^x$

수학 용어로 설명하면, 직선형 모델은 선형 성장의 한 예다(그래프가 직선으로 나옴). 역동적 모델은 이차함수에 따라 성장하고(방정식에 x^2이 등장), 고전적 모델은 지수 성장의 한 예다(방정식에서 x가 지수로 등장).

매년 50유로의 이익을 안겨줄 정도로 대단한 선형 성장은 40년 뒤에 다른 두 성장 모델에게 추월당한다. 따라서 계약 기간을 감안할 때, 직선형 투자 상품은 세 가지 상품 가운데 가장 나쁘다. 요컨대 절대로 선택하지 말아야 할 상품이다.

한편 밝은 회색 선은 다른 두 선을 능가하면서 계속 격차를 벌려갈 것처럼 보인다. 그 선이 나타내는 역동적 성장은 40년 뒤에 원금을 40배 이상으로 불려놓는다. 다른 두 성장의 결과보다 2배가량 푸짐한 결과를 산출하는 것이다. 그렇다면 베니거 부부는 역동적 투자 상품을 선택해야 할까?

유의할 점이 있다. 이 상품의 계약 기간은 60년이다. 따라서 이 상품이 낳는 이익은 빨라도 60년 뒤에 베니거 부부의 자식들과 손자들의 손에 들어갈 것이다. 그러므로 성장 곡선들을 더 먼 미래까지 살펴보아야 한다.

60년이 지나면, 처음에 아주 느리게 성장하던 고전적 투자의 결과가 직선형 투자의 결과뿐 아니라 역동적 투자의 결과까지 앞지

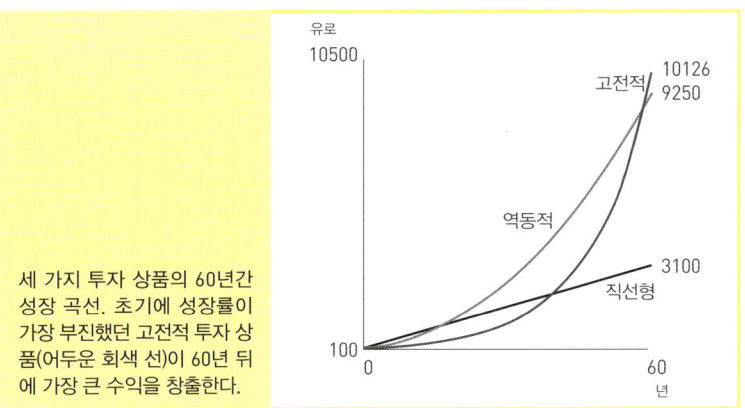

세 가지 투자 상품의 60년간 성장 곡선. 초기에 성장률이 가장 부진했던 고전적 투자 상품(어두운 회색 선)이 60년 뒤에 가장 큰 수익을 창출한다.

른다. 요컨대 이자가 붙고 이자에 이자가 붙는 평범한 예금이 은행의 마케팅 팀이 만든 창조적인 상품들보다 더 나은 최선의 상품이다. 베니거 부부는 고전적 투자 상품을 선택하고 협상을 통해 이자율을 되도록 높여야 한다.

이차함수적 성장이 선형 성장을 능가하고, 지수 성장이 이차함수적 성장을 능가하는 것은 구체적인 수치들과 상관없이 항상 성립하는 원리이다. 다음과 같이 더 정확하게 단언할 수 있다. 임의의 이차함수 성장 곡선은 임의의 선형 성장 곡선을 언젠가 '능가'한다. 이차함수 성장 곡선이 처음에 아무리 완만하다 하더라도, 이 앞지르기는 언젠가 반드시 일어난다. 또 임의의 지수함수는—이자율이 0.01 퍼센트라 할지라도—임의의 이차함수(또한 x의 지수로 3, 4, 심지어 1000 등이 등장하는 임의의 다항함수)를 언젠가 '능가'한다.

일반적으로 은행은 이자를 1년이나 6개월에 한 번 지급하므로, 계좌 잔액의 변화를 나타낸 선은 매끄러운 곡선이 되지 않는다. 그러나 적어도 이론적으로는, 이자 지급 간격을 점점 더 줄임으로써 이른바 '연속 이자 지급'에 도달할 수 있다. 이 변형 과정에서 오일러 수 e가 등장하는데, 이 수는 유명한 π에 비해 덜 알려졌지만 수학에서 최소한 π에 못지않게 중요하다.

지금 우리가 다루는 것은 진짜 돈이 아니라 수학이므로, 은행에 처음 맡긴 금액을 1, 연이율을 100퍼센트로 설정해보자. 1년이 지나면 잔액은 2, 2년이 지나면 4, n년이 지나면 2^n으로 성장한다. 그런데 1년마다 100퍼센트의 이자가 지급되는 대신에 6개월마다 50퍼센트의 이자가 지급된다면, 잔액의 성장은 어떻게 달라질까? 이 경우에 잔액은 6개월 뒤에 1.5로, 1년 뒤에 1.5×1.5 = 2.25로 성장한다. 따라서 '실질 연이율'이 100퍼센트가 아니라 125퍼센트다.

더 나아가 $\frac{1}{3}$년, 즉 4개월마다 33.3퍼센트의 이자를 지급한다면, 1년 뒤의 잔액은 더 커진다.

$$\left(1+\frac{1}{3}\right)^3 \approx 2.37$$

요컨대 실질 연이율이 137퍼센트가 된다. 이자 지급 시기의 간격을 점점 더 좁히면, 1년 뒤의 잔액은 무한정 커질까? 그렇지 않다. 1년 뒤 잔액들이 이루는 수열은 특정 극한값을 향해 아주 느리지만 꾸준하게 나아간다. 그 극한값이 바로 e = 2.71828182845…이다. π와 마찬가지로 e는 무리수이며 초월수이다(320쪽 참조).

n	$\left(1+\dfrac{1}{n}\right)^n$
10	2.5937…
100	2.7048…
1000	2.7169…
1000000	2.7182…

이자 지급 간격의 축소에 따른 1년 뒤의 잔액 변화

이러한 이자 지급이 10년이고 100년이고 연속적으로 이루어진다면, 잔액은 함수 $y=e^x$에 따라 성장한다. 이 함수, 즉 e를 밑으로 하는 지수함수(자연지수함수)는 한 가지 유별난 속성을 지녔다. 이 함수는 임의의 x에서 함숫값이 e^x일 뿐 아니라 기울기도 e^x이다. 바꿔 말해서 함수의 순간 증가율이 함숫값과 같다. 이와 유사한 속성, 즉 어떤 양의 현재 성장률이 그 양의 현재 값에 따라 결정된다는 속성을 자연에 존재하는 다양한 과정들이 지녔다. 예컨대 박테리아 집단의 성장 과정이 그러하다. 박테리아들이 얼마나 많이 증식하느냐는 현재 얼마나 많은 박테리아가 있느냐에 따라 결정된다. 왜냐하면 박테리아 각각이 일정한 주기로 분열하기 때문이다. 이런 과정들은 지수함수에 의해 잘 기술되지만, 다른 한편으로 우리의 직관에 어긋난다. 우리의 직관은 선형 성장에 맞춰져 있다. 다시 말해 우리는 지금까지 일어난 일이 앞으로도 계속 일어나리라고 전제하는 경향이 있다. 우리는 지수 성장을 초기에 얕잡아보거나 아예 무시하곤 한다. 그러다가 어느 순간 문득 무언가가 걷잡을 수 없게 커지고 있음을 깨닫는다. 이 깨달음은 대개 너무 늦었을 때 찾아온다.

처음엔 아주 자잘했던 것이……

순식간에 무지막지하게 성장할 수 있다. 이 사실을 인도의 어느 왕이 본의 아니게 체험했다. 그 왕은 당시에 새로 개발된 체스에 매료되어 그 게임의 발명자에게 소원을 말하면 들어주겠다고 제안했다. 그 발명자는 체스판의 첫 번째 네모 칸에 쌀 1톨, 두 번째 칸에 2톨, 세 번째 칸에 4톨 등을 놓아서, 그러니까 매번 다음 칸에 2배의 쌀을 놓는 방식으로 마지막 칸을 채워달라고 했다. 왕은 그의 소원이 너무 소박해서 놀랐다. 왕은 쌀 한 자루면 그 소원을 들어줄 수 있을 줄 알았다. 그러나 그가 요구한 방식대로 체스판의 64번째 네모 칸을 채우려면 2^{63}톨의 쌀, 즉 9223372036854775808톨이 필요하다. 이 엄청난 양은, 무게로 따지면 약 5천억 톤, 연간 세계 쌀 생산량의 1000배 정도이다.

우리는 이런 2배 증가 과정에서뿐 아니라 아주 평범한 이자 계산에서도 오판을 하곤 한다. 1624년에 아메리카 원주민들은 네덜란드인들에게 맨해튼을 24달러에 팔았다. 이 사건은 사상 최악의 부동산 거래로 여겨진다. 그러나 만약 원주민들이 24달러를 연이율 5퍼센트의 정기예금에 넣었더라면, 현재의 잔액은 30억 달러를 넘었을 것이다. 30억 달러면 맨해튼의 부동산 가치에는 못 미치지만 그래도 어마어마한 거금이다. 또 연이율 8퍼센트로 계산하면(383년 동안 연이율 8퍼센트가 유지된다는 것은 확실히 현실성이 떨어지는 이야기지만) 현재의 잔액은 무려 150조 달러를 넘게 된다.

지수 성장의 또 다른 예로 다음과 같은 약간 음흉한 계산 문제를 살펴보자. 어느 연못에 수련이 피는데, 수련으로 덮인 수면의 넓이가 매일 2배로 증가한다. 한 달이 지나면 연못 전체가 수련으로 뒤덮인다. 그렇다면 연못의 절반이 수련으로 덮이는 시기는 언제일까? 정답은 당연히 연못 전체가 뒤덮이기 하루 전날, 그러니까 한 달 뒤를 하루 남긴 날이다.

빅토리아 호수에 걸린 비상

위의 수련 문제는 뜬금없이 지어낸 것이 아니다. 예컨대 아프리카 빅토리아 호수 인근의 주민들은 약 20년 전부터 부레옥잠의 확산을 막기 위해 안간힘을 써왔다. 원산지가 브라질인 부레옥잠은 빅토리아 호수에서 1988년에 처음으로 관찰되었는데, 그곳에는 부레옥잠의 천적이 없기 때문에 그 식물은 거침없이 퍼져나갔다. 부레옥잠으로 덮인 면적은 14일마다 2배로 증가했다. 결국 1998년에 이르자 부레옥잠으로 인한 피해를 더는 방치할 수 없게 되었다. 부레옥잠이 호안 지역을 빽빽하게 뒤덮어 배가 움직일 수 없게 되었던 것이다. 마침내 그 식물은 180제곱킬로미터를 뒤덮었다. 그 면적은 호수 전체의 약 0.25퍼센트에 불과했지만, 적어도 이론적으로는 향후 2배 증가가 9번 일어나면, 즉 18주가 지나면 부레옥잠이 빅토리아 호수 전체를 뒤덮을 것이었다.

사람들은 부레옥잠의 확산을 막기 위해 오랫동안 역학적 수단에 의지했다. 쉽게 말해서 부레옥잠을 낫으로 베어내고 가위로 자르고 심지어 가구의 재료로 썼다. 그러다가 마침내 생물학적 수단으로 눈을 돌려, 부레옥잠의 천적인 바구미를 들여왔다. 바구미는 부레옥잠의 잎을 먹고 줄기를 거처로 삼아 그곳에 알을 낳는다. 바구미 유충들이 속에서부터 파먹은 부레옥잠은 호수 바닥으로 가라앉아 부패한다.

생물학적 퇴치 수단의 장점은 자명하다. 부레옥잠을 베고 자르는 기계는 한정된 대수만 구입할 수 있고, 그 기계 대수의 증가는 부레옥잠의 지수 성장을 결코 따라잡을 수 없다. 반면에 바구미의 개체 수는 부레옥잠의 개체 수에 따라 자동으로 조절된다. 식물이 많아지면 먹이가 많아지는 셈이므로 바구미도 많아진다. 실제로 바구

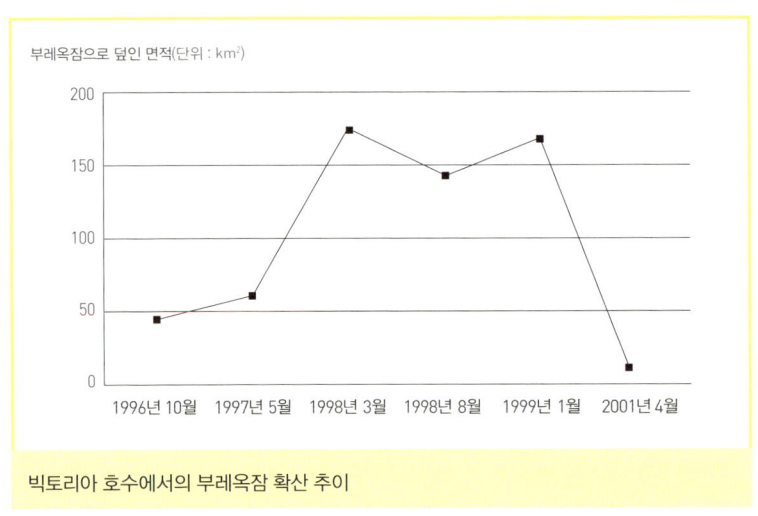

빅토리아 호수에서의 부레옥잠 확산 추이

미를 도입한 후 몇 년 동안 부레옥잠은 급격히 줄어들었다.

그때까지는 이야기가 행복하게 마무리되는 듯했다. 그러나 그 후 부레옥잠이 다시 늘어났다. 이것은 포식자와 먹이로 이루어진 생태계의 전형적인 현상이다. 처음에는 포식자가 먹이의 지수 성장에 제동을 걸고 심지어 먹이를 급감시킨다. 그 결과로 포식자는 급증하고 먹이는 부족해진다. 따라서 수많은 포식자는 굶어죽고, 먹이는 다시 증가할 기회를 얻는다.

아래 그래프는 포식자와 먹이의 개체 수 변화의 전형적인 예를 보여준다.

그래프에서 볼 수 있듯이, 먹이의 개체 수가 증가하거나 감소하면, 어느 정도 간격을 두고 그 뒤를 이어서 포식자의 개체 수가 증가하거나 감소한다. 사람들이 빅토리아 호수를 뒤덮은 부레옥잠을

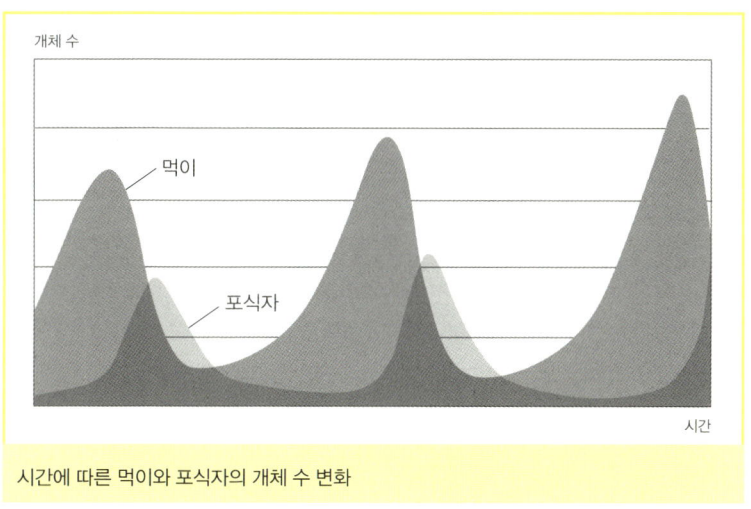

시간에 따른 먹이와 포식자의 개체 수 변화

상대로 벌이는 전쟁에서 바구미의 도입은 처음에 매우 성공적이었지만, 그 전쟁에서 승리하려면 아직 갈 길이 멀다고 해야 할 것이다.

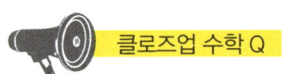 **클로즈업 수학 Q**

책상 모서리에 도미노 패 하나를 눕혀놓는데, 패의 한쪽 경계와 책상의 경계가 정확히 일치하도록 눕혀놓자. 이제 그 패 위에 다른 패들을 절묘하게 올려놓아서, 패들의 탑이 무너지지 않고 쌓이면서 탑의 꼭대기가 책상 바깥으로 나가게 만들자. 이 탑의 꼭대기는 최대 얼마까지 책상의 경계를 벗어날 수 있을까?

제13화 소리 나는 수학

바흐 코드

"평균율 클라비어. 장조와 단조를 아울러 모든 조로 이루어진 전주곡들과 푸가들. 음악을 배우고자 하는 젊은이들과 이미 음악 공부에 익숙한 사람들의 특별한 여가활동을 위해 요한 제바스티안 바흐 Johann Sebastian Bach가 구상하고 완성함." 바로크 시대의 위대한 작곡가 바흐의 《평균율 클라비어 곡집 Das wohltemperierte Klavier》 원본 악보 표지에 작곡가가 친필로 쓴 문구이다.

300년 전 사람들은 우리와 다르게 말하고 썼을 뿐 아니라 음악도 다르게 했다. 건반악기를 위한 새로운 조율법인 '평균율'은 쳄발로나 오르간으로 총 24개의 조(장조 12개, 단조 12개) 가운데 어떤 것으로 이루어진 음악이든지 아름답게 연주할 수 있게 해주었다. 바흐는 새로운 평균율에 매료되어 곧바로 모든 조에 걸친 전주곡 24곡과 푸가 24곡으로 구성된 유명한 《평균율 클라비어 곡집》을 작곡했다 (이 작품집에 실린 전체 48곡 가운데 가장 유명한 C장조 전주곡은 '아베 마리아'라는 제목으로 거의 모든 클래식 인기곡 음반에 실려 있다).

그런데 바흐를 매료시킨 평균율이란 과연 무엇일까? 음악사학 자들은 이 평균율의 정체를 아직 정확하게 알지 못한다. 안타깝게도 바로크 시대에 녹음된 음반은 없기 때문이다. 그런데 브래들리 리먼 Bradley Lehman이라는 미국인이 색다른 주장을 제기하고 나섰다. 바흐가 《평균율 클라비어 곡집》 악보의 표지에 평균율의 정체를 알려 주는 암호를 숨겨놓았다는 것이다. 바로크 시대의 천재 바흐가 정말 로 비밀 메시지를 남겼을까?

피아노를 어떻게 조율해야 하느냐가 까다로운 문제라는 것은 많은 이에게 의외의 사실일 것이다. 완벽하게 조율된 피아노를 어느 악기점에서나 살 수 있지 않은가. 그런 피아노를 장만하면 곧바로 바흐의 《평균율 클라비어 곡집》에 속한 24가지 조의 곡들을 아름답 게 연주할 수 있다. 물론 곡들이 어려워서 애를 먹기는 하겠지만 말 이다. 도대체 왜 피아노 조율법이 문제라는 말인가?

오늘날 서양 음악에서 쓰이는 12음은 하늘에서 뚝 떨어진 것들 이 아니다. 그것들은 '자연적으로' 어울리는 음들이 아니다. 다른 민 족들이 쓰는 음계들은 서양인이 듣기에 아주 이색적이다. 또한 바흐 시대의 사람이 오늘날의 키보드 소리를 듣는다면 아마 음들이 이상 하다고 느낄 것이다.

서양 음악의 모든 아름다움은 알고 보면 타협에서 비롯된다.

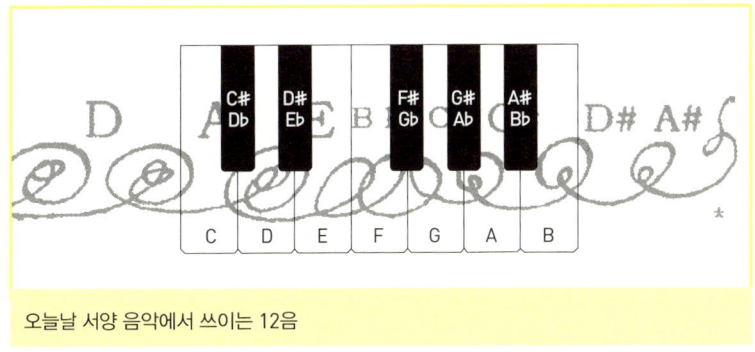

오늘날 서양 음악에서 쓰이는 12음

구체적으로, 최대한 '순수한' 음을 내려는 욕구와 자유롭게 조를 바꿀 가능성을 확보하려는 욕구 사이의 타협에서 비롯된다. 개별 음들의 높이를 모순 없이 확정하기는 불가능하다.

정말로 자연적으로 어울리는 음들은 이른바 배음들밖에 없다. 예컨대 기타의 현이 진동하면, 기본 진동수의 음과 더불어 진동수가 기본 진동수의 2배, 3배, 4배 등인 음들, 즉 배음들도 함께 발생한다. 악기의 음색은 이 배음들에 의해 결정된다. 배음들이 많을수록, 음색은 더 풍부해진다. 가장 깨끗한 음색, 즉 순수한 기본음에 가장 가까운 음색을 지닌 악기는 아마도 플루트일 것이다. 그러나 배음들이 없는 소리는 차갑고 단조롭게 들린다. 1960년대에 처음 등장한 신시사이저들의 소리가 그러했다.

기본음에 비교적 가까운 배음들은 음계에 속한 다른 음들과 진동수가 일치한다. 첫 번째 배음은 진동수가 기본 진동수의 2배이며 음높이가 기본음보다 한 옥타브 높다. 기본음이 C(도)라면, 첫 번째 배음은 한 옥타브 높은 C이다. 우리는 이 배음이 높이만 더 높을 뿐이지 기본음과 같은 음이라고 느낀다. 예를 들어 여자와 아이는 노래를 부를 때 대개 남자보다 한 옥타브 높게 부르는데, 그럼에도 우리는 여자의 노래와 남자의 노래가 똑같다고 느낀다. 그다음 배음은 진동수가 기본 진동수의 3배인 5도음, 기본음이 C라면 G(솔)이다. 이 배음의 진동수는 바로 아래에 있는 배음 C의 진동수의 $\frac{3}{2}$배이다. 그다음 배음은 진동수가 기본 진동수의 4배인, 두 옥타브 위의 C이다. 이 C와 그 아래 5도음의 진동수 비율은 4 : 3, 즉 4도이다. C보다 4도 높은 음은 F(파)이다.

진동수가 기본 진동수의 5배인 배음은 장3도음, 곧 E(미)인데, 이 음과 그 아래에 있는 C의 진동수 비율은 5 : 4이다. 그 위의 배음, 즉 진동수가 기본 진동수의 6배인 배음은 다시 G이다. 왜냐하면 6은 3의 2배이기 때문이다. 이 G와 그 아래 E의 진동수 비율은 6 : 5, 즉 단3도이다.

그런데 그다음에 특이한 배음이 등장한다. 진동수가 기본 진동수의 7배인 그 배음은 우리 음계의 어떤 음과도 일치하지 않는다! 그 배음은 단7도음(B플랫)보다 약간 낮다. 여기에서 처음으로 확인할 수 있듯이, 자연적인 배음들 중에는 우리 음계에 등장하지 않는 것들도 있다. 그다음 배음, 즉 8배음은 또다시 C이고, 9배음은 진동수가 C의 $\frac{9}{8}$배인 D(레), 즉 장2도음이다.

이 정도면 우리가 잘 아는 음들은 거의 다 등장했고, 단2도음(C샤프 = D플랫)도 마찬가지 방법으로 확정할 수 있다. 단6도를 비

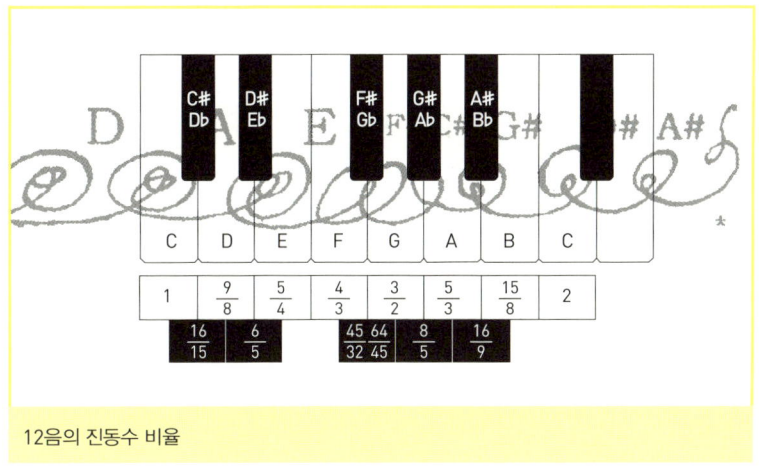

12음의 진동수 비율

롯한 나머지 음정(음들 사이의 간격)들은, 해당 음정의 자리바꿈 음정(예컨대 단6도의 자리바꿈 음정은 장3도)의 진동수 비율(장3도는 $\frac{5}{4}$)과 해당 음정의 진동수 비율(단6도는 $\frac{8}{5}$)을 곱한 값이 2가 되도록 정하면 된다.

고대 그리스의 피타고라스주의자들이 품었던 꿈은 모든 음정을 정수들의 비율로 나타내는 것이었다(제11화 참조). 그들은 모든 수를 정수들의 비율로 나타낼 수 있다고 믿었다. 그러나 어느 순간 그들은 항상 그렇지는 않다는 깨달음에 어쩔 수 없이 도달했다. 가장 유명한 반례는 2의 제곱근이다. 2의 제곱근은 무리수여서 분수를 통해 원하는 만큼 근사하게 표현할 수는 있지만 정확히 표현할 수는 없다.

위의 건반을 보면, 한가운데에 F샤프/G플랫 음이 있는데, 그

것에 대응하는 수가 두 개나 적혀 있다. F샤프는 증4도음으로, C와 F샤프 사이의 음정은 F와 B(시) 사이의 음정과 일치해야 한다. 그런데 F와 B 사이의 음정을 진동수 비율로 나타내면 다음과 같다.

$$\frac{\frac{15}{8}}{\frac{4}{3}} = \frac{45}{32} \approx 1.406$$

한편 G플랫은 감5도음으로, C와 G플랫 사이의 음정은 B와 한 옥타브 높은 F 사이의 음정과 일치해야 한다. 다시 말해 C와 G플랫 사이의 음정을 진동수 비율로 나타내면 다음과 같아야 한다.

$$\frac{\frac{8}{3}}{\frac{15}{8}} = \frac{64}{45} \approx 1.422$$

그런데 피아노 건반에서 F샤프와 G플랫은 똑같은 음이어야만 한다! 그렇다면 과연 어떤 값을 평균으로 삼을 수 있을까? C부터 F샤프/G플랫까지는 반음 6개 간격이고, F샤프/G플랫부터 한 옥타브 위의 C까지도 똑같이 반음 6개 간격이다. 이 간격을 두 번 중첩한 결과는 한 옥타브여야 한다. 다시 말해 이 간격에 대응하는 진동수 비율이 x라면, 아래 방정식이 성립해야 한다.

$$x^2 = 2$$

요컨대 x는 피타고라스주의자들이 그토록 두려워했던 2의 제곱근, 곧 무리수이다.

진동수 비율이 무리수인 두 음은 음악적으로 어울리지 않는다. 그 이유는 물리학에 있다. 만일 진동수 비율이 유리수인 두 음이 함께 울리면, 두 음파의 마루와 골이 일정한 주기로 반복해서 일치하게 된다. 반면에 진동수 비율이 무리수인 두 음이 함께 울리면, 두 음파의 마루와 골은 영원히 일치하지 않고 항상 약간 어긋난다. 이런 두 음이 함께 울리면 음악에 익숙한 사람들은 소리가 지저분하다고 느낀다.

이로써 매우 합리적인 듯한 서양의 음계에 숨어 있는 첫 번째 모순이 드러났다. 피아노 조율사는 F샤프/G플랫 음을 맞출 때 타협할 수밖에 없다. 서양 음계의 결함은 이것 말고도 더 있다. 연이은 반음들을 살펴보라. 반음의 간격이 들쑥날쑥하다. C샤프와 C 사이의 진동수 비율은 $\frac{16}{15}$, 약 1.067이다. 그런데 E와 E플랫 사이의 진동수 비율은 다음과 같다.

$$\frac{\frac{5}{4}}{\frac{6}{5}} = \frac{25}{24} \approx 1.042$$

그런데 이 미세한 차이가 귀로 감지될까? 이 차이가 결함이기는 한 것일까?

음정을 진동수 비율로 표현하면, 음정을 직관적으로 파악하는

데는 별 도움이 되지 않는다. 직관적인 파악을 위해서는 진동수를 이른바 로그스케일로 나타낼 필요가 있다. 로그스케일을 채택하는 목적은 한 옥타브, 즉 C에서 C까지가 항상 동일한 간격으로 표현되도록 만드는 것이다(로그스케일을 채택하지 않으면, 높은 진동수 영역으로 갈수록 한 옥타브가 차지하는 진동수 범위가 점점 더 커질 것이다). 요컨대 1과 2, 2와 4, 4와 8, 8과 16 사이의 간격을 동일하게 표현해야 한다. 그러려면 그냥 진동수를 척도로 삼지 말고 '진동수의 2를 밑으로 하는 로그'를 척도로 삼으면 된다. '로그' 역시 학창시절에 공포를 자아내던 단어이므로 잠깐 일반적인 설명을 하겠다.

불협화음과 5도권

어떤 수 x의 2를 밑으로 하는 로그, 즉 $\log_2 x$를 2의 거듭제곱의 지수로 삼아서 이것을 계산하면, 결과는 x가 나온다. 다시 말해 다음 등식이 성립한다(로그의 밑은 어떤 수든지 될 수 있다. 보통 로그라 함은 10을 밑으로 하는 로그를 뜻하는데, 이 장에서는 2를 밑으로 하는 로그만 다룰 것이므로 여기서의 로그는 10이 아닌 2를 밑으로 하는 로그임을 임의로 약속하자).

$$2^{\log_2 x} = x$$

2의 로그는 1, 4의 로그는 2 그리고 $\log_2 8$는 3이다. 그럼 2, 4, 8 사이에 있는 수들의 로그는 얼마일까? 예를 들어 $\log_2 5$는 얼마일까?

2를 x번 거듭제곱하면 5가 나오는 그런 자연수 x는 물론 존재하지 않는다. 그러나 우리는 거듭제곱의 지수가 정수가 아닌 경우에 대해서도 거듭제곱의 값을 정의할 수 있다(323쪽 참조). 예컨대 2의 $\frac{1}{2}$제곱은 $\sqrt{2}$이다. 그러므로 $\sqrt{2}$의 로그는 $\frac{1}{2}$이다.

한 옥타브 안에 들어 있는 반음들을, 기본음의 진동수를 1로 놓았을 때의 상대적 진동수의 로그를 척도로 삼아서 나타내면 아래의 그림을 얻을 수 있다.

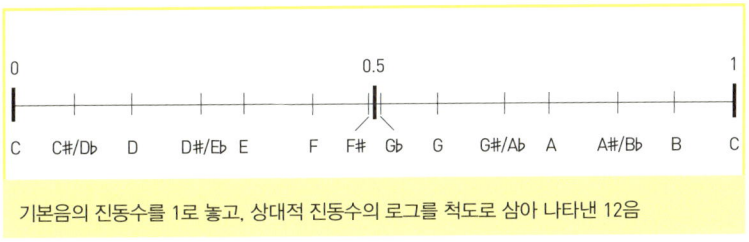

기본음의 진동수를 1로 놓고, 상대적 진동수의 로그를 척도로 삼아 나타낸 12음

확연히 드러나듯이, 음들 사이의 간격이 본래 같아야 할 텐데 들쑥날쑥하다. 하지만 더 심각한 문제는 따로 있다. 가장 '완전한' 두 음정인 완전5도와 옥타브(완전8도)가 서로 맞아떨어지지 않는다. 완전5도음의 진동수는 기본음의 1.5배, 옥타브 음의 진동수는 기본음의 2배이다. 다른 한편 C에서부터 완전5도 상승하기를 12번 반복하면, 음계의 모든 음을 거쳐서 다시 C에 도달하게 된다. 즉, 순환 경로 C–G–D–A–E–B–F#/G♭–D♭–A♭–E♭–B♭–F–C를 거치게 된다(이 순환 경로를 원형으로 그린 그림을 일컬어 5도권 circle of fifth이라고

한다). 따라서 완전5도음의 진동수를 12번 곱하면 기본음의 진동수의 정수배가 나와야 할 것이다. 그러나 실제로는 그렇지 않다.

$$\left(\frac{3}{2}\right)^{12} = \frac{3^{12}}{2^{12}} = \frac{531441}{4096} \approx 129.746$$

결과가 128(즉 $\frac{524288}{4096}$)이었다면 7옥타브와 정확히 일치했겠지만, 실제로 완전5도 상승을 12회 반복해서 도달한 음은 7옥타브 위의 음보다 약간 더 높다. 두 음 사이의 간격은 (진동수 비율로 따지면) $\frac{531441}{524288}$, 약 1.014로 반음정의 $\frac{1}{4}$과 같다.

이처럼 5도권의 양끝이 깔끔하게 맞아떨어지지 않는다는 사실은 수백 년 전에도 잘 알려져 있었다. 그 양끝(5도 상승 12회의 결과와 8도 상승 7회의 결과) 사이의 차이를 일컬어 피타고라스 콤마 Pythagorean comma라고 한다. 이런 명칭이 붙은 이유는 아마 이 차이가 음악과 수학에서 완벽한 조화에 이르고자 한 피타고라스의 꿈에 치명상을 입혔기 때문일 것이다. 음악가들은 이 딜레마에서 어떻게 벗어날까? 가장 급진적인 해법은 오늘날의 모든 키보드에서 채택되는 것으로, 한 옥타브를 진동수의 로그에 대한 척도로 삼아 12등분함으로써 모든 음을 확정하는 방법이다. 따라서 이 척도에서 모든 반음정은 $\frac{1}{12}$ 간격이 된다. 이 반음정을 진동수 비율로 나타내려면 다음처럼 로그를 제거하면 된다.

$$\log_2 x = \frac{1}{12}$$

$$x = 2^{\frac{1}{12}} = \sqrt[12]{2} \approx 1.059$$

이런 식으로 건반악기를 조율하는 방법을 일컬어 평균율equal temperament이라고 한다. 평균율은 모든 음을 동등하게 대우하기 때문에 조성에 구애받지 않고 음악을 할 수 있게 해준다는 장점이 있다. 반면에 단점은 '정확하게' 조율된 음정이 하나도 없어서 진동수 비율이 실제로 정수일 때 구현되는 아름다움을 포기해야 한다는 것이다. 음악 훈련을 받은 사람들은 이 단점을 특히 완전5도와 장3도에서 느낀다. 그러나 일반인들은 평균율에 익숙해진 지 오래되었기 때문에 '정확한' 5도, 즉 순정5도를 거의 모른다. 특히 주로 전자악기로 연주되는 대중음악을 들을 때는 평균율의 단점을 느끼기가 더욱 더 어렵다.

'평균율' 클라비어

과거의 클라비어 조율사들은 급진적인 평균율을 좋아하지 않았다. 또한 바로크 시대 이전에는 평균율이 필요하지 않았다. 거의 모든 곡이 한 조성으로 작곡되었고, C장조 근처의 조성들이 가장 자주 쓰였다. 그래서 사람들은 자주 쓰이는 그 조성들이 최대한 깨끗하게 들리도록 만들기 위해 중간음율meantone temperament을 채택했다. 이 조율법은 실질적으로 5도권의 완전5도 음정 12개 중 11개를 약간 좁히는 방법인데, 평균율에서처럼 전체적으로 온음정의 $\frac{1}{8}$만큼 좁히는 것이 아니라 약 $\frac{1}{10}$만큼 좁힌다. 이렇게 조율하면, 5도 상승을 4

회 반복해서 얻는 음이 순정음에 꽤 가까운 장3도음이 된다. 그 대신에 간격을 좁히지 않은 12번째 5도(G샤프와 D샤프 사이의 음 간격)가 두드러지게 커진다. 그래서 불쾌하게 들리는 이 5도는 과거에 '늑대 5도'라고 불렸다. 늑대 5도는 사실상 써먹기가 불가능했고, 작곡가는 C샤프와 D샤프가 등장하는 조성을 피할 수밖에 없었다.

그러나 과거의 작곡가들은 이 제약을 대수롭지 않게 여겼다. 그들은 '아름답게' 들리는 조성들을 선택했다. 그러나 바흐의 음악은 기존의 어떤 음악보다도 복잡했다. 특히 바흐는 푸가에서 끊임없이 조성을 바꾸기를 좋아했다. 그래서 그는 문제가 없는 조성에서 출발해도 얼마 되지 않아 위험한 조성에 발을 들이곤 했다.

그러므로 음악 이론가인 안드레아스 베르크마이스터Andreas Werckmeister가 모든 조성의 곡을 클라비어로 연주할 수 있게 해주는 새로운 조율법을 개발했을 때, 바흐가 얼마나 열광했을지 능히 짐작할 수 있다. 실제로 그는 너무나 열광한 나머지 '평균율'을 위한 클라비어 곡을 작곡하기까지 했다.

그런데 바흐를 열광시킨 평균율은 정확히 어떤 조율법일까? 음악사학자들의 공통된 견해에 따르면, 그 조율법은 오늘날 널리 쓰이는 평균율이 아니다. 오히려 바흐 당시의 평균율은 여러 가지였다. 그리고 학자들은 바흐가 어떤 조율법을 염두에 두고 《평균율 클라비어 곡집》을 작곡했는지를 영원히 알아낼 수 없을 것이라고 생각했다.

그런데 2005년에 미국의 피아노 연주자 브래들리 리먼이 색다른 주장을 제기했다. 그는 바흐의 《평균율 클라비어 곡집》 원본 악보 표지를 자세히 들여다보았다. 하지만 글씨에 관심을 기울인 것이 아니라, 별 뜻 없이 제목 위에 끼적거린 듯한 장식 그림에 주목했다.

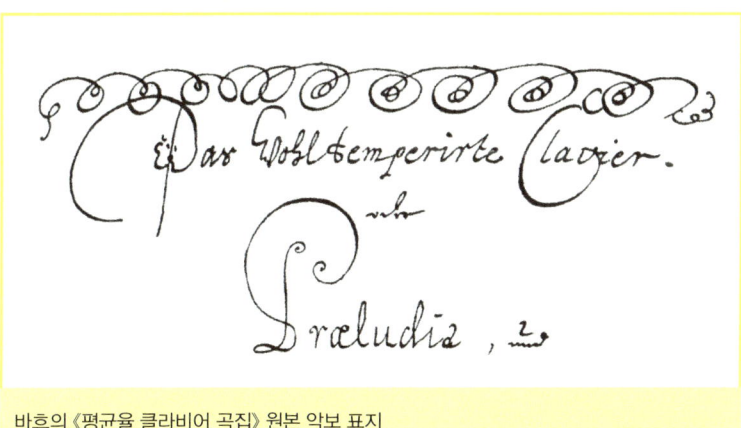

바흐의 《평균율 클라비어 곡집》 원본 악보 표지

그 장식은 소용돌이 11개로 이루어졌다. 건반악기 조율법을 정확하게 알려주려면 완전5도 음정 11개를 제시해야 한다. 리먼은 이 사실을 염두에 두고 더욱더 열심히 관찰했다. 처음에는 내부에 고리가 1개 있는 소용돌이가 3개 나오고, 그다음에는 내부에 고리가 없는 소용돌이가 3개, 마지막으로 내부에 이중고리가 있는 소용돌이가 5개 나온다는 것을 리먼은 알아챘다.

바흐 당시에는 5도권의 완전5도 각각을 얼마만큼 좁혀야 하는지를 명시함으로써 조율법을 알려주었다. 이때 그 좁히는 정도는 피타고라스 콤마를 기준으로 삼아서 그것의 몇 분의 몇이라는 식으로 명시되었다. 예컨대 오늘날의 평균율에서는 모든 완전5도 각각이 피타고라스 콤마의 $\frac{1}{12}$만큼 좁혀진다.

바흐가 끼적거린 그림에서 조율법을 읽어내기 위해 리먼은 우선 그림을 뒤집었다. 그리고 소용돌이들을 이렇게 해석했다. 내부에 고리가 없는 소용돌이는 순정5도, 내부에 고리가 있는 소용돌이는 피타고라스 콤마의 $\frac{1}{12}$만큼 좁힌 5도, 내부에 이중고리가 있는 소용돌이는 피타고라스 콤마의 $\frac{1}{6}$만큼 좁힌 5도. 이제 바흐의 그림을 뒤집어놓고 이 해석을 적용하면, 우선 피타고라스 콤마의 $\frac{1}{6}$만큼 좁힌 5도가 5개 나오고, 이어서 순정5도가 3개 나오고, 마지막으로 피타고라스 콤마의 $\frac{1}{12}$만큼 좁힌 5도가 3개 나온다. 이때 좁힌 간격들을 전부 더하면 피타고라스 콤마의 $\frac{13}{12}$이 되므로, 자동적으로 정해지는 마지막 5도는 순정5도보다 약간(피타고라스 콤마의 $\frac{1}{12}$만큼) 더 넓을 수밖에 없다.

그런데 바흐의 악보 그림에서 첫 음은 무엇일까? 리먼은 바흐가 첫 음도 알려주었다고 주장한다. 작품의 제목에 등장하는 단어 Clavier(클라비어)의 첫 철자 C가 거꾸로 뒤집은 그림의 첫 소용돌이를 향할 뿐더러 그 소용돌이에 추가로 C가 붙어 있다고 그는 지적한다. 그가 보기에 이것은 명백한 힌트이다. 그리하여 그는 5도권의 음들을 아래와 같이 배열한다.

리먼이 해석한 바흐의 '평균율'

리먼은 이 같은 분석을 담은 글을 썼고 자신이 발견한 방법대로 조율한 피아노로 바흐의 작품들을 연주하여 녹음하기까지 했다. 평론가들의 일치된 의견은 그의 연주가 듣기 좋고 그가 발견한 조율법이 바흐의 '평균율'일 개연성이 충분히 있다는 것이다. 하지만 다른 평균율의 후보들 역시 듣기 좋고 충분한 개연성을 인정받는다. 게다가 리먼의 해석에 동원된 몇 가지 전제는 반드시 받아들여야 하는 것들이 아니다. 그러나 가장 수학적인 작곡가 중 한 명인 바흐가 클라비어 조율법을 수학적 암호로 남겨놓았다는 생각만큼은 멋지다고 아니 할 수 없다.

제13화 소리 나는 수학 227

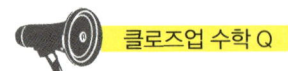 클로즈업 수학 Q

카르스텐은 지름이 동일한 금속관 몇 개로 풍경風磬을 만들려고 한다. 그는 금속관들의 소리가 아름다운 화음을 이루게 하고 싶다. 인터넷을 검색해보니, "금속관의 진동수는 길이의 제곱에 반비례한다"고 되어 있다. 금속관의 소리를 한 옥타브 올리려면(소리를 한 옥타브 올린다는 것은, 진동수를 2배로 증가시킨다는 것이다) 금속관의 길이를 얼마나 줄여야 할까?

3부
해석학의 유혹, 언저리 기하학

"수학은 우리를 인간적인 것으로부터 절대적 필요의 영역으로 멀리 데려간다. 실제 세계뿐만 아니라 가능한 모든 세계가 따라야 하는 영역으로."
– 버트런드 러셀Bertrand Russell

제14화 남자들의 꿈

맥주, 늘씬한 다리,
극댓값과 극솟값

함부르크 전체가 초긴장 상태다. 올해는 몇 월 며칠에 봄이 올까? 이상적일 경우, 사월에서 오월로 넘어가는 몇 시간 동안 온화한 공기가 퍼진다. 그러면 갑자기 엘프쇼세Elbchaussee 거리에 지붕을 접을 수 있는 자동차들이 셀 수 없이 몰려든다. 이들 자동차들은 엘베 강변의 너른 풀밭 알토나어 발콘Altonaer Balkon과 공원 블랑케네저 히르쉬파크Blankeneser Hirschpark 사이에서 단 하나의 주차 공간이라도 찾아내려고 혈안이다.

　함부르크에서 유명한 비치카페, '슈트란트페를레Strandperle'가 줄줄이 늘어서 있다. 몇 가지 안 되는 음식과 더불어 색다른 문화를 즐기고 연애를 걸 기회를 풍부하게 제공하는 그 간이매점들은 확실히 인기 만점이다. 젊은이들은 수건 다섯 장을 깔면 꽉 찰 만큼 폭이 좁은 강변, 부활절을 위해 준비한 숯과 골든리트리버가 싸놓은 똥 사이에 진을 친다. 시내의 비치클럽들조차 슈트란트페를레의 인기에 흠집을 내지 못한다. 그곳 방문이 두 번째 이상인 사람들은 이미 교훈을 얻었으므로 대개 돗자리를 지참한다.

친구 사이인 콜랴와 옌스는 구식 안경을 쓴 여성잡지 여기자들과 휴대전화의 전원을 끄고 구경하는 데 정신이 팔린 정보기술 전문가들 사이에 누워 있다. 감자샐러드와 소시지는 슈트란트페를레에서 사왔고, 가격 대비 품질이 괜찮은 500밀리리터짜리 캔맥주들은 근처 슈퍼마켓에서 사왔다. 시원하게 저장해놓은 나머지 캔들에 엘베 강의 물결이 부딪힌다. 좁은 콘크리트길에 젊은 여성들이 나타나 올 시즌 처음으로 다리를 보여준다. 운동으로 가꾸고, 갈색으로 그을리고, 털을 면도한 다리.

마음이 산란해진 콜랴가 맥주를 한 모금 마시고 모래밭에 캔을 내려놓는다. 캔이 쓰러지고, 맥주가 엘베 강변의 모래 위로 꿀럭거리며 쏟아진다.

"젠장! 이놈의 캔은 모래 위에 서 있지를 못해."

콜랴가 아까워하며 캔을 세워 남은 맥주를 구한다.

"무게중심이 상당히 높아서 그래. 정확히 캔의 중앙에 무게중심이 있거든."

옌스가 네 학기 동안 공부한 물리학 실력을 발휘한다.

"적어도 맥주가 꽉 찬 캔은 그래."

그렇게 한마디 덧붙이면서 옌스는 자신의 캔을 모래 속에 깊이 꽂는다.

"무게중심은 항상 중앙에 있어."

콜랴가 대꾸한다. 독문학 전공인 그가 자신의 물리학 기본 지식을 총동원하여 한마디 덧붙인다.

"캔이 비어 있더라도, 무게중심은 중앙에 있다고. 빈 캔은 더 잘 쓰러지고."

그는 모래가 묻은 자신의 캔을 가운뎃손가락으로 밀어 쓰러뜨린다.

"캔이 비어 있을 경우에는······."

옌스가 마지못해 동의한다. 그러고는 덧붙인다.

"네 말이 맞아. 하지만 덜 빈 캔의 무게중심은 중앙보다 더 낮아. 예컨대 캔이 반만 비어 있다면, 캔 속 맥주의 무게중심은 캔 높이의 $\frac{1}{4}$ 지점에 있어. 그래서 캔이 웬만해서는 쓰러지지 않지. 왜냐하면 캔 자체는 맥주보다 훨씬 더 가볍거든. 따라서 캔과 맥주를 합친 전체의 무게중심도 캔 높이의 $\frac{1}{4}$ 지점보다 그리 높지 않아."

옌스가 쓰러진 캔을 집어올려 앞뒤로 흔든다. 금색 캔에 반사된 햇살이 찬란하다. 콜랴가 손바닥으로 모래를 고른 후에 손가락으로 U자 모양의 곡선을 그린다.

"그러니까, 처음에 캔이 꽉 찼을 때는 무게중심이 중앙에 있어. 그리고 맥주가 줄어들면, 무게중심이 아래로 내려가. 그런데 맥주가 다 없어지면, 무게중심이 다시 중앙에 있어. 그렇다면, 무게중심이 어느 정도까지 낮아지다가 다시 올라와야겠네?"

"당연히 그렇지."

옌스가 고개를 끄덕이며, 부연 설명을 한다.

"처음에는 맥주 양이 많아서 캔은 상대적으로 아주 가벼워. 그런데 한 모금씩 마실 때마다 맥주의 무게는 줄어들고, 따라서 무게중심이 높은 캔의 상대적인 무게가 점점 더 늘어나지."

"그러면 말이야, 캔맥주를 마시는 방법 중에 영리한 방법도 있고 어리석은 방법도 있겠는걸."

콜랴가 흥분해서 맞장구를 친다.

"어리석은 방법은 우리가 방금 봤지. 그 방법을 쓰면 캔이 쓰러지기 십상이야."

옌스가 인정머리 없게 말한다.

"알았어, 알았다고. 그러니까 이상적인 방법은 이거네. 캔을 따서……."

콜랴가 새 캔을 들고 자신의 말을 실행에 옮긴다.

"마시고, 또 마셔. 그러면서 무게중심의 높이가 최저가 될 때까지 절대로 캔을 내려놓으면 안 돼."

맥주를 토해내기 직전인 사람의 표정으로 바뀐 콜랴가 시원한 트림 한 방으로 이내 온화한 얼굴을 되찾고 이어 말한다.

"그러면 캔이 모래 위에 가장 안정적으로 서 있게 돼."

콜랴가 캔을 내려놓는다.

"그다음에 다시 한 모금을 마셔서 캔을 완전히 비워. 요컨대 캔을 본래의 텅 빈 상태로 되돌려 보내는 거지."

콜랴의 눈앞에 고불고불한 머리카락을 풍성하게 늘어뜨린 여자의 머리가 보인다. 그녀가 그의 말을 경청하고 있다. 그가 그녀의 관심을 불러일으킨 것이다. 그녀와 함께 있는 남자는 털이 많고 쉽게 매수할 수 있을 듯한 인상이다. 콜랴는 그 환상적인 여성이 데리고 다니는 털북숭이를 이쪽으로 유인하려면 슈트란트페를레에서 소시지를 몇 개 주문해야 할까를 생각한다. 그 순간 옌스가 질문을 던진다.

"이제 뭘 더 알아야 할까? 이상적인 맥주의 양. 다시 말해서, 네가 모래 위에 그렸던 U자 모양 곡선에서 가장 낮은 점이 어디인지 알아내야 해. 이런 문제를 일컬어 극값 문제라고 하지. 수많은 고등학생을 공포에 떨게 만드는 문제. 그렇지만 '곡선의 추적curve tracing'(곡선 스케치curve sketching라고도 하며, 곡선의 주요 특징들을 세부 계산 없이 알아내는 기법을 뜻한다−옮긴이)은 사실 그다지 어렵지 않아."

"꼭 풀어야 하는 건 아니잖아. 외로운 여자 하나를 데려다놓고 풀면 몰라도."

콜랴가 반발한다.

"야! 여자를 데려다놓고 극값이라는 말만 꺼내봐라. 당장 봉변을 당할 거다."

옌스가 대꾸한다.

"너, 이거 아니? 저기 저 금발 여자 벌써 네 번째 나타난 거야. 저 다리! 그것도 두 개씩이나!"

"무한에서 만나는 두 평행선이라고나 할까!"

옌스가 감상에 젖는다.

"접근해야 해! 탐사 전문 기자처럼 청렴하고 집요하게."

콜랴가 말한다.

"너무 바투 접근하면 안 돼."

"왜?"

"다리를 최대한 많이 보려면, 우리 눈에 다리가 포착되는 각이 최대한 커야 하거든."

"또 최대한 아름다워야 하지."

"아름다운 각은 없어. 추한 각도 없고."

옌스가 맥주를 한 모금 마신다. 그리고 캔이 쓰러질 위험을 줄이기 위해 한 모금 더 마시고 나서 말을 잇는다.

"잘 들어봐. 우리 앞에 키가 거의 180인 여자가 있어. 끝내주는 금발에, 자세는 똑바르고, 자부심이 강하고, 다리 길이가 110을 넘어. 우리의 시선은 그 여자의 다리에 행복하게 머무르지……."

"그리고 무한에도 머물러 있겠지."

"무한은 빼자. 멋진 여자, 멋진 다리가 있어. 그리고 그 다리를 보고 싶은 눈 네 개가 있지. 그래서 각이 커야 해! 우리가 너무 멀리 있으면, 각이 너무 작아져. 정확히 말해서, 우리의 시야에서 여자의 다리가 차지하는 각이 작아진다고."

"그러니까 접근하자고. 진실을 발견하려면 접근해야지!"

콜랴가 결의에 찬 사람처럼 말한다.

"하지만 너무 가까이 접근하면 안 돼. 그러면 각이 다시 작아지니까."

"이건 남성에게 적대적인 수학이잖아."

"물론 전제가 있어. 멋진 여성에게 접근할 때 침을 질질 흘리면서 기어가지 않고 똑바로 서서 걸어간다는 전제. 뭐, 당연한 전제라고 할 수 있겠지. 똑바로 서서 접근하면, 어느 순간 한참 아래를 내려다봐야 다리가 보이게 되고, 그때 우리의 시야 전체에서 다리가 차지하는 각은 덜 접근했을 때보다 줄어들게 돼."

"그래, 역시 그렇군."

콜랴가 내뱉는다.

"작은 각, 큰 각, 다시 작은 각! 극값 문제가 또 나왔다는 불길한 짐작을 하게 되는군."

콜랴가 고개를 절레절레 흔들며 그의 친구에게 구원을 요청하는 눈길을 보낸다.

"내가 조금만 머리를 쓰면 가장 적합한 거리를 확실히 계산해 낼 수 있을 거야."

"좋아, 넌 계산해. 난 여자 꼬실게."

두 사람은 무한이 거주하는 블랑케네제 방향으로 콘크리트길을 따라 이동하는 끝없는 다리들을 전문가의 눈빛으로 바라본다.

용기를 요구하는 극한의 문제들

방금 본 캔맥주 문제와 다리 문제를 비롯한 극값 문제들은 이른바 미적분학(해석학이라고도 함) 분야에 속한다. 바로 이 분야에서 많은 고등학생은 수학을 이해하지 못하거나 자신감을 잃는다. 미적분학에 무한히 작은 수가 등장하고 극한도 등장하는데, 이것들은 매우 추상적인 개념이고, 이것들이 등장하는 계산은 그리 간단하지 않다.

게다가 아무리 좋게 평가해도, 미적분학 개념들은 흔히 오해를 유발한다. 예컨대 '곡선의 추적'은 도망가는 곡선을 쫓아가는 것과 아무 상관이 없고, 오히려 수학적 함수의 속성들을 탐구하는 작업이다. 다시 말해, 함수가 '연속적이고'(끊어지지 않는 한 선으로 나타낼 수 있고), '미분가능한가?'(꺾인 자리 없이 매끄러운가?), '극댓값과 극솟값을 가졌는가?' 등을 탐구하는 작업이며, 그 결과는 체포가 아니라 참이거나 거짓인 명제이다.

극댓값과 극솟값을 탐구하려면 곡선의 기울기를 잘 살펴보아야 한다. 해석학의 가장 중요한 성과 중 하나는 직선 구간의 기울기뿐 아니라 곡선에 속한 모든 점에서의 (순간) 기울기를 정의할 수 있음을 밝혀낸 것이다. 이 결론은 일상 경험과도 잘 일치한다. 산에 오를 때 우리는 모든 지점에서 기울기를 느낀다. 등산로는 때로 가파르고 때로 완만해서 전체적으로 복잡한 곡선을 이루지만 말이다.

수학에서, 곡선 위의 한 점에서 곡선의 기울기는 그 점을 지나는 접선의 기울기로 정의된다. 그리고 극값은 곡선의 기울기가 0이 되는 점들에서 발생한다. 이 두 가지만 알면, 거의 다 안 셈이다.

하지만 완전히 다 안 것은 아니다. 곡선 위의 모든 점과 그 각각의 점에서 곡선의 기울기를 대응시키면, 이른바 '도함수'라는 새로운 함수를 얻을 수 있다. 예컨대 일차함수(그래프는 직선)의 도함수

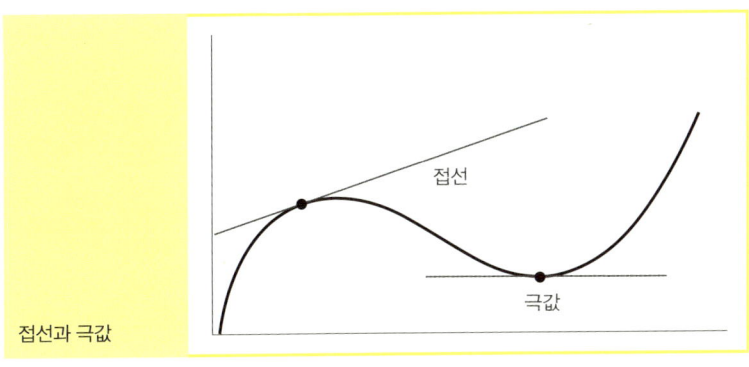

접선과 극값

는 상수다. 왜냐하면 직선은 어느 점에서나 기울기가 동일하기 때문이다. 상수함수의 도함수는 0이다. 왜냐하면 상수함수의 그래프는 수평선이기 때문이다. 하지만 도함수를 찾아내는 대부분의 작업이 이처럼 간단하지만은 않다. 그렇다고 절망할 필요는 없다. 인터넷에서 '미분 규칙', '미분법 표' 등을 검색해보면 모든 복잡한 함수의 도함수를 열거해놓은 표들이 나온다. 그런 표를 이용하면 도함수를 찾아내는 작업이 아주 쉬워진다.

콜랴와 옌스의 이야기로 돌아가자. 캔에 맥주가 얼마나 채워져 있을 때 무게중심이 가장 낮을까? 캔은 횡단면이 둥글기 때문에, 우리는 캔의 종단면만, 즉 직사각형만 고찰함으로써 이 질문에 답할 수 있다. 빈 캔의 무게중심(S_D)은 큰 직사각형의 중심과 정확히 일치하고, 맥주의 무게중심(S_B)은 작은 직사각형의 중심과 일치하는데, 이 두 번째 중심은 맥주가 채워진 높이 x에 따라 달라진다. 캔의 높이를 1로 정하면, S_D와 S_B의 위치는 각각 $\frac{1}{2}$과 $\frac{x}{2}$가 된다. 우리가 철자 x를 선택한 것은 우연이 아니다. 맥주가 채워진 높이는 이 문제에서 유일하게 값이 변하는 양이기 때문에 x로 표기한 것이다. 나머지 모든 양은 변함없이 유지된다.

그럼 맥주까지 포함한 캔 전체의 무게중심은 어디일까? 개별 무게중심 S_D와 S_B 사이의 한가운데라고 생각할 수도 있겠지만, 맥주가 캔보다 조금 더 무겁다는 사실을 고려해야 한다. 따라서 천문학자들이 별 두 개로 이루어진 쌍성계의 무게중심을 계산할 때 활용하는 다음과 같은 원리를 써먹어야 한다. 계 전체의 무게중심은 개별 무게중심들을 이은 선분 위에 놓이는데, 정확히는 그 선분을 개별 무게들의 비율에 맞게 분할했을 때 더 무거운 개별 무게중심 쪽으로 쏠린 위치에 놓인다. 선분의 두 구간을 S_1, S_2라고 하면, 다음 등식이 성립한다.

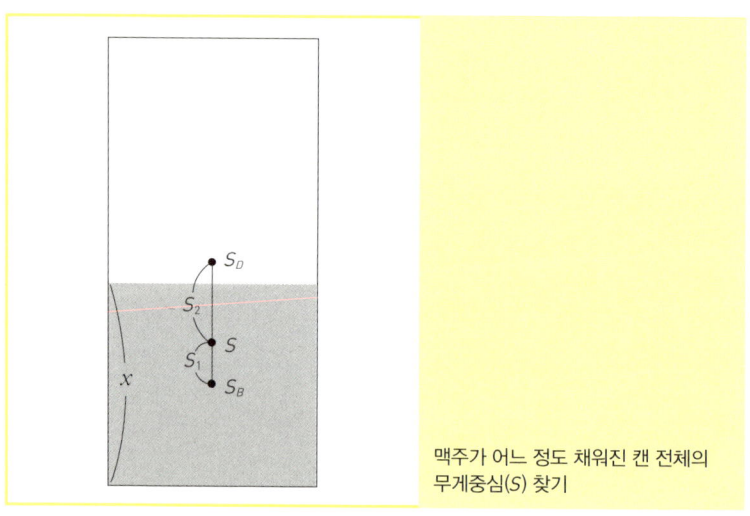

맥주가 어느 정도 채워진 캔 전체의 무게중심(S) 찾기

$$\frac{S_1}{S_1+S_2} = \frac{캔\ 무게}{맥주\ 무게 + 캔\ 무게}$$

캔 무게를 25그램이라고 하자. 맥주는 밀도가 물과 비슷하므로, 500밀리리터 캔에 가득 찬 맥주의 무게(캔의 높이 1에 상응)는 500그램, 덜 찬 맥주의 무게(맥주가 채워진 높이 x에 상응)는 x 곱하기 500그램이다. S_1+S_2는 다름 아니라 $S_D - S_B$, 즉 $\frac{1}{2} - \frac{x}{2}$ 와 같다. 그러므로 다음 등식이 성립한다.

$$\frac{S_1}{\frac{1}{2} - \frac{x}{2}} = \frac{25}{500x + 25}$$

이 등식을 S_1에 대해서 풀면 아래와 같다.

$$S_1 = \frac{25}{500x+25} \times \frac{1-x}{2} = \frac{25 - 25x}{1000x + 50} = \frac{1-x}{40x+2}$$

전체 무게중심의 높이 $S(x)$를 구하려면 S_1에 맥주 무게중심의 높이, 즉 $\frac{x}{2}$를 더해야 한다.

$$S(x) = \frac{x}{2} + \frac{1-x}{40x+2} = \frac{x(20x+1) + 1 - x}{40x+2} = \frac{20x^2 + 1}{40x+2}$$

드디어 $S(x)$를 얻었다. 전체 무게중심의 높이는 맥주가 채워진 높이 x의 함수라는 사실이 명백하게 드러났다. 이 함수의 그래프를 그려보면 아래의 곡선이 나온다.

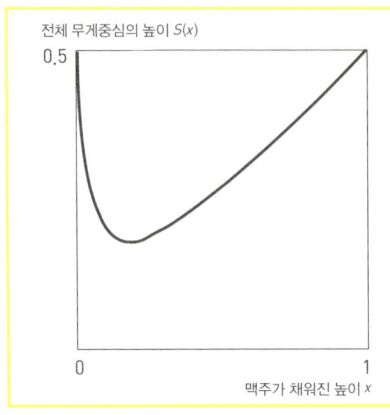

곡선에 극소점이 있다는 것 그리고 극소점의 위치가 캔이 꽉 찬 상태($x=1$)보다 텅 빈 상태($x=0$)에 더 가깝다는 것을 한눈에 알 수 있다.

이 그래프에서 극소점의 정확한 위치는 어디일까? 이 질문에 답하려면 곡선의 기울기를 계산해야 한다. 위 그림을 보면, 곡선의 기울기가 처음에는 음수이고—곡선이 아래로 내려가고—나중에는 양수임을—곡선이 위로 올라감을—알 수 있다. 극소점은 곡선의 기울기가 정확히 0이 되는 지점이다. 정확한 계산은 뒤의 '보충 설명'에 나오는데, 그 결과는 이러하다. 맥주와 캔 전체의 무게중심은 맥주가 채워진 높이가 $\frac{1}{5}$ 보다 약간 작을 때 가장 낮아진다. 따라서 콜라는 맥주 전체의 80퍼센트 이상을 마신 다음에 캔을 내려놓아야 한다. 또 생각해보면 쉽게 알 수 있듯이, 이 최저 무게중심의 높이는 맥주가 채워진 높이와 정확히 일치한다.

다리 문제

맥주 문제는 해결했으니 이제 아름다운 다리 문제를 풀어보자. 그런데 우리의 시선이 향할 최선의 각을 알아내려면 맥주 문제를 풀 때보다 조금 더 노력해야 한다. 하지만 아름다운 다리를 보려면 그 정도 노력은 감수해야 할 것이다.

이 문제 역시 극값 문제인데, 여기에서 찾아야 할 극값은 우리의 시야에서 여자의 다리가 차지하는 각의 극댓값이다. 이번에도 그림을 출발점으로 삼자. 눈높이가 m미터인 남자가 다리를 f미터 드러낸 여자의 뒷모습을 바라본다. 남녀 사이의 거리는 x미터이다(여기에서도 이 거리가 중요한 변수이기 때문에 x로 나타낸 것이다).

알아낼 각은 α이다. 하지만 지금 당장은 α에 대해서 알 수 있는 것이 거의 없다. α는 어느 삼각형의 내각인데, 우리는 그 삼각형의 한 변만 안다. 게다가 그 삼각형은 모양이 영 이상하다.

기하학 문제를 풀 때는 직각삼각형을 찾아내면 도움이 될 때가 많다. 이 문제에서도 그렇다. 다른 두 각, 즉 β와 γ는 쉽게 알아낼 수 있다. 이 각각의 각들은 두 변이 알려진 직각삼각형의 내각이다. 이 각들을 알면, 90도에서 β와 γ를 뺌으로써 α를 알아낼 수 있다.

삼각형의 변들을 알고 각들을 계산하려면 공포의 삼각함수가 필요하다. 사인, 코사인, 탄젠트뿐 아니라 이들의 역함수인 아크사인, 아크코사인, 아크탄젠트까지 필요하다. 그러나 겁먹지 마라. 여기에서는 이 함수들의 기본 정의만 이야기할 것이다. 나머지는 따로 알아보거나, 구체적인 계산은 계산기에게 맡겨라.

각 γ는 변 m과 변 x가 알려진 직각삼각형의 내각이다. 이때 두 변의 비율 $\frac{x}{m}$는 '탄젠트 감마'로 불리고 'tan γ'로 표기된다. 탄젠트는 각을 입력하면 이 비율을 알려주는 함수이다. 거꾸로 이 비율을 입력해서 각을 알아내고자 하면, 탄젠트의 역함수인 아크탄젠트를 이용해야 한다. 요컨대 아래 등식이 성립한다.

$$\gamma = \arctan\left(\frac{x}{m}\right)$$

이 등식의 의미는 간단하다. 괄호 속의 분수를 계산해서 값을 얻고, 그 값을 탄젠트값으로 가지는 각이 무엇인지 살펴보라. 어떤가? 어려울 것 하나도 없다. 각 β에 대해서도 비슷한 등식을 얻을 수 있다.

$$\beta = \arctan\left(\frac{m-f}{x}\right)$$

따라서 우리가 찾아야 할 각 α는 다음과 같이 구할 수 있다.

$$\alpha(x) = 90 - \arctan\left(\frac{m-f}{x}\right) - \arctan\left(\frac{x}{m}\right)$$

괄호들 속의 x는 α가 x에 따라 값이 달라지는 함수임을 분명하게 알려준다. $m = 1.7$, $f = 0.7$이라고 하면, 위 등식은 다음과 같아진다. 또 그렇게 정의된 $\alpha(x)$의 그래프는 다음 페이지의 그림과 같다.

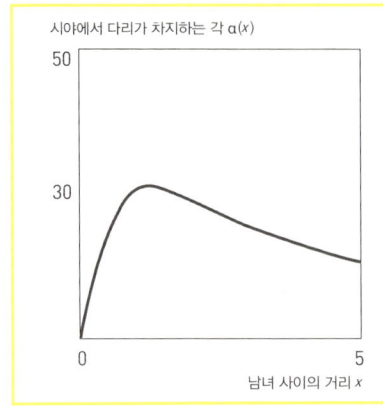

이 그래프의 곡선은 예쁜 극대점을 지녔다. 또 한눈에 알 수 있듯이, 여자의 다리를 가장 잘 보려면 상당히 바투 접근해야 한다.

$$\alpha(x) = 90 - \arctan\left(\frac{1}{x}\right) - \arctan\left(\frac{x}{1.7}\right)$$

위 그래프에서 극대점의 위치를 정확히 알아내려면 함수 $\alpha(x)$의 도함수를 구하고 그 도함수의 값(즉 접선의 기울기)이 언제 0이 되는지 살펴보아야 한다. 상세한 계산은 보충 설명을 참조하라. 계산 결과는 아래와 같다.

시야에서 다리가 차지하는 각을 극대화하려면, 남자와 여자 사이의 거리(x)가 여자의 치마 끝과 남자의 눈과의 높이 차이($m-f$)에다가 남자의 눈높이(m)를 곱한 값의 제곱근과 일치해야 한다. $m=1.7$미터, $f=0.7$미터라면, $(m-f) \times m$의 제곱근은 약 1.3미터이다. 남자가 이 정도 거리까지 접근하면 여자는 위협을 느낄 것이 분명하다. "저는 그저 당신의 다리를 최적의 각도로 관찰하려 했을 따름입니다"라는 변명은 도리어 여자의 느낌을 확신으로 바꿀 것이다.

보충 설명

매주 문제에 등장하는 함수는 아래와 같다.

$$S(x) = \frac{20x^2+1}{40x+2}$$

이 복잡한 함수의 도함수를 어떻게 구할 수 있을까? 이 함수는 여러 함수들로 이루어졌다. 두 함수의 합으로 이루어진 함수의 도함수를 구하기는 쉽다. 그냥 원래의 두 함수 각각의 도함수를 구한 다음에 더하면 된다. 그러나 $S(x)$는 분수 형태의 함수이며, 이런 함수의 도함수를 구하는 방법은 약간 복잡하다. 미분 규칙들 가운데 '몫의 규칙'이라고 불리는 그 방법은 아래와 같다.

$$S'(x) = \left(\frac{f(x)}{g(x)}\right)' = \frac{f'(x)g(x) - g'(x)f(x)}{g(x)^2}$$

함수 기호에 '을 붙이면 도함수를 뜻하게 된다. 예컨대 S'('S 프라임'이라고 읽음)은 S의 도함수를 뜻한다.

우리가 푸는 문제에서는 $f(x) = 20x^2+1$, $g(x) = 40x+2$이다. 이제 더 알아야 할 것은 이차함수 x^2의 도함수가 $2x$라는 것뿐이다. 따라서 $f(x)$와 $g(x)$의 도함수는 아래와 같다.

$f'(x) = 40x$

$g'(x) = 40$

이것들을 위의 몫의 규칙에 집어넣으면 아래 등식이 나온다.

$$S'(x) = \frac{40x(40x+2) - 40(20x^2+1)}{(40x+2)^2}$$

$$= \frac{1600x^2 + 80x - 800x^2 - 40}{1600x^2 + 160x + 4}$$

분모와 분자를 내림차순으로 정리하고 똑같이 4로 나누자.

$$S'(x) = \frac{200x^2 + 20x - 10}{400x^2 + 40x + 1}$$

우리는 이 함수가 언제 0이 되는지만 알아내면 된다. 다시 말해, 언제 위 등식의 우변의 분자가 0이 되는지(그러면서 분모는 0이 되지 않는지)만 알아내면 된다. 그러므로 다음 이차방정식을 풀어서 해를 구해야 한다.

$$200x^2 + 20x - 10 = 0$$

양변을 200으로 나누면 아래와 같다.

$$x^2 + \frac{1}{10}x - \frac{1}{20} = 0$$

이 방정식의 해들을 319쪽에 나오는 근의 공식을 써서 구해보자.

$$x_{1,2} = -\frac{1}{20} \pm \sqrt{\frac{1}{400} + \frac{1}{20}} = -\frac{1}{20} \pm \sqrt{\frac{21}{400}} = \frac{-1 \pm \sqrt{21}}{20}$$

해가 두 개 있지만, 그중 하나는 음수이므로 우리가 푸는 문제와 상관이 없다. 맥주가 채워진 높이가 음수일 수는 없으니까 말이다. 그러므로 우리가 푸는 문제의 해는 단 하나다.

$$x_{\min} = \frac{\sqrt{21}-1}{20} \approx \frac{3.58}{20} = 0.179$$

다리 문제에 등장하는 함수는 아래와 같다.

$$\alpha(x) = 90 - \underbrace{\arctan\left(\frac{1}{x}\right)}_{①} - \underbrace{\arctan\left(\frac{x}{1.7}\right)}_{②}$$

arctan(x)의 도함수는 미분법 표를 보면 알 수 있듯이 $\frac{1}{1+x^2}$이다. 그럼 ②의 도함수는 무엇일까? 위의 함수는 이른바 '합성함수'이며, 이런 함수의 도함수를 구하는 특수한 방법을 일컬어 '연쇄법칙'이라고 한다. 함수 g(x)와 h(x)를 합성하여 만든 함수 g(h(x))의 도함수를 구하는 규칙은 아래와 같다.

$$g(h(x))' = h'(x) \times g'(h(x))$$

이제 준비는 끝났으니 계산 실수만 조심하면 된다. $\alpha'(x)$를 구하고 이 도함수가 언제 0이 되는지 알아내자.

$$\alpha'(x) = \frac{1}{x^2} \times \frac{1}{1+\left(\frac{1}{x}\right)^2} - \frac{1}{1.7} \times \frac{1}{1+\left(\frac{x}{1.7}\right)^2}$$

얼핏 보면 엄청나게 지저분하다. 그러나 인내심을 가지고 모든 괄호와 분수를 깨끗이 정리하면 아래 등식을 얻을 수 있다.

$$\alpha'(x) = \frac{1}{x^2+1} - \frac{1.7}{x^2+1.7^2} = \frac{(x^2+1.7^2)-1.7(x^2+1)}{(x^2+1)(x^2+1.7^2)}$$

식이 더 복잡해진 듯도 하지만, 실은 계산이 거의 마무리되었다. 우리가 알고자 하는 것은 언제 위 등식의 우변의 분자가 0이 되는가이다. 즉, 우리는 아래 방정식을 풀어야 한다.

$(x^2+1.7^2) - 1.7(x^2+1) = 0$

$x^2(1-1.7) - 1.7(1-1.7) = 0$

양변을 $(1-1.7)$로 나누고 정리하면 아래 등식이 나온다.

$x^2 = 1.7$

$x = \sqrt{1.7} \approx 1.3$

데이비드 하셀호프가 말리부 해변에 누워 있다가 물속에서 구조를 요청하는 파멜라 앤더슨을 본다. 한시가 급한 상황이다. 데이비드는 바다에서 20미터 떨어져 있고, 파멜라는 해변에서 20미터 떨어져 있다. 게다가 두 사람은 해안선과 나란한 방향으로도 50미터나 떨어져 있다. 데이비드는 모래밭에서 초속 5미터로 달릴 수 있고 물속에서 초속 2미터로 헤엄칠 수 있다. 그는 파멜라가 있는 곳까지 직선으로 이동할 수도 있고(경로 (1)) 우선 모래밭에서 그녀에게 최대한 접근하여 수영 거리를 최소화할 수도 있다(경로 (2)). 또는 이 두 극단 사이의 다른 경로를 선택할 수도 있다. 어떤 경로가 가장 좋을까?

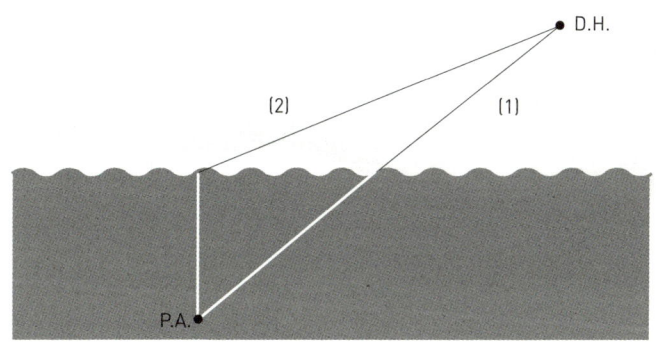

법정에 선 피타고라스

때 : 2005년 10월 20일

곳 : 뉴욕 주 상소법원

인물 : 판사(여)

　　　피고(남)

　　　변호사(여)

　　　검사(여)

판사 : 피고는 2002년 3월에 8번 대로와 40번 가가 만나는 교차로에서 사복경찰관에게 마약을 팔려고 한 혐의로 기소되었습니다. 정확히 말해서 코카인을 팔려고 했죠.

피고 : 예, 저는 그 혐의를 이미 오래 전에 인정했습니다.

판사: 알고 있습니다. 하지만 오늘 따져야 할 것은 피고의 행위가 가중처벌 대상인지 여부예요. 형법 220조를 보면, 학교를 중심으로 반경 1000피트 이내에서 일어난 마약 판매는 가중처벌을 받게 되어 있습니다.

이 지도를 보세요. 이곳이 피고가 체포된 지점입니다. 가장 가까운 학교인 '성십자 초등학교'는 세 블록 정도 떨어져 있고요. 학교에서 범행 장소까지 거리가 정확히 얼마입니까?

변호사: 수사 기록에 나오듯이, 경찰관이 도보로 이동하면서 거리를 쟀습니다. 한 번은 43번 가와 8번 대로를 따라 이동하면서 쟀는데, 측정된 거리가 1294피트였습니다. 또 한 번은 두 건물 사이의 주

피고의 범행 장소와 학교 사이의 거리를 나타낸 지도

제15화 맨해튼 거리에서

차장을 통과하는 지름길로 이동하면서 쟀는데, 이때의 측정 거리는 1091피트였습니다. 이 지름길이 가능한 최단 경로인데, 그 길이가 1000피트를 넘습니다. 그러므로 피고의 행위는 가중처벌 대상이 아닙니다.

검사: 이의 있습니다, 재판장님! 지금 따져야 할 것은 범행 장소와 학교 사이의 거리입니다. 경찰관이 도보로 이동하면서 그 거리를 측정한다는 것은 말도 안 됩니다. 직선거리를 따져야 합니다. 피타고라스 정리를 기억하고 계십니까? 그 정리를 이용하면, 직각삼각형의 빗변을 제외한 나머지 두 변의 길이를 가지고 빗변의 길이를 계산할 수 있습니다.

피고: 아니, 지금 수학 공부하자는 겁니까?

검사: 다행히 뉴욕의 도로들은 대개 직각으로 교차합니다. 따라서 우리가 풀어야 하는 계산 문제는 아주 간단해요. 심지어 지도가 없어도 풀 수 있습니다.

(검사가 거치대에 걸려 있는 지도를 가리킨다.)

학교에서 43번 가를 따라 8번 대로까지 가는 구간, 지도에 a로 표시된 구간은 490피트입니다. 8번 대로를 따라서 43번 가에서부터 40번 가까지 이동하는 구간, 지도에 b로 표시된 구간은 764피트이고요. 이제 c 구간, 즉 학교와 범행 장소 사이의 직선거리를 계산하려면, 앞의 두 구간 각각의 제곱을 합한 다음에 제곱근을 취해야 하는데…….

(검사가 지도 옆의 차트에 공식을 적는다.)

계산해보면, c가 이렇게 나옵니다.

$$c = \sqrt{a^2 + b^2} = \sqrt{490^2 + 764^2} = \sqrt{240100 + 583696}$$
$$= \sqrt{823796} \approx 908$$

908피트! 1000피트보다 확실히 짧습니다. 따라서 피고의 범행은 형법 220조에 따라 가중처벌 대상입니다.

피고: 나 참, 기가 막혀서 웃음도 안 나오네요. 어째서 직선거리를 따집니까? 초등학생들이 약 사려고 나한테 올 때 새처럼 날아오기라도 한다는 겁니까?

(변호사가 남몰래 팔꿈치로 피고의 옆구리를 찌른다.)

변호사: 재판장님, 형법 220조의 취지는 아동과 마약 거래 사이에 공간적 간격을 확보함으로써 아동을 보호하는 것입니다. 경찰관의 실질적인 거리 측정에서 분명하게 드러났듯이, 도보 이동거리는 어느 방향을 선택하든 간에 1000피트를 넘습니다. 따라서 아동을 보호할 만큼의 공간적 간격은 확보되었습니다.

판사: 그러니까 변호인은 경로의 중간에 건물이 있느냐 없느냐에 따라서 거리가 달라진다고 주장하는 겁니까? 그렇다면 그 건물이 개방되어서 통과가 가능할 때의 거리와 그렇지 않을 때의 거리도 서로 달라야 하나요?

검사: 게다가 피타고라스 정리에 따른 판례, 다시 말해 직선거리를 기준으로 삼은 판례가 무수히 많습니다. 예컨대 술을 파는 가

게와 교회 사이에 일정한 거리를 두도록 규정한 인디애나 주에서 직선거리를 기준으로 판결한 사례들이 있습니다.

피고 : 바로 그겁니다! 술을 파는 장사꾼들이 훨씬 더 나빠요!

판사 : (의사봉으로 탁자를 두드리며) 조용히 하세요! 판결하겠습니다. 피고의 상소를 기각하고 하급법원의 판결을 승인합니다. 이유는 다음과 같습니다. 해당 법 조항의 취지는 학생들이 마약 거래의 폐해로부터 보호받을 수 있도록 학교를 중심으로 일정한 반경의 원을 그려 그 내부를 특별한 공간으로 지정하는 것입니다. 그런 원을 그릴 때 건물들의 배치를 고려해야 한다는 주장은 부당합니다. 그러므로 1000피트 거리는 피타고라스 정리를 이용한 직선거리로 이해해야 합니다. 이상으로 재판을 종료합니다.

수학에서 가장 유명한 정리

물론 이 이야기에서는 학교와 범행 장소 사이의 거리를 지도를 이용하여 측정하는 것이 더 간단할 듯하지만, 피타고라스 정리는 심지어 법정 공방에서도 이용될 정도로 기본적이고 유명하다. 어느 수감자가 피타고라스 정리에 근거하여 불만을 토로한 사례도 있다. 그 수감자는 감방을 다른 수감자 한 명과 공동으로 쓰라는 지시가 내려지자 화장실 냄새 때문에 견디기 힘들 것이라고 항의했다. 그는 이층 침대의 위층과 화장실 사이의 거리를 피타고라스 정리를 이용하여 계산했다.

"a^2 더하기 b^2은 얼마일까요?"라는 질문을 던지면, 거의 모든 사람이 자동으로 "c^2!"이라고 대답한다. 물론 "a^2 더하기 b^2은 c^2과 같다"는 등식을 설명할 수 있는 사람은 훨씬 더 드물겠지만 말이다.

피타고라스 정리의 기원은 불확실하다. 다만 그 정리가 피타고라스에게서 유래하지 않았다는 것만큼은 확실하다. 이미 고대 이집트인들이 그 정리를 이용했다. 고대 이집트에는 '밧줄장이 harpedonaptai'라는 직업이 있었다. 밧줄장이들의 임무는 이른바 12매듭 밧줄로 직각을 측정하는 것이었다. 인도에서도 그와 비슷한 밧줄이 쓰였고, 중국과 바빌로니아에서도 이른바 '피타고라스 삼중수'가 알려져 있었다. 피타고라스 삼중수란 피타고라스 정리를 만족시키는 세 정수, 예컨대 3, 4, 5를 뜻한다.

그러나 이미 언급했듯이 이 유명한 정리는 피타고라스학파(제11화 참조)의 창시자인 피타고라스에게서 유래하지 않았다. 그 유명

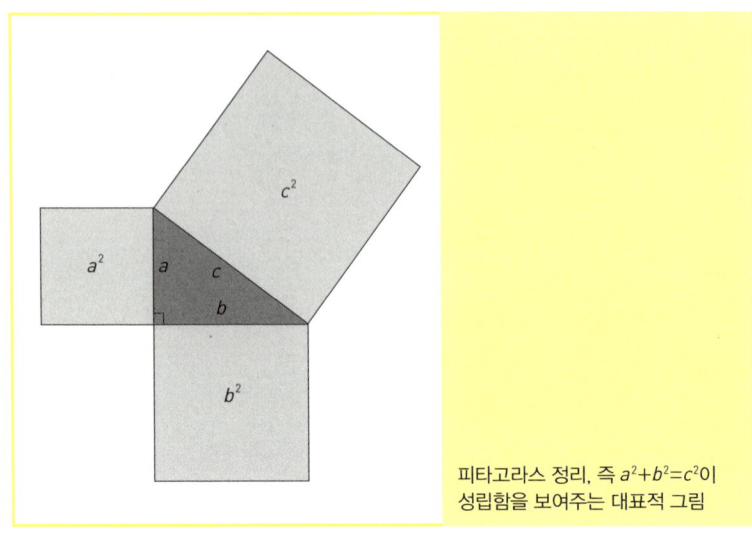

피타고라스 정리, 즉 $a^2+b^2=c^2$이 성립함을 보여주는 대표적 그림

한 정리를 피타고라스 정리로 명명한 인물은 유클리드Euclid이다. 그는 당대의 기하학 지식을 종합한 《기하학원본 Stoicheia》에서 그 유명한 정리를 옛날의 수학자 겸 철학자 피타고라스의 이름을 따서 '피타고라스 정리'로 명명했다.

피타고라스 정리는 직각삼각형의 세 변에 관한 진술이다. 구체적으로 "직각삼각형의 빗변의 제곱은 나머지 두 변 각각의 제곱의 합과 같다"는 진술이다. 굳이 이 알쏭달쏭한 문장을 이해하려고 애쓸 필요는 없다. '$a^2+b^2=c^2$'이 더 간편하다. 이 등식에서 c는 직각삼각형에서 가장 긴 변, 즉 빗변을 뜻한다.

우리는 위 등식을 a나 b 또는 c에 대해서 풀 수 있다. 그러므로 직각삼각형에서 두 변을 알면 나머지 변을 계산할 수 있다. 이것은 특별한 속성이다. 일반적인 삼각형에서는 삼각함수를 동원해야만 나머지 변을 계산할 수 있다. 피타고라스 정리는 삼각형 말고도 많은 도형에 이용될 수 있다. 이 책의 297쪽에서 한 예를 볼 수 있다. 대단히 유용한 비법을 하나 알려주겠다. 기하학 도형에 관한 명제를 증명하라는 문제가 나오면, 그 도형을 직각삼각형들로 분해하고 피타고라스 정리를 적용하라.

피타고라스 정리의 증명은 수백 가지가 있다. 어느 책 한 권에는 피타고라스 정리의 증명이 무려 370개나 실려 있다. 나는 기하학과 대수학을 함께 이용하는 다음과 같은 증명을 가장 좋아한다. 우선 똑같은 직각삼각형 네 개를 (실제로 또는 상상으로) 그려서 아래처럼 배열해야 한다.

그러면 변이 $a+b$인 정사각형이 만들어지고, 그 내부에 변이 c인

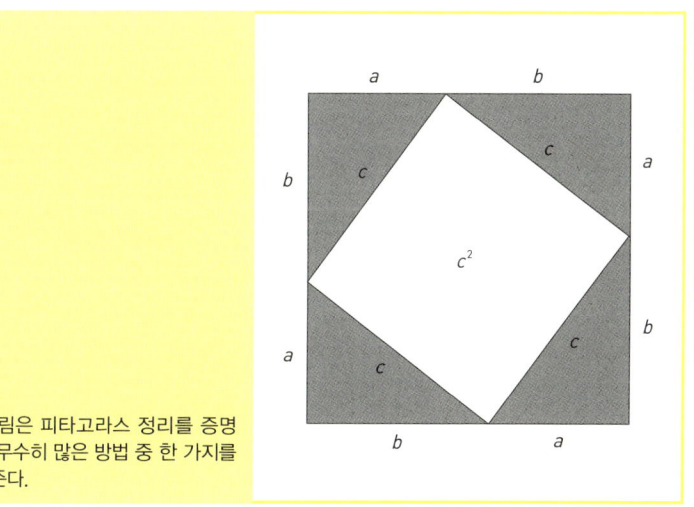

이 그림은 피타고라스 정리를 증명하는 무수히 많은 방법 중 한 가지를 보여준다.

정사각형이 만들어진다. 그런데 직각삼각형 두 개의 면적을 합치면 $a \times b$가 되고, 큰 정사각형의 면적은 작은 정사각형의 면적 더하기 직각삼각형 네 개의 면적과 같으므로, 아래 등식이 성립한다.

$$(a+b)^2 = c^2 + 2ab$$

이항 정리(316쪽 부록2 참조)를 이용해서 좌변을 전개하면 아래와 같다.

$$a^2 + 2ab + b^2 = c^2 + 2ab$$

이제 양변에서 $2ab$를 빼면, 남은 등식은 바로 피타고라스 정리가 된다!

수평선은 얼마나 멀까?

마지막으로 피타고라스 정리의 응용 사례를 하나 더 소개하겠다. 피타고라스 정리를 이용하면, 수평선까지의 거리를 계산할 수 있다. 예컨대 우리가 해발 1000미터 높이의 산꼭대기에서 바다를 바라본다고 해보자.

지구가 평평하다면, 원리적으로 우리는 무한히 먼 곳도 볼 수 있다. 그러나 공처럼 둥근 지구에서는 지표면이 휘어져 있기 때문에 우리가 볼 수 있는 거리에 한계가 있다. 우리가 가장 먼 곳, 즉 수평

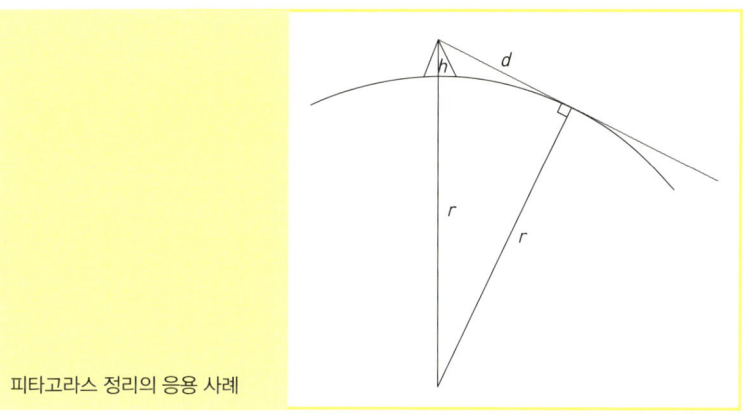

피타고라스 정리의 응용 사례

선을 바라볼 때, 우리의 시선은 지표면을 "스친다." 바꿔 말해서, 우리의 눈과 수평선을 연결한 직선은 지구의 접선이며 따라서 지구와 만나는 한 점에서 지구의 반지름과 직각을 이룬다. 벌써 직각삼각형이 등장했다. 정확히 말해서, 지구의 반지름 r, 눈높이 h, 수평선까지의 거리 d가 관여하는 직각삼각형이 등장했다. 그 직각삼각형에 피타고라스 정리를 적용하고, 등식을 미지수 d^2에 대해서 풀면 아래의 결과를 얻을 수 있다.

$$d^2 = (r+h)^2 - r^2$$
$$d^2 = r^2 + 2rh + h^2 - r^2$$
$$d^2 = 2rh + h^2$$

지구의 반지름은 약 6400킬로미터, 눈높이 h는 우리의 예에서

1킬로미터이다. 그러므로 위의 마지막 등식에서 h^2은 $2rh$와 비교하면 무시할 수 있을 정도로 작으므로 그냥 삭제할 수 있다(이런 어림셈은 수학에서 놀라울 정도로 자주 등장한다). 그러므로 다음과 같이 나타낼 수 있다.

$$d^2 = 2rh$$
$$d = \sqrt{2r} \times \sqrt{h} \approx 113 \times \sqrt{h}$$

우리가 1000미터 높이의 산꼭대기에서 바라본다면, 수평선은 약 113킬로미터 멀리 있다. 하와이에는 해안선 바로 옆에 4000미터 높이의 '마우나 케아' 산이 있다. 그 산에 올라가면 우리의 예에서보다 두 배 멀리, 약 226킬로미터까지 내다볼 수 있다.

h의 값을 작게 설정할 수도 있다. 예컨대 h를 해변에 서 있는 사람의 눈높이 1.6미터로 설정하자. 1.6미터는 0.0016킬로미터이므로, 위의 공식에 따라 계산해보면, 해변에 서 있는 사람이 바라본 수평선은 겨우 4.5킬로미터 떨어져 있다.

클로즈업 수학 Q

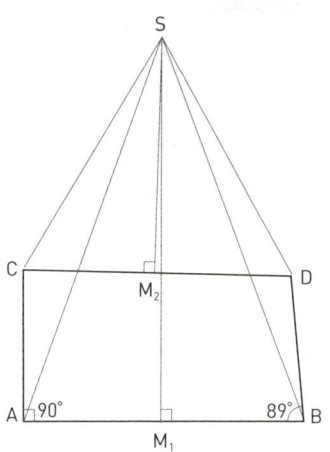

다음은 90도와 89도가 같다는 증명이다.

선분 AB의 왼쪽 끝에는 선분 AC를 직각으로 세우고 오른쪽 끝에는 선분 AC와 길이가 같은 선분 BD를 89도로 세우자. 그러면 약간 비뚜름한 사각형 ABCD가 만들어진다. 이제 선분 AB의 수직이등분선(선분 AB의 중앙을 지나며 선분 AB에 수직인 직선)과 선분 CD의 수직이등분선을 긋자. 선분 AB와 선분 CD는 서로 평행하지 않으므로, 방금 그은 수직이등분선들도 서로 평행하지 않다. 따라서 수직이등분선들은 어딘가에서 만날 텐데, 그 점을 S라 하자. 점 S와 점 A, 점 B, 점 C, 점 D를 그림에서처럼 직선들로 연결하자. 이제 아래의 합동관계들이 성립한다.

1. 점 S는 $\overline{AB}$의 수직이등분선 상에 있으므로 $\overline{AS} = \overline{BS}$가 성립한다.
2. 점 S는 $\overline{CD}$의 수직이등분선 상에 있으므로 $\overline{CS} = \overline{DS}$가 성립한다.
3. 따라서 △ASC와 △BSD는 합동이다. 왜냐하면 두 삼각형의 세 변이 모두 일치하기 때문이다($\overline{AC}$와 $\overline{BD}$의 길이는 원래부터 같다).
4. 결론적으로 ∠CAS는 ∠DBS와 같다. 또 ∠SAM$_1$은 ∠SBM$_1$과 같다. 따라서 아래 등식이 성립한다.

    $90° = ∠CAS + ∠SAM_1 = ∠DBS + ∠SBM_1 = 89°$

이 증명의 어디에 오류가 있을까?

제15화 맨해튼 거리에서

제16화 모든 것이 흘러간다?

교통정체에 걸린 은행강도

"마니, 살살 달려. 이 차에 얼마가 실렸는지 생각하라고!"

조수석에 앉은 해리가 안절부절못한다. 단지 동료의 거친 운전 때문만은 아니다. 뒷좌석에 대형 마트용 비닐봉지 2개가 놓여 있다. 내용물은 5만 5000유로쯤 되는 현금. 하르부르거 베르게의 슈파르카세 은행을 급습하는 작전은 각본에 맞춘 듯이 순조로웠다. 안으로 들어감, 누가 봐도 강도다운 행동, 고분고분한 직원들, 놀라서 주저앉는 손님들, 밖으로 나옴, 전속력으로 도주. 모든 과정이 3분 만에 완료되었다. 뒷좌석의 비닐봉지들 옆에 놓인 조지 W. 부시 가면도 역할을 톡톡히 했다.

지금 마니는 뤼호브–단넨베르크Lüchow-Dannenberg 방향으로 질주하는 중이다. 과거 동독과 서독의 경계였던 그 외딴 곳에 주말 별

장을 마련해놓았다. 두 친구는 소란이 가라앉을 때까지 그곳에서 칩 거하면서 풍요로운 미래를 꿈꿀 계획이다.

속도계의 바늘이 얼어붙은 것처럼 180에 멈춰 있다. 이 BMW 콤비는 추월 특권을 인정받는다. BMW의 골수팬인 마니가 늘 꿈꿔 온 특권이다. 사이드미러에 중대형 BMW가 나타나 신속하게 거울 전체를 채우면, 작은 차들은 공손히 오른쪽 차선으로 비켜난다.

"걱정 마. 지체된 시간을 만회하려는 것뿐이야. 고속도로에서 만 이렇게 달릴게."

마니가 중얼거린다.

"지금 교통사고를 내면, 더 볼 것도 없이 끝장이야. 곧바로 경찰차에 실려 호송될 거라고."

"이봐, 해리. BMW는 빨리 달려야지, 안 그러면 눈에 띄어. 잠깐! 볼륨 올려봐, 라디오에서 우리 얘기가 나오는 것 같아."

해리가 라디오 볼륨을 키운다. "……경찰에 협조해주실 것을 부탁드립니다. 범인들은 바트 제게베르크Bad Segeberg 번호판을 단 회색 BMW 5시리즈 콤비 차량을 타고 도주했습니다. 모든 경찰서에서 제보를 받습니다……." 마니가 볼륨을 낮추며 말한다.

"번호판이 알려졌군. 미리 손을 썼어야 했는데, 지금 번호판을 가리면 더 눈에 띄겠지?"

"맙소사, 번호도 하필이면 SE-X333이야. 누구든지 한 번 보면 외워버리겠네."

해리가 투덜거린다. 1000미터 앞에 공사 구간. 마니가 마지못해 속도를 줄인다. 100, 80, 마침내 초라한 60.

우측 차선의 차들이 왼쪽으로 끼어들기 시작한다. 차선이 하나로 줄어드는 지점을 500미터 앞두고 우측 차선은 비고 좌측 차선은 붐빈다.

"에라, 일단 가자!"

마니가 우측 차선으로 빠져서 늘어선 차들을 추월하며 끝까지 달린 다음에 잠깐 깜박이를 켜고 느닷없이 좌측 차선으로 끼어든다. 뒤에 늘어선 운전자들이 가운뎃손가락을 내보이며 욕을 한다.

"이러면 안 돼, 마니. 이건 얌체 짓이야."

해리가 나무란다.

"건전한 상식에도 맞고 교통법규에도 맞는 행동이었어. 도로를 최대한 이용하는 게 옳지. 사람들은 대부분 모르지만 법에도 그렇게 쓰여 있어."

마니가 대꾸한다.

"네가 언제 법 지키고 살았냐?"

해리가 빈정거린다. 두 친구가 공사 구간을 통과한다. 공사용 차량 여덟 대와 삽을 든 인부 두 명을 지나친다. 공사 구간을 지나자 교통이 다시 원활해지기 시작한다. 그러나 속도계의 바늘은 100을 넘지 못한다. 마니는 앞 차량에 바싹 붙었다가 브레이크를 밟아 물러나고 다시 속도를 높이기를 반복하며 점차 흥분한다.

"저리 비켜, 인마!"

"저 차는 전속력으로 달리는 중이야."

해리가 훈계한다.

"그러면 비켜야지. 저 굼벵이가 나를 열 받게 하네."

마니가 대꾸한다.

"모든 차가 속도를 시속 20킬로미터 높이면, 우리 모두가 더 빨리 목적지에 도착할 텐데. 차선이 두 개나 되는데도 우리가 충분히 이용하지 못하고 있어. 다들 추월당하지 않으려고 해서 그래."

마니가 일장 연설을 늘어놓다가 우측 차선에서 빈 곳을 발견하고 끼어든다. 깜박이도 켜지 않았다.

"교통이 지체될 때는 우측 차선이 더 빨리 빠지거든. 우측 차선에는 화물차들이 있는데도 그래. 왜 그런지 알아?"

"오히려 화물차들이 있어서 그런 거 아냐? 아무튼 화물차들은 너처럼 촐싹거리지 않지."

"다음 번 휴게소에서부터 네가 운전해."

마니가 쏘아붙인다. 그는 해리가 그 자신의 능력을 현실적으로 옳게 평가한다는 것을 잘 안다. 해리는 왼쪽과 뒤쪽에 보이는 사람들의 표정에 위험한 낌새가 없는지 살핀다. 하지만 회색 BMW를 보고 흥분하는 사람은 아무도 없다. 어디를 보나 언짢은 표정이다. 다들 더 빨리 달리고 싶어한다. 곧이어 속도가 급격히 느려진다. 정체가 시작된 모양이다. 앞차에 바싹 접근했던 마니가 어쩔 수 없이 급브레이크를 밟는다.

"대체 왜 이러는 거냐? 5킬로미터 전부터 인터체인지가 없었으니까 자동차 대수는 아까하고 똑같거든. 그런데도 왜 정체가 일어나느냐고?"

"이런 걸 '이유 없는 정체'라고 해. 차들이 많을 때 사람들이 자꾸 가속하고 감속하고 차선을 바꾸면 이런 일이 생기지."

해리가 대답한다.

발스로데 교차로에서 브레멘 쪽에서 온 차들이 추가로 합류한다. A7번 고속도로는 그 추가 교통량을 감당하지 못한다. 본격적인 정체. "……범인들은 바트 제게베르크 번호판을 단 회색 BMW 5 시리즈 콤비 차량으로 이동 중입니다. 경찰은 함부르크에서 교외로 빠지는 모든 간선도로에 검문소를 설치했습니다……."

해리가 우수에 젖은 눈빛으로 뒷좌석을 바라보며 중얼거린다.

"어여쁜 돈다발들아, 난 벌써 너희에게 정이 많이 들었는데, 이제 곧 경찰이 와서 우릴 잡아갈 거야."

"입 닥치지 못해! 우리와 마찬가지로 경찰도 정체 때문에 움직이지 못해."

마니가 언성을 높인다.

다음 순간, 파란 등을 단 순찰차 한 대가 사이렌을 울리며 갓길로 쏜살같이 지나간다. 위쪽에서 진동수가 낮은 소음이 들린다.

"헬리콥터! 이젠 영락없이 잡혔군……."

해리가 탄식하듯 내뱉는다.

"진정해, 친구. 저건 인명 구조용 헬리콥터야. 저 앞에서 사고가 났거든. 헬리콥터에서는 자동차 번호판이 안 보여. 게다가 한번 둘러보라고. 회색 차가 수두룩하잖아. 내가 차를 훔칠 때 한창 유행

하는 색깔의 차만 훔치는 이유가 바로 이거야."

짜증스럽게 가다 서다를 반복하면서 다음 인터체인지까지 거북이 운전한 마니가 고속도로를 벗어난다. 이제 첼레Celle를 지나 동쪽으로 뻗은 B4번 도로로 접어들 생각이다.

그러나 마니가 새 길로 접어들기 무섭게 좁은 교량을 앞에 두고 차량들의 긴 행렬로 정체가 시작된다. 공사 때문에 교량의 한 차선만 통행이 가능하다. 은행강도 두 사람은 1킬로미터 앞의 교량을 바라본다. 꼼짝도 못하는 차량 행렬의 저쪽 끝, 교량 입구에서 경찰차의 파란 등이 선명하게 반짝인다. 경찰관들이 병목에서 교통을 통제하는 모양이다. 그들은 은행강도 사건과 범인들이 탄 차량의 특징을 알 것이 뻔하다.

"차 돌려!"

해리가 숨을 헐떡이며 말한다.

"당장 돌려!"

해리가 한 번 더 소리를 빽 지른다.

"농담하냐? 여기에서 어떻게 돌려?"

그제서야 마니가 답답하다는 듯이 마지못해 대꾸한다. 중앙선 너머의 차들도 움직이지 못하는 상황이다.

"내가 차를 돌리면, 이 많은 차가 경적을 울려서 지상 최대의 소음이 발생할 거다."

"그럼 나 지금 오줌 누러 갈게."

해리가 말한다.

"너 미쳤냐? 정신 차리고 우리가 살 길을 궁리해보자."

"오줌 누러 가는 게 살 길이야."

마니가 당장이라도 해리를 잡아먹을 듯한 표정을 짓는다. 해리가 선수를 친다.

"돈을 버려야 해. 가면도. 총도 버려야 하고."

마니가 말없이 땀을 흘린다. 해리가 말을 잇는다.

"그러면 경찰이 우리를 체포할 명분이 이 차밖에 없잖아. 운이 좋아서 이 차가 아직 도난신고가 안 되어 있으면, 경찰은 우릴 막지 않을 거야. 또 막더라도, 네 면허증을 보여주면 그만이고. 그렇게 멍한 표정 짓지 마! 도로 정체보다 머릿속 정체가 더 위험해."

"뭐라고? 돈을 버리자고? 모든 것을 헛수고로 만들자고?"

마니가 몹시 흥분하여 외친다. 해리가 뒷좌석으로 손을 뻗어서 돈다발 하나를 친구의 손에 쥐어준다.

"네 손가방에 들어갈 거야. 나도 조금 챙길게."

교량 입구를 몇 백 미터 앞두고 해리가 비닐봉지 두 개를 들고 차에서 내려 덤불 속으로 들어갔다가 2분 후에 봉지 없이 돌아와 차에 탄다. 두 친구가 경찰관들 앞에 도달하려면 아직 앞 차량 26대가 통과해야 한다.

"알겠어."

이제 한결 여유로워진 표정으로 마니가 말을 잇는다.

"며칠 뒤에 이 아름다운 쥐트하이데Südheide 자연공원에 다시 오자고. 살다보니 참 별일도 다 있구나. 내가 너와 함께 오줌 누러 갈 날을 기대하게 될 줄이야."

교통이 가장 원활할 때

이 이야기에서 은행강도 마니는 속도광들이 자신들의 과속 주행을 정당화하기 위해 내놓는 주장들을 거의 다 제시한다(하지만 한 가지 점에서는 마니가 옳다. 병목에서는 모든 차선을 최대한 이용하고 마지막 순간에 차선을 바꿔야 한다. 이것은 교통흐름에 좋을 뿐 아니라 실제로 교통법규에도 나오는 지침이다).

특히 두 가지 속설을 검토해보자. 첫째, 차들이 빨리 달리면 달릴수록 도로의 용량이 증가한다는 속설. 둘째, 도로를 신설하면 정체가 줄어들어서 사람들이 더 빨리 목적지에 도달할 수 있다는 속설. 이 두 속설은 옳지 않다. 적어도 일반적으로 옳지는 않다.

최근 들어 '정체의 수학'을 전문으로 연구하는 수학자들이 몇 명 등장했다. 그 수학은 대개 시뮬레이션을 통해 연구된다. 연구자들은 수천 대의 가상 자동차들이 특정 규칙들에 따라 달리는 상황을 컴퓨터를 이용하여 흉내 내고 그 상황에서 어떤 일이 벌어지는지 관찰한다. 이런 식으로 그들은 예컨대 위의 이야기에서 언급된 '이유 없는 정체'를 설명하는 데 성공했다. 이유 없는 정체는 차들이 행렬을 이룬 상황에서 운전자들이 마니처럼 행동하면 발생한다. 원하는 속도보다 느리게 전진하는 것을 받아들이지 못하는 운전자들은 어떤 식으로든 빨리 가려고 애쓴다. 그들은 차선을 바꾸고, 앞차에 바싹 붙고, 때로는 어쩔 수 없이 급정차한다(또는 다른 차가 급정차하도록 만든다). 급정차는 차량 행렬을 따라 뒤로 전달된다. 왜냐하면 뒤 차량은 최소한 앞 차량만큼 급하게 브레이크를 밟아야 하기 때문이다. 따라서 급정차 효과는 증폭되고, 결국 어딘가에서는 차량들이 멈춰 서게 된다. 그리하여 정체가 발생하지만, 그 정체를 유발한 운전자는 자기 행동의 결과를 전혀 모른다.

컴퓨터 시뮬레이션 외에 몇 가지 간단한 기본 공식도 교통흐름을 연구하는 데 쓰인다. 그 공식들을 이용하면, 차들이 더 빨리 달려도 도로 용량은 늘어나지 않음을 정말 간단하게 보여줄 수 있다.

우선 몇 가지 간단한 개념들을 설명할 필요가 있다. 교통흐름 traffic stream이란 도로의 특정 지점에서 단위시간 동안 한 차선으로 지나가는 차량의 대수를 뜻한다. 정체란 교통흐름이 0인 상태이다. 교통흐름은 최대 얼마까지 증가할 수 있을까? 혹시 무한정 증가할 수도 있을까?

고속도로가 이미 꽉 차서 모든 차가 동일한 속도 v로 행렬을 이뤄 달리는 상황을 생각해보자. 이 상황에서 차들 사이의 평균 간격 d와 차의 평균 길이 ℓ을 추가로 알면, 교통흐름을 계산할 수 있다. 차량 한 대가 특정 지점을 통과하고 다음 차량이 그 지점에 도달할 때까지 걸리는 시간은 아래와 같다(이때 d와 ℓ의 단위는 미터, t의 단위는 초이다).

$$t = \frac{d+\ell}{v}$$

교통흐름의 단위는 시간당 자동차 대수이므로, 한 시간(3600초)을 t로 나누면 교통흐름 F를 얻을 수 있다.

$$F = \frac{3600}{t} = 3600 \times \frac{v}{d+\ell}$$

속도광들은 이런 주장을 한다. 자동차의 길이를 바꿀 수는 없다. 교통흐름을 최대한 증가시키려면, v를 최대한 늘리고 d를 최대한 줄여야 한다. 요컨대 다들 앞차에 바싹 붙어서 쏜살같이 달려야 한다. 이 주장의 바탕에는 도로 위의 자동차들이 마치 긴 열차처럼 움직인다는 생각이 깔려 있다. 열차의 경우에는 이 주장이 타당하다. 열차가 빠르게 움직일수록, 단위시간에 특정 지점을 통과하는 차량의 수는 증가한다. 그러나 고속도로 위의 자동차들은 그렇지 않다. 적어도 인간이 운전하는 자동차들에 대해서는 속도광들의 주장이 타당하지 않다. 간과하기 쉬운 함정은 d가 일정하지 않다는 점이다. 안하무인의 속도광조차도 시속 180킬로미터로 달리면서 지속적으로 앞차의 범퍼에 자기 차를 바싹 붙일 수는 없다. 속도가 높아지면 자동적으로 앞차와의 거리가 증가하기 마련이다. 이렇게 d가 유동적이라는 사실 때문에 상황은 전혀 달라진다.

하지만 우리는 일단 매우 신중한 전제를 출발점으로 삼기로 하자. 운전자는 앞차와의 거리를 이른바 정지거리에 맞게 조절해야 한다. 쉽게 말해서 운전자는 앞차가 갑자기 벽으로 돌변하더라도 거기에 부딪히지 않고 정지할 수 있을 만큼 거리를 두어야 한다.

운전 교습 학원에서 배울 수 있듯이, 정지거리는 두 부분으로 이루어졌다. 한 부분은 운전자가 위험에 반응하는 데 걸리는 시간 동안 자동차가 제동되지 않고 이동하는 거리, 즉 공주거리이다. 운전자의 반응 시간은 대개 1초로 간주된다. 이 시간 동안에 자동차는 v미터 이동한다(우리는 자동차의 속도 v의 단위를 '미터 퍼 초'로 설정했으므로, 자동차가 속도 v로 1초 동안 이동하는 거리는 v미터이다).

정지거리의 둘째 부분은 제동거리이다. 제동거리는 당연히 다양한 조건들에 좌우된다. 자동차의 제동장치가 얼마나 좋은가, 운전자가 브레이크를 얼마나 세게 밟는가 등에 말이다. 하지만 여기에서는 이런 차이들을 무시할 것이다. 논의를 단순화하기 위해 우리는 운전자가 자동차를 $10m/s^2$만큼 감속할 수 있다고 전제할 것이다.

잠깐 보충 설명이 필요하다. 가속이나 감속의 정도는 '미터 퍼 초 제곱(초 제곱당 미터)' 단위로 측정된다. 이 대목에서도 많은 학생이 절망한다. 아무리 생각해봐도 '초 제곱'을 이해할 길이 없기 때문이다. 하지만 '미터 퍼 초 제곱'을 '미터 퍼 초 퍼 초(초당 초당 미터)'로 바꿔서 생각하면 이해하기가 더 쉬워진다. 그러면 더 분명하게 파악되듯이, $10m/s^2$만큼의 감속이란, 속도가 1초당 $10m/s$만큼 줄어든다는 뜻이다. 예컨대 $30m/s$로 달리는 자동차가 $10m/s^2$만큼 감속하면 정확히 3초 후에 정지하게 된다. 아래는 제동거리 s를 구하는 공식이다.

$$s = \frac{v^2}{2 \times a}$$

공식에서 v는 처음 속도, a는 가속도, 즉 이 예에서는 감속하는 정도이다. $a=10$이라면 다음이 성립한다.

$$s = \frac{v^2}{20}$$

앞차와의 안전거리가 공주거리에 제동거리를 더한 값과 같아야 한다면, 안전거리 d는 아래와 같다.

$$d = v + \frac{v^2}{20}$$

그러므로 교통흐름 F는 아래와 같다.

$$F = 3600 \times \frac{v}{d+\ell} = 3600 \times \frac{v}{v + \frac{v^2}{20} + \ell} = 3600 \times \frac{20v}{20v + v^2 + 20\ell}$$

자동차의 평균 길이를 5미터로 잡고 이 함수의 그래프를 그리면 다음과 같은 곡선이 나온다.

곡선의 모양에서 드러나듯이, 교통흐름은 꾸준히 증가하는 것이 아니라 극댓값에 도달한 다음에 감소한다. 그 극댓값을 알려면 극값 문제를 풀어야 하는데, 우리는 이미 '제14화 남자들의 꿈'에서 비슷한 문제를 풀어보았으므로, 여기에서는 풀이를 생략하겠다. 아무튼 풀이의 결과는 속도가 정확히 초속 10미터, 곧 시속 36킬로미

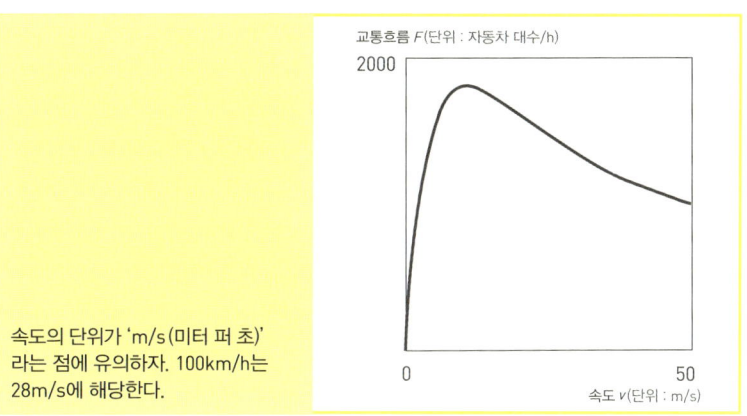

속도의 단위가 'm/s(미터 퍼 초)'라는 점에 유의하자. 100km/h는 28m/s에 해당한다.

터일 때 극댓값이 나온다는 것이다.

그러나 고속도로의 우측 차선에는 길이가 5미터를 넘는 화물차가 자주 몰려다닌다. 이를 감안하여 우측 차선에서 주행하는 자동차의 평균 길이를 15미터로 잡으면, 다음 페이지에서와 같은 다른 모양의 곡선을 얻을 수 있다.

아까보다 더 높은 속도인 약 초속 17미터, 즉 시속 61킬로미터에서 극댓값이 나온다. 요컨대 우측 차선의 최적 속도가 좌측 차선의 최적 속도보다 더 높다! 이야기 속에서 마니는 차들이 많으면 우측 차선이 더 빨리 진행한다고 말했는데, 어쩌면 이 같은 최적 속도의 차이 때문에 그런 것일 수도 있다.

그러나 우리의 전제들은 그리 현실적이지 않다. 안전거리 d를 구하는 공식에 v의 값으로 시속 100킬로미터, 즉 초속 28미터를 넣으면, 다음의 결과가 나온다.

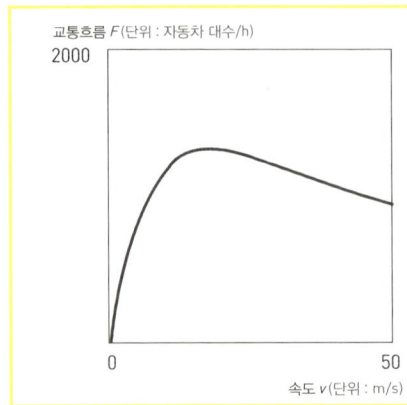

자동차의 평균 길이를 증가시킨 결과, 극댓값이 오른쪽으로 이동하면서 작아지고 곡선이 완만해졌다.

$$d = 28 + \frac{28^2}{20} = 28 + \frac{784}{20} = 67.2$$

시속 100킬로미터로 달릴 때 앞차와의 거리를 최소 67미터만큼 유지해야 한다는 말인데, 아무리 신중한 운전자라도 그렇게 운전하지는 않는다. 설령 그렇게 운전하더라도, 곧바로 다른 차가 끼어들어 거리를 좁혀놓을 것이 뻔하다.

사람들이 안전거리를 유지하지 않는 것은 앞차가 갑자기 벽으로 돌변하는 일은 없다는 사실과 관련이 있다. 앞차는 급제동을 하더라도 제동거리만큼 전진할 수밖에 없다. 모든 자동차의 제동 성능이 동일하다고 전제하면, 제동거리는 빼고 공주거리만 고려해서 안전거리를 정하는 것이 타당하다. 만전을 기하기 위해 운전자의 반응시간을 2초로 잡자. 그러면 자동차가 2초 동안 이동하는 거리만큼을 안전거리로 확보해야 할 것이다. 이 '2초 규칙'의 준수 여부는 운전자 자신이 쉽게 확인할 수 있다. 앞차가 특별한 지점—예컨대 교량의 입구—을 통과하면, 그 순간부터 초를 세어라. 2초를 센 다음에 당신이 그 지점에 도달한다면, 당신은 안전거리를 잘 지키고 있는 것이다. 2초 규칙에 따른 안전거리는 $2v$이며, 교통흐름 F는 아래와 같다.

$$F = 3600 \times \frac{v}{d+\ell} = 3600 \times \frac{v}{2v+\ell}$$

함수의 식이 더 간단해졌다! $\ell = 5$라면, 함수의 그래프는 아래와 같다. 이 곡선에는 극댓값이 없다. 곡선은 계속 상승한다. 그러나 곡선의 기울기는 점점 줄어든다. 이 같은 특징을 직관적으로 이해하기 위해 다음과 같이 생각해보자. ℓ의 값은 일정하다. 우리의 예에서 그 값은 5이다. 반면에 속도 v는 계속 커질 수 있다. v가 커지면 커질수록, ℓ은 v에 비해 미미해진다. v가 아주 크다면, 우리는 ℓ을

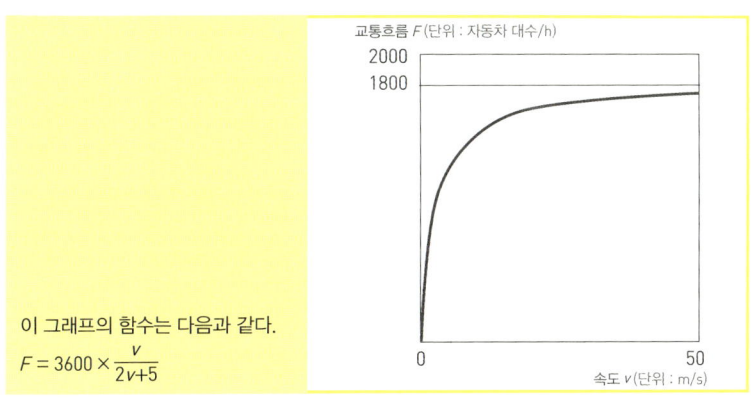

이 그래프의 함수는 다음과 같다.
$F = 3600 \times \frac{v}{2v+5}$

제16화 모든 것이 흘러간다?

무시하고 앞의 함수식을 아래처럼 고칠 수 있다.

$$F = 3600 \times \frac{v}{2v} = 1800$$

요컨대 자동차들이 광속으로 달린다 하더라도, 2초 규칙을 준수할 경우의 교통흐름은 시간당 1800대를 넘지 못한다(여담이지만, F를 구하는 공식에서 ℓ을 그냥 없애버리는 것은 수학자들이 자주 하는 어림셈의 전형적인 예이다. 엄밀히 계산하려면, v가 무한대로 갈 때 F의 극한값을 따져봐야 할 텐데, 결국 결과는 동일하다)!

더군다나 현실에서는 자동차들의 속도가 빠르면 교통이 일정하게 흐르지 못한다. 운전자들은 신경을 곤두세우고, 누군가는 급브레이크를 밟기 마련인데, 그러면 일정한 흐름이 깨져서 이론적으로 가능한 교통흐름이 실현되지 못한다. 측정 결과들을 보면, 고속도로의 용량은 자동차들의 속도가 시속 80킬로미터에서 시속 90킬로미터일 때 최대가 된다. 그럴 때는 시간당 2600대라는 최고의 교통흐름까지 실현될 수 있다. 이 교통흐름에서 자동차들 사이의 간격은 일반적인 안전거리 규칙에 따르면 너무 좁지만, 그럼에도 위험한 상황은 발생하지 않는다. 한마디 덧붙이자면, 최고 교통흐름은 독일에서보다 미국에서 훨씬 더 잘 도달된다. 미국인들은 수십 년 전부터 엄격한 속도 제한이 몸에 배었고 일반적으로 운전 태도가 느긋하기 때문이다. 게다가 우측 차선 통행에 관한 엄격한 규칙이 없고 좌측 차선에서보다 우측 차선에서 더 빠르게 달려도 된다는 점 역시 잦은 차선 변경을 억제함으로써 교통흐름을 촉진한다.

부담 완화?

독일 수학자 디트리히 브래스Dietrich Braess는 1968년에 도로 신설이 반드시 교통 부담 완화와 모든 사람의 시간 절약을 가져오는 것은 아님을 보여주었다. 도로가 신설되면 사람들이 더 많은 자동차를 사서 도로 신설 효과가 상쇄된다는 식의 이야기가 아니다. 교통량이 늘어나지 않더라도, 우회도로 신설로 정체가 더 심해질 수 있다.

어떻게 그럴 수 있을까? 이 대목에서 우리는 게임이론의 영역에 발을 들이게 된다. 사람들은 자신의 손익과 타인들의 손익을 비교하면서 신중하게 결정을 내려야 한다. 한 지점에서 다른 지점까지 가는 여러 경로 가운데 하나를 선택해야 하는 것이다.

훔멜스하임과 빈슈타트 사이에는 강이 흐른다. 두 소도시 사이의 교통은 혼잡하다. 수많은 훔멜스하임 주민이 아침에 빈슈타트로 출근했다가 저녁에 돌아간다. 아침이면 교통흐름이 시간당 1000대에 달한다.

운전자들의 선택지는 두 가지이다. 먼저 다리 a를 건넌 다음에 자동차 전용도로 b를 이용하는 방법 또는 먼저 자동차 전용도로 c를 이용한 다음에 다리 d로 강을 건너는 방법이 있다.

그런데 어느 경로를 선택하든지 이미 어느 정도 낡은 두 다리에서 항상 정체가 발생한다. 자동차 전용도로들은 교통량을 잘 소화해내므로 그 구간들 각각을 지나는 데 15분이 걸리는 반면, 다리들

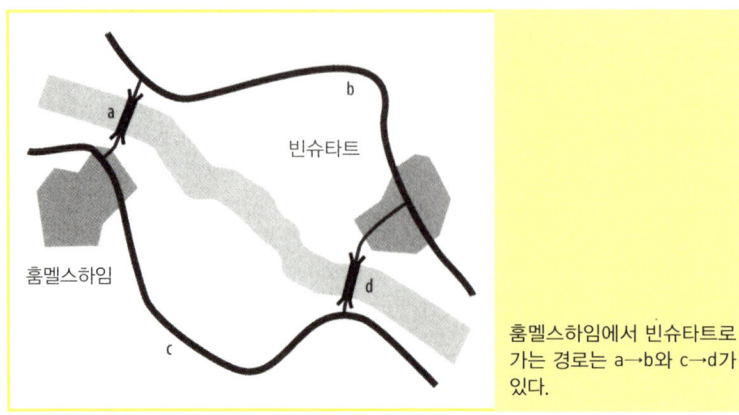

훔멜스하임에서 빈슈타트로 가는 경로는 a→b와 c→d가 있다.

에서는 교통이 늘 마비된다. 경험을 통해서 다음 사실이 확인되었다. 다리를 건너려는 자동차가 시간당 x대라면, 자동차 각각이 다리를 건너는 데 걸리는 시간은 $\frac{x}{100}$ 분이다(이 공식은 교통흐름이 시간당 100대를 넘는 경우에 적용된다. 교통흐름이 시간당 100대를 밑돌면, 다리를 건너는 데 걸리는 시간은 항상 1분이다).

그러므로 운전자 1000명 모두가 a와 b를 거치는 경로를 선택한다면, 그들은 a구간을 10분에 통과하고 b구간을 15분에 통과할 것이므로, 전체 소요시간은 25분일 것이다.

그러나 운전자들은 지리를 잘 알고(똑같은 출근길을 자주 다녔기 때문에 이동시간을 예측할 수 있고) 이기적이다. 그들은 되도록 빨리 목적지에 도달하고자 한다. 다른 경로로 가는 것이 더 빠르다는 판단이 서면, 운전자는 곧바로 경로를 바꿀 것이다.

이 상황에서 모든 운전자가 출근 시간을 최소화할 수 있는 그런 평형상태가 존재할까? 이 문제를 두 개의 방정식으로 표현할 수 있다.

총 교통흐름, 즉 시간당 자동차 대수는 1000이다. 운전자 x명이 a와 b를 거치고, y명이 c와 d를 거친다면, 다음과 같은 방정식이 성립한다.

$$x + y = 1000 \quad (1)$$

어느 경로를 거치든지, 이동시간은 같다. 그렇지 않다면, 곧바로 일부 운전자들이 경로를 바꾸어 결국 양쪽 경로를 통한 이동시간이 같아질 것이다. 그러므로 아래 방정식이 성립한다.

$$\frac{x}{100} + 15 = \frac{y}{100} + 15 \quad (2)$$

방정식 (1)과 (2)는 '이원일차연립방정식'을 이룬다. 이름만 보면 참 거창한 문제 같지만, 이 경우에는 복잡한 해법을 동원하지 않고도 쉽게 풀 수 있다. 방정식 (2)에서 x와 y가 같음을 곧바로 알 수 있고, 따라서 방정식 (1)에 의해 x와 y가 500이어야 함을 알 수 있다. 그리 놀라운 결과는 아니다. 운전자들이 두 경로로 절반씩 분산될 때, 모든 사람의 출근 시간이 최소가 된다는 것이니까 말이다. 이때 이동시간은 다음과 같다.

$$\frac{500}{100} + 15 = 20$$

    이 평형상태는 오랫동안 유지된다. 일부 운전자는 습관적으로 a→b 경로를 이용하고, 다른 운전자는 c→d 경로를 이용한다. 물론 경로를 바꾸는 운전자들도 있지만, 결국 평형상태가 다시 회복된다. 그런데 이 강변 지역에 개발의 손길이 닿는다. 두 도시가 국가 고속도로망에 편입된다. 당국은 건설비를 절감하기 위해 인터체인지를 두 곳 설치하는 대신에 공통 인터체인지 훔멜스하임-빈슈타트 한 곳을 설치한다. 강북에는 고속도로로 들어서는 진입로만 있고, 강남에는 고속도로에서 나오는 진출로만 있다.

    훔멜스하임에서 빈슈타트로 출근하는 사람들 중 일부는 곧바로 고속도로를 이용해서 출근 시간을 줄일 수 있을지 따져본다. 고속도로를 이용해서 출근하려면 강을 세 번 건널 수밖에 없다. 우선 다리 a를 건너고, 고속도로 구간 e를 지나고, 마지막으로 다리 d를 건너 빈슈타트에 진입해야 한다. 그럼에도 이 경로는 매력적이다. 왜냐하면 고속도로 구간을 지나는 데 겨우 7.5분이 걸리기 때문이다. 만일 다리 각각을 건너는 시간이 지금까지와 다름없이 5분이라면, 고속도로를 거치는 경로를 선택한 사람은 지금까지보다 더 빨리 출근할 수 있다. 총 이동시간이 17.5분으로 단축되니까 말이다.

    가장 먼저 고속도로 경로를 선택한 사람들은 실제로도 시간을 절약한다. 그리하여 점점 더 많은 운전자가 새 경로를 선택하고, 머지않아 출근자들은 각자의 출근 경로에 따라 세 집단으로 나뉜다.

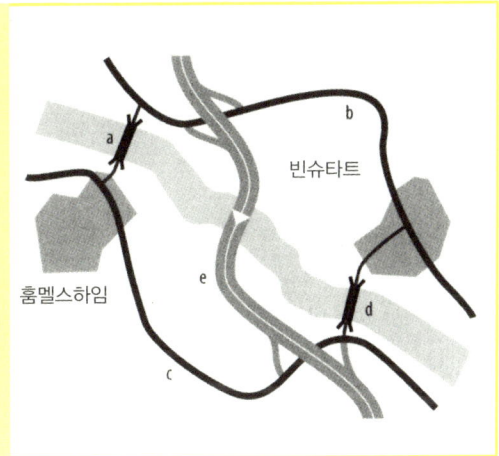

고속도로 e가 신설되면 훔멜스하임에서 빈슈타트로 갈 수 있는 경로 a→e→d가 추가되고, 곧 이동시간에 영향을 미친다.

그런데 사람들이 식당에서 잡담을 하는 중에 다음 사실이 드러난다. 경로가 셋으로 늘어난 뒤에 새로운 평형상태가 만들어졌다. 다시 말해 어느 경로를 선택하든지 이동시간은 동일해졌다. 그런데 모든 사람의 이동시간이 과거보다 더 길어졌다! 이 역설적인 결과를 이해하려면 미지수가 세 개 등장하는 방정식들을 다뤄야 한다. 기존의 x와 y 외에 a→e→d 경로를 선택한 사람의 수를 뜻하는 z를 새로운 미지수로 추가해야 한다.

방정식들도 조금 더 복잡해진다. 우선 모든 미지수의 합은 전과 다름없이 1000이다.

$$x + y + z = 1000 \quad (1)$$

반면에 이동시간을 계산하는 방법은 약간 달라진다. 이제 기존의 a→b 경로 선택자 x명뿐 아니라 새 경로 선택자 z명도 다리 a를 건넌다. 마찬가지로 다리 d를 건너는 사람은 총 $y+z$명이다. 그리고 어느 경로를 선택하든지 이동시간은 같아야 한다. 따라서 아래 방정식이 성립한다.

$$\frac{x+z}{100} + 15 = \frac{y+z}{100} + 15 = \frac{x+z}{100} + \frac{y+z}{100} + 7.5$$

마지막 등호 우측의 식은 다리를 두 번 건너는 새로운 경로를 선택한 사람의 이동시간을 뜻한다.

미지수 세 개를 알아내려면 방정식이 세 개 필요한데, 우리는 이미 방정식 세 개를 얻었다. 왜냐하면 바로 위의 방정식이 다음의 방정식 두 개를 축약한 것과 같기 때문이다.

$$\frac{x+z}{100} + 15 = \frac{y+z}{100} + 15 \quad (2)$$

$$\frac{x+z}{100} + 15 = \frac{x+z}{100} + \frac{y+z}{100} + 7.5 \quad (3)$$

방정식 (1), (2), (3)은 함께 삼원일차연립방정식을 이룬다. 학교에서는 이런 방정식의 해법을 몇 가지 가르치지만, 여기에서 우리는 언제든 써먹을 수 있는 다음과 같은 해법을 적용할 것이다. 방정식 하나를 하나의 미지수에 대해서 풀고, 그 결과를 다른 방정식에 대입하는 방식으로 미지수들을 차례로 제거하여 결국 미지수가 하나 등장하는 방정식 하나만 남게 만들어라.

우선 방정식 (2)와 (3)을 아주 간단하게 정리하자. 방정식 (2)의 핵심은, 기존의 두 경로가 처한 조건이 같다는 것, 따라서 그 두 경로를 선택하는 사람의 수가 같다는 것이다.

$x = y$ (4)

방정식 (3)은, 양변에서 x가 포함된 항을 뺌으로써 아래와 같이 정리할 수 있다.

$15 = \dfrac{y+z}{100} + 7.5$

좀 더 정리하면 다음과 같다.

$y + z = 750$ (5)

이제 방정식 세 개로 이루어진 삼원일차연립방정식 전체를 다시 써보자.

$x + y + z = 1000$ (1)
$x = y$ (4)

$y + z = 750$ (5)

암산으로도 풀 수 있을 만큼 쉽다. 방정식 (5)에는 이미 x가 없으므로, 방정식 (1), (4)에서 x를 제거하기로 하자. (4)에 따라서 x와 y는 같으므로, (1)에 있는 x를 y로 바꾸어 아래 결과를 얻을 수 있다.

$2y + z = 1000$ (1) (4)

이제 방정식 2개와 미지수 2개만 남았다. 방정식들을 z에 대해서 풀면, 아래와 같다.

$z = 1000 - 2y$ (1) (4)
$z = 750 - y$ (5)

이제 z도 제거할 수 있다. 그러면 미지수 y가 등장하는 방정식 하나만 남는데, 원래의 세 방정식에서 나온 정보가 모두 들어 있는 그 방정식은 아래와 같다.

$1000 - 2y = 750 - y$ (1) (4) (5)

양변에 $2y$를 더하고 750을 빼면, 다음의 결과가 나온다.

$y = 250$

그렇다면 x는 250, z는 500임을 금세 알 수 있다.

요컨대 고속도로가 생긴 결과로 전체 운전자의 절반이 더 빠를 듯한 새 경로로 옮겨간다. 그리하여 통행량은 세 경로로 균등하게 분산된다. 따라서 이동시간은 단축될 듯한데, 과연 그럴까? 세 경로의 이동시간은 동일하며 원래의 방정식 (3)에서 계산할 수 있다. 어느 변을 계산하든지 마찬가지이지만, 편의상 좌변을 계산해보자.

$$\frac{x+z}{100} + 15 = \frac{750}{100} + 15 = 7.5 + 15 = 22.5$$

이럴 수가! 어느 경로를 택하든 이동시간은 22.5분으로, 우회도로가 신설되기 이전보다 2.5분 더 길다.

이 역설적인 상황을 어떻게 개선할 수 있을까? 가장 합리적인 길은 고속도로 경로로 옮겨간 운전자 500명이 선택을 철회하고 다시 과거의 경로로 복귀하는 것일 터이다. 그러면 모든 사람의 이동시간이 다시 20분으로 줄어들 테니까 말이다. 그러나 500명이 집단적으로 복귀 결정을 내리는 것은 이 예에서 허용되지 않는다. 오직 개인만 결정할 수 있다. 그런데 운전자 한 명이 과거 경로로 복귀하면, 그의 이동시간은 단축되지 않는다. 따라서 '이기적인' 관점에서 볼 때 고속도로 경로를 버릴 이유는 존재하지 않고, 이 역설적인 상황은 안정적이다.

'브래스 역설Braess's paradox'이라고 불리는 이 상황은 일개 수학자가 꾸며낸 이야기가 아니다. 이 역설은 훌륭한 우회경로가 있지만 그 경로에 접근하려면 병목을 통과해야 하는 경우에 발생한다. 예컨대 슈투트가르트 시 당국은 1969년에 큰 비용을 들여 슐로스플라츠 주위의 도로망을 재편했는데, 그 결과로 정체가 더 심해졌다. 뉴욕 시민들은 정반대의 효과를 체험했다. 1990년에 뉴욕 시의 42번 도로가 일시적으로 폐쇄되었는데, 그 결과로 인근 지역의 정체가 줄어들었다. 오늘날의 도로 건설 기술자들은 브래스 역설을 잘 안다. 그들은 우회도로 건설에 앞서 수학 기법들을 동원하여 교통흐름을 시뮬레이션한다.

 클로즈업 수학 Q

아이는 엄마보다 21세 어리다. 6년이 지나면 엄마의 나이는 아이의 나이의 5배가 될 것이다. 아빠는 지금 어디에 있을까?

제17화 원과 면적이 같은 정사각형 만들기

법으로 정한 진리

클래런스 아비아사 왈도Clarence Abiathar Waldo 교수의 길었던 하루가 저문다. 인디애나폴리스의 수학자이며 30대 중반으로 대학교수치고는 아직 젊은 그는 이른 아침부터 미국 인디애나 주의 공무원들과 대화를 나눴다. 그의 일터이며 라피엣에 위치한 명문 퍼듀대학교의 연간 예산에 관한 대화였다.

때는 1897년 2월 5일이다. 왈도는 귀가하려고 주 의회 의사당을 떠나려는 참에 닫힌 회의장 문 너머에서 의원들이 활발하게 토론하는 소리를 듣는다. '원과 면적이 같은 정사각형 만들기', '수학적인 수수께끼', '컴퍼스와 자' 따위의 핵심 문구들이 왈도의 귀를 파고든다. 왈도는 피로를 잊고 회의장에 들어가 방청석에 앉는다. 연단에 선 의원이 말한다.

"상황은 간단합니다. 새롭고 올바른 π 값을 확정하는 이 법안을 우리가 통과시키면, 저자는 우리에게 자신의 발견을 무료로 이용하게 하고 우리의 교과서들에 출판할 수 있는 권리를 줄 것입니다. 반면에 다른 모든 이용자들은 저자에게 저작권료를 지불해야만 이용권을 얻을 수 있습니다."

새로운 π 값? 왈도는 당혹스럽다. 원의 지름과 둘레 사이의 비율인 원주율 π의 값은 이미 고대에 알려졌다. 더군다나 지금은 소수점 아래 30여 자리까지 계산되었다. 누가 그다음 자리들을 계산했나? 하지만 π 값을 법으로 정하는 것은 이상하다. 수학 지식을 사용하기 위해 저작권료를 지불한다고? 왈도로서는 금시초문이다.

왈도가 상황을 파악하기도 전에 투표가 이루어진다. 새 법안은 찬성 67표 대 반성 0표로 통과된다. 곧이어 정회가 선언되고 의원들이 로비로 쏟아져나온다. 왈도는 그 기회를 이용하여 정보 수집에 나선다. 새 법안을 제출한 테일러 레코드 의원은 농부이자 벌목업자이다. 그는 그 법안의 내용에 대해서 아무것도 모른다고 흔쾌히 인정한다. 그러나 그의 선거구에 속한 소도시 솔리튜드의 의사 에드윈 J. 굿윈이 그에게 확언하기를, 자신이 획기적인 발견을 했고 그 발견을 무료로 이용할 기회를 이번 한 번만 인디애나 주에 제공하는데, 그 기회를 잡으려면 "그 발견이 진리임을 법으로 영원히 확정해야 한다"고 했다.

왈도는 법안을 살펴보았다. 전문용어들이 수두룩했지만, 수학자인 그에게는 대수롭지 않았다. 내용은 원과 면적이 같은 정사각형 만들기, 각을 삼등분하기, 원래 정육면체보다 부피가 두 배 큰 정육면체 만들기이다. 풀 수 없는 수학 문제의 고전적인 예들인 것이다.

원과 면적이 같은 정사각형 만들기와 관련해서는 이미 15년 전에 독일 수학자 카를 루이스 페르디난트 폰 린데만Carl Louis Ferdinand von Lindermann이 그 과제를 컴퍼스와 자로 해결하는 것은 불가능함을 증명했다. 그 이유는 원주율 π가 무리수일 뿐 아니라 초월수이기 때문이다(320쪽 부록2 참조). 왈도의 연구실에는 불가능한 것을 가능하게 만들 수 있다고 믿는 굿윈 같은 괴짜들이 보낸 편지가 몇 통 놓여 있다. 그러나 자신의 발견을 법으로 확정하려고 할 정도로 뻔뻔스러운 사람은 굿윈이 처음이다.

법안의 조항들에 허점과 모순이 있다. 또 핵심 문장은 이러하다. "(원의) 지름과 둘레 사이의 비율은 $\frac{5}{4}$ 대 4이다." 그러니까 π는 4 나누기 $\frac{5}{4}$, 즉 $\frac{16}{5}$ = 3.2라는 것이다!

이런 헛소리가 의회의 여러 위원회들을 무사히 통과했던 것으로 보인다. 일간지 〈인디애나폴리스 센티넬〉은 '역사를 통틀어 인디애나 주에서 통과된 가장 기이한 법안'이라고 보도했다. 레코드 의원이 그를 향해 달려올 때, 왈도는 '촌뜨기, 천하의 촌뜨기'라고 속으로 중얼거린다.

"이 굿윈이라는 사람이 천재예요. 게다가 아주 대범하지요. 당신이 원한다면 내가 굿윈을 소개해 드릴 수 있습니다. 틀림없이 그는 자기가 아는 것을 당신에게 설명해줄 겁니다."

의원이 기쁨에 넘쳐 외친다.

"고맙지만, 됐습니다."

왈도가 냉랭하게 대꾸한다.

"나는 그런 정신 나간 사람들을 벌써 많이 압니다."

주위 사람들이 왈도의 말을 들었다. 그들은 수학교수의 의견을 듣고 싶어한다. 왈도는 한숨을 한 번 내쉬고, 자신이 나서지 않으면 어쩔 수 없다는 듯 말한다.

"여러분은 앞으로 100년 동안 과학계의 조롱거리가 될 위험에 처했습니다. 다행히 상원의 의결이 남았지요. 내가 오늘 저녁에 조촐한 기하학 강의를 열어서 여러분에게 이 법안이 얼마나 엉터리인지 설명해드리겠습니다."

민의의 대변인들이 놀라서 침묵한다. 얼마 후 정말로 어느 의원실에 몇 사람이 모여서 왈도에게서 원과 면적이 같은 정사각형 만들기의 불가능성과 π가 무리수라는 것을 배운다.

며칠 뒤, 훗날 '파이 법안Pi Bill'이라고 명명된(그러나 '파이'라는 단어는 그 법안에 한 번도 나오지 않는다) 법안이 상원 의회에 상정된다. 겨우 일주일이 지났지만, 분위기는 이미 정반대이다. 이튿날 〈인디애나폴리스 뉴스〉는 이렇게 보도한다. "상원의원들은 법안을 비웃고 조롱했다. 30분 동안 농담과 웃음이 지속되었다. 허벨 의원은 하루에 국비 250달러를 쓰는 상원이 이런 헛소리를 다루느라 시간을 낭비한다고 비난했다." 〈인디애나폴리스 센티넬〉은 이렇게 비꼬았다. "이런 식이라면 상원이 법을 통해 물에게 산꼭대기로 흐르라고 명령할 수도 있을 것 같다."

그 후 지금까지 굿윈의 헛소리는 수학적 논의의 대상이 되어본 적이 없다. 또 그런 문제를 법으로 해결할 수는 없다는 것이 보편적인 견해로 자리 잡았다. 허벨 의원은 파이 법안에 대한 표결을 무기한 연기할 것을 제안했고, 그 법안은 서랍 속으로 들어가 영영 잠들었다.

가장 유명한 무리수

그러나 이 세상에는 여전히 굿윈과 같은 사람들이 있다. 오늘도 어설픈 그림들이 포함된 수백 쪽짜리 논문을 통해 원과 면적이 같은 정사각형을 만들었다고 주장하는 인물들이 있다. 그것이 불가능하다는 것은 이미 오래전에 이론적으로 증명되었는데도 말이다.

'컴퍼스와 자를 이용한 작도'라는 이 고전적인 과제는, 오로지 직선 긋기, 원 그리기, 컴퍼스로 크기 재기(자에는 눈금이 없다)만 허용된 상태에서 도형을 그리는 것을 의미한다. 이 과제를 대수학의 언어로 번역하면, 덧셈과 곱셈, 역수 구하기와 제곱근 구하기만 구할 수 있는 상태에서 계산을 하는 것과 같다. 그런데 원의 둘레와 지름 사이의 비율 π는 무리수일 뿐 아니라 이른바 초월수이다. 다시 말해 π는 자연수들과 그것들의 거듭제곱근만 등장하는 '대수방정식'의 해가 될 수 없다. 예컨대 2의 제곱근은 π와 마찬가지로 소수점 아래에 무한히 많은 숫자가 반복 없이 이어지지만 방정식 $x^2 = 2$의 해이므로 π와 달리 초월수가 아니다.

π를 해로 가진 방정식이 없다면, 어떻게 π를 계산할 수 있을

까? 오랜 옛날에는 최대한 정확하게 원을 그리고 그 지름과 둘레를 재는 것이 π를 알아내는 유일한 방법이었다. 이미 고대 이집트인과 바빌로니아인도 π의 유리수 근삿값 $\frac{25}{8}$ 나 $\frac{256}{81}$ 을 알았다.

π의 값을 처음으로 체계적으로 계산한 인물은 아르키메데스 Archimedes이다. 그는 다음과 같은 사실을 깨달았다. 원에 내접하는 정다각형과 외접하는 정다각형을 그리면서 정다각형들의 각의 개수를 점점 늘려 가면, 안쪽의 정다각형과 바깥쪽의 정다각형 사이의 차이가 점점 줄어들어서, 결국 두 정다각형의 둘레의 평균값이 원의 둘레에 점점 접근할 수밖에 없다. 아래 그림에서 보듯이, 정다각형의 각의 개수가 늘어나면, 회색 '오차 구역'은 줄어든다.

그러나 이 방법은 그리 간단하지 않다. 이른바 정다각형들의 대부분은 대응하는 대수식을 가지고 있지 않아서, 사인과 코사인을 이용해야만 그 둘레를 구할 수 있기 때문이다.

그러나 아르키메데스도 알았듯이, 정n각형의 둘레를 안다면,

π를 계산하는 가장 간단한 방법은 n을 최대한 늘려서 정n각형의 둘레를 계산하는 것이다.

정2n각형의 둘레를 비교적 쉽게 계산할 수 있다. 이 계산을 위해서는 피타고라스 정리만 조금 이용하면 된다.

반지름이 1이고 둘레가 2π인 원을 생각해보자. 이 원에 내접하는 정n각형의 변의 길이와 둘레는 이미 알려졌다고 치자. 이제 정n각형의 각 변에 대응하는 중심각을 이등분하면, 새로운 정2n각형을 만들 수 있다.

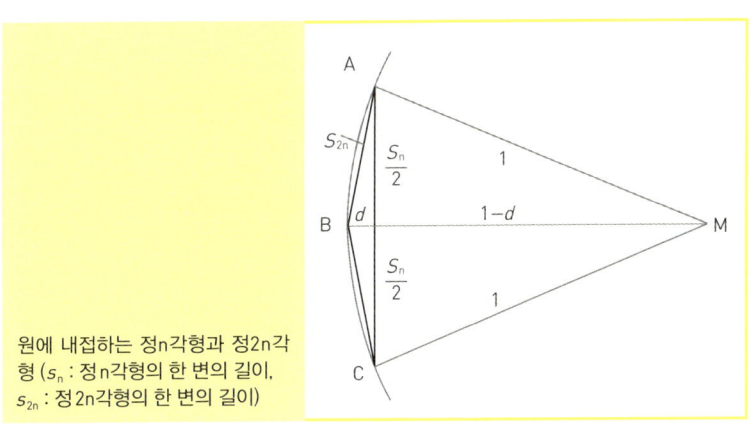

원에 내접하는 정n각형과 정2n각형 (s_n: 정n각형의 한 변의 길이, s_{2n}: 정2n각형의 한 변의 길이)

가오리연을 연상시키는 사각형의 내부에서 반지름 MB와 선분 AC가 직각으로 만난다. 우리가 알아내려는 변의 길이는 s_{2n}이다. 이 변은 작은 직각삼각형의 빗변이므로, 피타고라스 정리에 따라 다음 등식이 성립한다.

$$s_{2n}^2 = \left(\frac{s_n}{2}\right)^2 + d^2$$

S_n은 이미 알려졌다. 하지만 d는 얼마일까? d는 큰 직각삼각형에서 $1-d$의 형태로 등장한다. 그 직각삼각형의 나머지 두 변은 이미 알려졌다. 따라서 아래 등식이 성립한다.

$$1^2 = (1-d)^2 + \left(\frac{S_n}{2}\right)^2$$

곱셈을 하고 정리하면 아래와 같다.

$$d^2 - 2d + \frac{S_n^2}{4} = 0$$

이 방정식을 근의 공식(319쪽 참조)을 써서 d에 대해서 풀면 아래의 결과가 나온다.

$$d_{1,2} = 1 \pm \sqrt{1 - \frac{S_n^2}{4}}$$

방정식의 해가 두 개 있지만, 우리에게는 음의 부호가 붙은 해만 유의미하다. 왜냐하면 d는 1보다 작아야 하기 때문이다. 이제 더 복잡한 공식이 나올 텐데, 포기하지 말고 힘을 내자. S_{2n}을 구하는 공식을 다시 보면, 거기에 d^2이 등장한다. 지금 얻은 해를 d로 놓고 d^2을 계산해보자.

$$d^2 = \left(1 - \sqrt{1 - \frac{S_n^2}{4}}\right)^2 = 1 - 2 \times \sqrt{1 - \frac{S_n^2}{4}} + 1 - \frac{S_n^2}{4}$$

$$= 2 - 2 \times \sqrt{1 - \frac{S_n^2}{4}} - \frac{S_n^2}{4}$$

이 결과를 앞에서 나온 S_{2n}^2을 구하는 공식에 집어넣으면 고맙게도 간단한 공식이 나온다.

$$S_{2n}^2 = \frac{S_n^2}{4} + d^2 = \frac{S_n^2}{4} + 2 - 2 \times \sqrt{1 - \frac{S_n^2}{4}} - \frac{S_n^2}{4}$$

$$= 2 - 2 \times \sqrt{1 - \frac{S_n^2}{4}} = 2 - \sqrt{4 - S_n^2}$$

양변에 제곱근을 취하면 아래와 같다.

$$S_{2n} = \sqrt{2 - \sqrt{4 - S_n^2}}$$

우리는 처음부터 S_n이 이미 알려졌다고 전제했다. 그러므로 그 전제에 맞게 변의 길이를 간단히 알아낼 수 있는 정n각형을 출발점으로 삼자. 예컨대 n=4라고 해보자.

피타고라스 정리에 따라 아래 등식이 성립한다.

$$S_4^2 + S_4^2 = 2^2$$

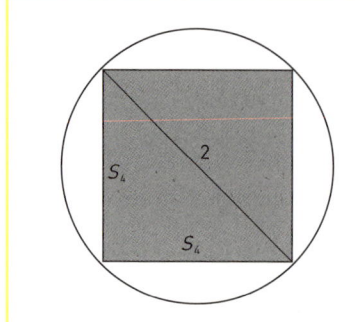

원에 내접하는 정사각형의 둘레와 지름의 비를 이용해 원주율에 대한 첫 번째 근삿값 구하기

등식을 정리하면 아래와 같다.

$S_4^2 = 2$
$S_4 = \sqrt{2}$

이 정사각형의 둘레의 $\frac{1}{2}$은 π의 첫 번째 근삿값이다. 그 값을 U_4라고 하면, U_4는 아래와 같다.

$U_4 = 2 \times \sqrt{2} = 2.828\cdots$

물론 이 근삿값은 오차가 크다. 그러나 이제 우리는 S_8, S_{16} 등을 차례로 계산하고 그 결과를 집어넣어 U_8, U_{16} 등을 구할 수 있다.

$U_8 = 4 \times \sqrt{2-\sqrt{2}} = 3.061\cdots$

$$U_{16} = 8 \times \sqrt{2-\sqrt{2+\sqrt{2}}} = 3.121\cdots$$
$$U_{32} = 16 \times \sqrt{2-\sqrt{2+\sqrt{2+\sqrt{2}}}} = 3.136\cdots$$

뚜렷한 규칙성이 보인다! 중첩된 근호 속에 2가 점점 더 많이 나오고, 전체 값은 점점 더 커지지만 항상 π보다 작고(왜냐하면 정다각형들이 원에 내접하므로) π에 얼마든지 접근한다. 요컨대 수학 용어로 말하면, U_4, U_8, U_{16} 등이 이루는 수열의 극한값은 π이다. 이론적으로는 이런 식으로 계산을 계속하기만 하면 π의 소수점 아래 숫자들을 얼마든지 얻을 수 있다. 그러나 아쉽게도 이론적으로만 그렇다. 시험 삼아 위의 공식을 엑셀 프로그램에 넣고 계산해보면, 처음에는 점점 더 정확한 근삿값들이 나오지만, 소수점 아래 여덟 번째 자리까지 도달하고 나서 그다음 계산 결과가 π의 참값보다 더 커진다. 심지어 결과로 4나 0이 나오기까지 한다. 왜 그럴까?

정n각형의 변은 점점 더 짧아진다. 공식 $S_{2n} = \sqrt{2-\sqrt{4-S_n^2}}$ 의 작은 근호 안에는 4보다 아주 조금 작은 값이 들어 있다. 따라서 전체 값은 점점 더 0에 접근한다. 실제로 변들의 길이가 점점 더 작아지므로, 그렇게 되는 것이 옳다. 그리고 π의 근삿값은 그 전체 값에 점점 더 큰 수를 곱함으로써 얻어진다. 그런데 컴퓨터는 한정된 자릿수까지만 계산하기 때문에 어느 순간 0에 아주 근접한 계산 결과를 0으로 처리해버린다. 그러면 거기에 아무리 큰 수를 곱해도 최종 결과로 0이 나올 수밖에 없다.

이 수열처럼 반올림 오차에 취약하지 않으면서 π로 수렴하는 다른 수열들도 있다. 아무튼 우리는 아주 간단한 수학 기법들을 써서 π를 소수점 아래 여덟 번째 자리까지 계산할 수 있다.

π를 무한급수, 즉 무한히 많은 수들의 합으로 나타낼 수도 있다. 고트프리트 빌헬름 라이프니츠Gottfried Wilhelm Leibniz는 아래의 무한급수를 발견했다.

$$\frac{\pi}{4} = 1 - \frac{1}{3} + \frac{1}{5} - \frac{1}{7} + \frac{1}{9} - \frac{1}{11} + \frac{1}{13} - \frac{1}{15} + \cdots$$

즉, 모든 홀수의 역수를 양의 부호와 음의 부호를 번갈아 붙여 나열해놓고 다 더하면 $\frac{\pi}{4}$가 나온다(만일 양의 부호만 붙여서 나열해놓고 다 더하면, 결과는 무한히 커질 것이다).

위 등식에 감탄한 사람이라면 레온하르트 오일러가 그 등식을 토대로 삼아 π와 소수들 사이에 성립하는 신기한 관계를 증명했다는 사실에 더욱더 감탄할 것이다.

오일러는 위의 급수를 A로 나타냈다. 그리고 A를 3으로 나눠 아래 등식을 얻었다.

$$\frac{1}{3}A = \frac{1}{3} - \frac{1}{9} + \frac{1}{15} - \frac{1}{21} + \frac{1}{27} - \frac{1}{33} + \frac{1}{39} - \frac{1}{45} + \cdots$$

이제 A와 $\frac{1}{3}A$를 더해보자. 두 급수에서 분모가 3의 배수인 항들을 살펴보라. 똑같은 항이 각각의 급수에서 양의 부호와 음의 부호로 등장한다. 그러므로 A와 $\frac{1}{3}A$를 더하면 분모가 3의 배수인 항들이 모두 소거된다.

$$\left(1+\frac{1}{3}\right) \times A = 1 + \frac{1}{5} - \frac{1}{7} - \frac{1}{11} + \frac{1}{13} + \frac{1}{17} - \frac{1}{19} - \frac{1}{23} + \cdots$$

오일러는 이 급수를 B로 명명하고, B를 5로 나눴다.

$$\frac{1}{5}B = \frac{1}{5} + \frac{1}{25} - \frac{1}{35} - \frac{1}{55} + \frac{1}{65} + \frac{1}{85} - \frac{1}{95} - \frac{1}{115} + \cdots$$

B에서 $\frac{1}{5}B$를 빼면, 분모가 5의 배수인 항들이 모두 소거된다.

$$C = \left(1-\frac{1}{5}\right) \times B = 1 - \frac{1}{7} - \frac{1}{11} + \frac{1}{13} + \frac{1}{17} - \frac{1}{19} - \frac{1}{23} + \cdots$$

마찬가지 작업을 모든 소수에 대해서 차례로 함으로써 D, E, F 등을 얻을 수 있다.

$$D = \left(1+\frac{1}{7}\right) \times C$$

$$E = \left(1+\frac{1}{11}\right) \times D$$

$$F = \left(1-\frac{1}{13}\right) \times E$$

이때 우변의 괄호 속에 들어 있는 부호는 다음 규칙에 따라 정해진다. 소수 p가 4의 배수 빼기 1과 같으면 아래와 같이 양의 부호를 붙여서 우변의 계수로 삼는다.

$$\left(1+\frac{1}{p}\right)$$

그렇지 않으면 다음과 같이 음의 부호를 붙인 후, 우변의 계수로 삼아라.

$$\left(1-\frac{1}{p}\right)$$

"이런 식으로 다양한 소수들로 나누어떨어지는 수들을 모두 제거하면, 결국 1이 남는다"라고 오일러는 썼다. 왜냐하면 모든 홀수는 소수의 배수이거나 그 자체로 소수이기 때문이다.

철자 B, C, D 등은 그저 보조수단에 불과하다. 그것들을 제거하면 결국 아래 등식이 나온다.

$$A \times \left(1+\frac{1}{3}\right) \times \left(1-\frac{1}{5}\right) \times \left(1+\frac{1}{7}\right) \times \left(1+\frac{1}{11}\right) \times \left(1-\frac{1}{13}\right) \times \cdots = 1$$

괄호들 속을 정리하고 A를 $\frac{\pi}{4}$로 바꾸면 다음과 같다.

$$\frac{\pi}{4} \times \left(\frac{3+1}{3}\right) \times \left(\frac{5-1}{5}\right) \times \left(\frac{7+1}{7}\right) \times \left(\frac{11+1}{11}\right) \times \left(\frac{13-1}{13}\right) \times \cdots = 1$$

이제 좌변의 괄호들을 우변으로 옮기기 위해 양변에 각 괄호 속 분수의 역수를 차례로 곱하고 마지막으로 4를 곱하면 좌변에 π만 있는 아래 등식이 나온다.

$$\pi = 4 \times \left(\frac{3}{3+1}\right) \times \left(\frac{5}{5-1}\right) \times \left(\frac{7}{7+1}\right) \times \left(\frac{11}{11+1}\right) \times \left(\frac{13}{13-1}\right) \times \cdots$$

신기하지 않은가? 좌변에는 기하학에서 등장하는 대상이며 수천 년 전부터 원의 면적을 계산할 때 쓰인 원주율 π가 있다. 한편 우변에는 원주율 못지않게 매력적이며 정수론의 기본 요소인 소수들이 있다. 그리고 π와 소수들 사이에 모종의 관계가 성립한다. 오일러 이래로 π와 소수들 사이의 관계들이 다수 발견되었다. 그 관계들은 겉보기에 무관한 수학의 두 영역인 기하학과 정수론이 연관성을 지녔음을 보여준다.

클로즈업 수학 Q

지구의 적도에 약 4만 킬로미터 길이의 띠를 팽팽하게 두른다고 해 보자. 띠의 길이를 1미터 늘리면, 띠가 충분히 느슨해져서 생쥐가 띠와 지구 사이로 지나갈 수 있을까?

부록1 클로즈업 수학 Q 문제풀이

1부 수상한 확률과 통계

제1화 28쪽   손님들의 생일이 다 다를 확률이 얼마나 되는지 계산하는 것이 묘수다. 우선 손님이 두 명일 경우를 따져보자. 손님 B의 생일이 A의 생일과 다를 확률은 $\frac{364}{365}$이다. 여기에 손님 C가 추가된다면, C의 생일이 A나 B의 생일과 다를 확률은 $\frac{363}{365}$이다. 따라서 A, B, C의 생일이 다 다를 확률은 $\frac{364}{365} \times \frac{363}{365}$이다. 손님들이 더 추가되더라도 똑같은 원리가 성립하므로, 문제의 답을 얻으려면 아래와 같은 연속 곱셈을 $\frac{1}{2}$보다 작은 값이 나올 때까지 계속하면 된다.

$$\frac{364}{365} \times \frac{363}{365} \times \frac{362}{365} \times \frac{361}{365} \times \frac{360}{365} \times \frac{359}{365} \times \cdots\cdots$$

이 연속 곱셈을 $\frac{343}{365}$까지 하면, $\frac{1}{2}$보다 작은 값이 나온다. 이는 파티의 손님들이 23명이면, 그들의 생일이 다 다를 확률이 $\frac{1}{2}$보다 낮음을 뜻한다. 그러므로 최소 23명이 모인 파티에서 생일이 같은 사람들이 있을 확률은 50퍼센트가 넘는다.

제2화 45쪽   입맞춤 420번, 악수 315번

제3화 63쪽   전체 가구의 55퍼센트가 1인 가구라면, 나머지 45퍼센트의 가구에는 최소한 2명이 산다. 줄여 잡아서 정확히 2명이 산다고 가정하면, 100가구에는 총 145명(55+2×45)이 살고, 홀로 사는 사람의 비율은 $\frac{55}{145}$, 약 38퍼센트다. 그러나 홀로 사는 사람의 실제 비율은 이보다 더 작다. 왜냐하면 3명 이상의 구성원을 지닌 가구들도 있기 때문이다.

제4화 83쪽   외투 n개를 늘어놓는 방법의 개수는 $n!$('n 팩토리얼'이라고 읽으며 $1×2×3×……×n$을 뜻함)이다. 질문은 이것이다. 이 많은 방법(이른바 순열들) 가운데 적어도 하나의 고정점fixed point을 지닌(자신의 외투를 받는 관객이 1명 이상이 되는) 방법은 몇 개일까? 우선 완전히 뒤죽박죽이 된 순열들, 즉 고정점이 없는 순열들을 따져보자. 조금만 생각해보면, 외투 n개로 만들 수 있는 고정점 없는 순열의 개수 f_n을 f_{n-1}과 f_{n-2}로부터 아래와 같이 계산할 수 있음을 알 수 있다.

$$f_n = (n-1) \times (f_{n-1} + f_{n-2})$$

$f_1 = 0$, $f_2 = 1$을 출발점으로 삼아서 차례로 계산해보면, 이미 $n=6$부터 고정점 없는 순열이 모든 순열에서 차지하는 비율이 약 36.7퍼센트가 된다. n이 더 커져도 이 비율은 별로 달라지지 않는다(이 비율은 정확히 $\frac{1}{e}$이다. 이때 e는 이 책에서 여러 번 등장한 오일러 수다). 요컨대 적어도 1명의 관객이 자신의 외투를 받을 확률은 63.3퍼센트이다.

제5화 99쪽   이것 역시 심프슨 역설의 전형적인 예다. 표를 보면, 두 연령대 각각에서 비흡연자의 생존율이 더 높음을 알 수 있다. 총계에서 흡연자의 생존율이 더 높게 나타난 것은 왜곡의 결과이다. 65세를 넘기는 흡연자는 그만큼 오래 사는 비흡연자보다 더 적다. 따라서 흡연자들의 나이는 평균적으로 비흡연자들의 나이보다 적기 마련이다. 단지 이것 때문에 흡연자들의 사망률 총계가 더 낮게 나타난 것이다.

제6화 116쪽   네 구역, A, B, C, D 각각을 점으로, 다리 각각을 선으로 표현하면 아래의 그림을 얻을 수 있다.
이 그래프(점들과 점들을 연결한 선들로 이루어진 그림–옮긴이)를 한붓그리기로 그릴 수 있을까? 한붓그리기가 가능하려면 선이 홀수 개 뻗어나간 점이 두 개 이하여야 한다(두 개 있다면, 그 점들은 출발점과 종착점이다). 나머지 점들에서는, 뻗어나간 선이 짝수 개여야 한다(들어오는 선이 하나 있으면, 나가는 선도 하나 있어야 한다). 그런데 위 그래프에서는 모든 점에서 선이 홀수 개 뻗어나간다. 따라서 한붓그리기를 할 수 없고, 문제의 산책로를 만드는 것은 불가능하다.

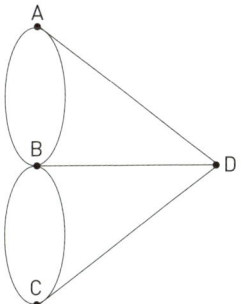

2부 대수학의 역습

제7화 129쪽   네 사람이 1제곱미터를 차지한다면, 한 사람이 50센티미터 ×50센티미터 크기의 면적을 차지하는 셈이다. 이 정도면 그런대로 견딜 만할 것이다. 이런 식으로 보덴제 위에 인류 전체의 약 $\frac{1}{3}$에 해당하는 21억 명이 모여 설 수 있다.

제8화 141쪽   문제를 풀기 위해 비례식 계산을 할 수도 있지만 그냥 곰곰이 따져봐도 된다. 두 번의 조작이 끝난 후에 두 컵에 들어 있는 액체의 양은 똑같다. 따라서 위스키 컵에 들어 있는 물의 양과 물컵에 들어 있는 위스키의 양은 똑같을 수밖에 없다!

제9화 156쪽 평균 속도(v)는 두 속도(v_1, v_2)의 산술평균(시속 10킬로미터)이 아니라 이른바 조화평균이다. 즉, $v = \frac{2 \times v_1 \times v_2}{v_1 + v_2} = 9.6$km/h이다.
보충 설명 : A와 B 사이의 거리가 s 킬로미터라면, 시간 $t = \frac{s}{v}$이므로, A에서 B로 달려갈 때 걸리는 시간은 $t_1 = \frac{s}{12}$이고, B에서 A로 달려올 때 걸리는 시간은 $t_2 = \frac{s}{8}$이다. 평균 속도는 전체 거리를 전체 시간으로 나눈 값이므로 다음과 같이 구할 수 있다.

$$v = \frac{2s}{t_1 + t_2} = \frac{2s}{\frac{s}{12} + \frac{s}{8}} = \frac{2s}{\frac{5s}{24}} = \frac{48s}{5s} = 9.6\text{km/h}$$

제10화 172쪽 세 사람의 말이 다 일리가 있다. 이런 선거에서 당선자를 '옳게' 결정하는 명백한 방법은 없다.

제11화 192쪽

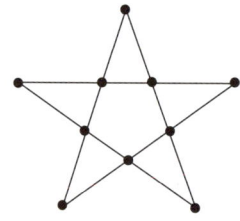

제12화 212쪽 이 문제 역시 뒤집어서 생각해보면 쉽다. 두 번째 패를 첫

번째 패 아래에 끼워 넣고, 세 번째 패를 두 번째 패 아래에 끼워 넣는 식으로 탑을 쌓아간다고 생각하라. 패 하나의 길이가 2라면, 두 번째 패는 첫 번째 패와 1만큼 어긋나게 끼워질 수 있다. 세 번째 패는 두 번째 패와 $\frac{1}{2}$만큼 어긋나게 끼워질 수 있다. 그다음 패들은 $\frac{1}{3}, \frac{1}{4}, \frac{1}{5}, \cdots\cdots$ 만큼 어긋나게 끼워질 수 있다.

그러므로 어긋난 거리의 총합은 다음과 같은 무한급수로 표현된다.

$$1 + \frac{1}{2} + \frac{1}{3} + \frac{1}{4} + \cdots\cdots$$

이 무한급수의 합은 극한값 없이 무한정 증가한다. 따라서 도미노 패들의 탑은 책상의 경계 너머로 무한정 휘어져나갈 수 있다.

제13화 228쪽 "금속관의 진동수는 길이의 제곱에 반비례한다"는 말은 다음을 뜻한다.

$$\frac{f_1}{f_2} = \frac{\ell_2^2}{\ell_1^2} \ (f: \text{금속관의 진동수}, \ \ell: \text{금속관의 길이})$$

진동수를 2배로 증가시키려면, 관의 길이를 원래의 $\frac{1}{\sqrt{2}}$ 배로 줄여야 한다.

3부 해석학의 유혹, 언저리 기하학

제14화 251쪽 데이비드가 모래밭에서 이동하는 거리를 s_1, 물속에서 이동하는 거리를 s_2라고 하면, 그가 파멜라를 구하는 데 걸리는 시간 t는 다음과 같다.

$$t = \frac{s_1}{5} + \frac{s_2}{2}$$

데이비드가 물에 뛰어드는 지점을 x라고 하고 피타고라스 정리를 적용하면, 모든 x 각각에 대하여 t를 계산할 수 있다. 따라서 함수 $t(x)$를 얻을 수 있고, 이 함수의 극소점을 구할 수 있다. 결론만 말하면, 데이비드는 수영 거리가 최소화되는 지점 근처까지 달려가는 것이 최선이다. 정확히 말해서 데이비드는 수영 거리가 최소화되는 지점에서 7.8미터 떨어진 곳까지 달려간 다음에 물에 뛰어들어야 한다.

제15화 263쪽   그림에 오류가 있다. 그림을 제대로 그리면, 점 S는 훨씬 더 위쪽으로 올라가서 페이지 바깥으로 나가게 된다. 그러므로 점 S가 페이지 안에 머물게 하기 위해 문제의 그림에서는 각 M_1BD를 80도로 설정했다. 원래의 작도 지침을 따라 그리면 선분 SB가 선분 SD보다 더 바깥쪽으로 나가 삼각형 BDS는 문제의 그림에서와 '반대로' 놓인다. 따라서 증명 전체가 타당성을 잃는다.

제16화 290쪽   문제에 들어 있는 정보를 토대로 미지수가 두 개 등장하는 방정식들을 세울 수 있다. 아이의 나이를 k, 엄마의 나이를 m이라고 하면, 다음 방정식이 성립한다.

$k = m - 21$
$5 \times (k + 6) = m + 6$

두 방정식을 m에 대해서 풀면 다음과 같다.

$m = k + 21$

$m = 5k + 24$

그러므로 다음 등식들이 성립한다.

$k + 21 = 5k + 24$
$4k = -3$
$k = -\dfrac{3}{4}$

요컨대 아이의 나이는 지금 $-\dfrac{3}{4}$년, 즉 −9개월이다. 그렇다면 아빠는 지금 어디에 있을까? 독자 스스로 답할 수 있으리라 믿는다.

제17화 305쪽　원의 반지름은 둘레를 2π로 나눈 값과 같다. 띠의 길이를 1미터 늘리면, 원형을 이룬 띠의 반지름은 0.16미터($=\dfrac{1}{2\pi}$) 늘어난다. 따라서 띠와 지구 사이에 16센티미터의 틈이 생긴다. 이 정도의 틈이면 생쥐가 통과하기에 충분하다.

부록2 클로즈업 수학 공식

수학은 여러 하위 분야들을 거느린 광범위한 학문이며, 하위 분야 각각에 공식과 정리가 수백 개나 있다. 그럼에도 자주 등장하는 핵심 공식과 개념과 규칙 몇 가지를 손에 꼽을 수 있다. 예컨대 피타고라스 정리는 기초 기하학의 기본 정리들과 실질적인 기하학 문제들에 거의 항상 숨어 있다.

    이런 핵심들을 이해하고 외우는 것은 수학의 대부분을 공략할 준비를 갖추는 것과 같다. 아래 제시된 내용은 불완전하다. 예를 들어 적분과 삼각함수가 빠져 있는데, 이것들은 이 책의 수준을 약간 뛰어넘는다고 판단했다.

이항식의 전개

두 항의 합을 제곱하라고, 즉 $(a+b)^2$을 계산하라고 하면 많은 학생이 a^2+b^2이라는 답을 적어낸다. 그러나 실제로 합의 제곱은 제곱들의 합보다 더 크다. 얼마나 클까? 이항식을 전개할 때 쓰는 공식을 알면, 대답할 수 있다.

    이 공식(그리고 유사한 공식 두 개)을 대수학적으로 도출할 수도 있다. $(a+b) \times (a+b)$를 분배법칙에 따라 계산하면 된다. 그러나 문제를 기하학적으로 해석할 수도 있는데, 그렇게 하는 편이 아마 더 이해하기 쉬울 것이다.

첫 번째 공식 $(a+b)^2 = a^2 + 2ab + b^2$

계산해야 할 것은 회색 면적인데, 그 면적은 변이 각각 a와 b인 정사각형 두 개와 변이 a와 b인 직사각형 두 개로 이루어졌다. 그러므로 위의 공식을 얻을 수 있다. 아주 쉽다. 그렇지 않은가?

두 번째 공식 $(a-b)^2 = a^2 - 2ab + b^2$

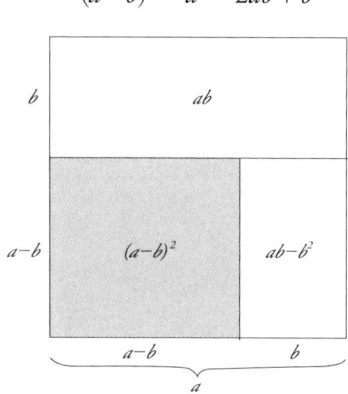

그림은 첫 번째 공식 그림과 비슷하지만 변을 약간 다르게 설정했다. 이 그림에서는 전체 정사각형의 한 변이 a(면적은 $a \times a = a^2$)이다. 이번에도 계산해야 할 것은 회색 면적이다. 그 면적을 얻으려면, 전체 정사각형의 면적(a^2)에서 직사각형의 면적 ab를 두 번 빼고 다시 두 직사각형이 겹치는 부분만큼, 즉 b^2만큼을 더해야 한다.

세 번째 공식 $(a+b) \times (a-b) = a^2 - b^2$

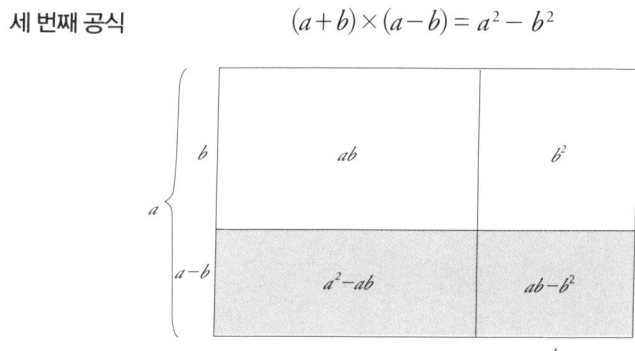

괄호들 속을 보면, b가 한 번은 더해지고 한 번은 빼진다. 그러므로 계산해야 할 것은 회색으로 표시된 길쭉한 직사각형의 면적이다. 그 면적을 얻으려면, 전체 면적(a^2+ab)에서 직사각형의 면적 ab를 빼고 거기에 정사각형의 면적 b^2을 빼면 된다. 이렇게 하면 직사각형의 면적 ab가 상쇄되고 a^2-b^2만 남는다.

이차방정식 풀이

미지수 x의 제곱이 등장하는 방정식은 x만 등장하는 선형방정식처럼 간단하게 풀 수 없다.

이차방정식은 실생활에서 자주 등장하므로 그것의 두 해를 구하는 근의 공식을 외워둘 필요가 있다. 이차방정식을 풀려면, 우선 방정식을 변형하여 이른바 표준형으로 만들어야 한다. 바꿔 말해서 모든 항을 좌변으로 몰아놓고 x^2, x, 상수의 순서로 정리해야 한다.

예컨대 방정식 $3x^2+12-6x = 10+x^2+16x$ 를 우선 아래처럼 이렇게 변형할 수 있다.

$2x^2 - 22x + 2 = 0$

이제 양변을 2로 나누면 아래와 같은 표준형 이차방정식이 나온다.

$x^2 - 11x + 1 = 0$

표준형 이차방정식의 일반 형태는 아래와 같다.

$x^2 + px + q = 0$

그래프를 그려보면, 함수 $y = x^2 + px + q$의 곡선은 포물선이다. 위 이차방정식의 해들을 구한다는 것은, 이 곡선이 x축과 만나는 지점들의 x좌표 (n_1, n_2)를 알아낸다는 것이다. p와 q의 값이 어떠하냐에 따라서, 이 곡선은 x축과 두 점에서 만날 수도 있고 한 점에서 만날 수도 있고 아예 만나지 않을 수도 있다.

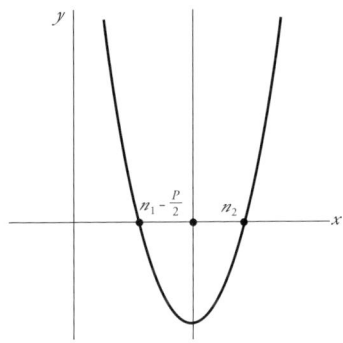

앞의 이차방정식의 두 해를 구하는 일반 공식, 즉 근의 공식은 아래와 같다(±기호는, n_1은 음의 부호를 붙여서 계산하고, n_2는 양의 부호를 붙여서 계산하라는 뜻임).

$$n_{1,2} = -\frac{p}{2} \pm \sqrt{\left(\frac{p}{2}\right)^2 - q}$$

근호 속의 식이 음수라면 방정식의 해는 존재하지 않고, 양수라면 해가 두 개 존재하며, 0이라면 포물선이 x축을 살짝 건드리게 되어 방정식의 해가 하나만 존재한다.

예컨대 앞에 나왔던 방정식 $x^2 - 11x + 1 = 0$의 해는 아래와 같이 구할 수 있다.

$$n_{1,2} = \frac{11}{2} \pm \sqrt{\left(\frac{11}{2}\right)^2 - 1} = \frac{11}{2} \pm \sqrt{\frac{121-4}{4}} = \frac{11 \pm \sqrt{117}}{2}$$

이제 해들을 알았으므로, 포물선의 방정식을 아래와 같이 변형할 수 있다.

$$x^2 + px + q = (x - n_1) \times (x - n_2)$$

우변의 괄호들을 풀고 정리하면 p와 q에 대해서 아래 등식들이 성립함을 알 수 있다.

$$p = -(n_1 + n_2)$$
$$q = n_1 \times n_2$$

이 두 등식은 이차방정식 풀이가 옳게 되었는지 검사할 때 유용하다.

수들의 위계

유리수, 실수, 초월수…… 수들의 집합을 가리키는 이 다양한 이름에는 무슨 뜻이 담겨 있을까? 수들의 세계에는 위계가 있고, 하나의 수 집합을 확장하면 그 결과로 새로운 수 집합이 만들어진다. 수 집합들의 대부분은 수학자들이 기존의 수 집합이 너무 제한적이라고 느꼈기 때문에 만들어졌다.

1, 2, 3, 4, 5, 6, 7…… 모든 계산의 토대는 자연수이다. 수학자 레오폴트 크로네커Leopold Kronecker는 자연수는 신의 작품이고 나

머지 모든 것은 인간의 작품이라고 말하기도 했다. 경우에 따라서는 0까지 자연수에 포함시키기도 하고, 0과 자연수를 아울러 범자연수 whole number라고 부르기도 한다. 자연수와 자연수를 더하거나 곱하면 결과는 항상 자연수이다. 하지만 뺄셈의 결과는 그렇지 않다. 예컨대 5에서 8을 빼면 자연수가 나오지 않는다. 이 문제를 개선하기 위해 정수가 고안되었다. 정수는 자연수와 음의 정수를 아우른다. 정수 집합에서는 덧셈, 뺄셈, 곱셈을 어떻게 하든지 그 결과로 항상 정수가 나온다. 그러나 나눗셈은 그렇지 않다. 예컨대 1을 2로 나눈 결과는 정수가 아니다. 그래서 수학자들은 정수 집합을 확장하여 정수들로 이루어진 분수까지 아우르는 유리수 집합을 만들었다. 유리수 집합은 모든 분수를 아우르지만 예외적으로 0을 분모로 가진 분수는 배제한다(분모가 0인 분수를 허용함으로써 유리수 집합을 확장하는 것은 불가능하다). 그러므로 유리수 집합에서는 사칙연산 전부를 거의 제한 없이 할 수 있다. 유리수를 소수(소수점이 붙은 수)로 나타내면, 소수점 아래에서 유한한 개수의 숫자들이 등장하거나 예컨대 $\frac{1}{3}$ = 0.3333…처럼 특정 숫자 집단이 주기적으로 반복된다.

그런데 제곱근 계산을 해보면 유리수의 한계가 드러난다. 일찍이 피타고라스주의자들이 고통스럽게 깨달아야 했듯이, 2의 제곱근은 유리수가 아니다(제11화 참조).

다음 단계는 대수적 수 algebraic number로의 확장이다. 대수적 수는 유리수와 모든 거듭제곱근을 아우른다고 할 수 있다(그러나 음수의 제곱근은 배제된다). 하지만 대수적 수가 끝이 아니다. 대수적 수들로 이루어졌지만 그 극한값이 대수적 수가 아닌 그런 수열들이 존재한다. 예컨대 π(305쪽 참조)와 e(206쪽 참조)가 그런 수열들의 극한값들이다. 이런 극한값들을 일컬어 초월수라고 하는데, 초월수를 소수로 표현해놓으면 첫눈에는 무리수 거듭제곱근들과 구분되지 않는다. 무리수 거듭제곱근의 소수점 아래에서도 규칙이 없는 듯한 무한수열이 등장한다.

대수적 수의 집합을 확장하여 초월수까지 포함시키면, 실수 집합이 만들어진다. 실수 집합은 수직선상의 모든 점을 사실상 포괄한다. 실수를 가지고서는 모든 계산을 거의 제한 없이 할 수 있다. 그러나 0으로 나누는 계산과 음수의 제곱근 계산은 여전히 금지된다.

이제 최후의 확장을 감행하여 수 i를 -1의 제곱근으로 정의하면(그러면 임의의 음수의 제곱근을 계산할 수 있다) 이른바 복소수 집합이 만들어진다.

거듭제곱과 로그

어떤 수의 어깨 위에 작은 정수 n이 지수로 붙어 있으면, 그 의미는 간단히 그 어떤 수에 그 수 자신을 n번 곱하라는 것이다. 즉, 아래 등식이 성립한다.

$$x^n = \underbrace{x \times x \times \cdots \times x}_{n\text{번}}$$

그러나 정수가 아닌 지수에 대한 거듭제곱도 정의할 수 있다. 우선 음수 지수의 의미는 아래와 같이 정의된다.

$$x^{-n} = \frac{1}{x^n}$$

분수 지수는 이렇게 정의된다.

$$x^{\frac{1}{n}} = \sqrt[n]{x}$$

이 정의들은 아래의 지수법칙들을 깨뜨리지 않는다.

$$x^n \times x^m = x^{n+m}$$
$$(x^n)^m = x^{n \times m}$$

이로써 모든 유리수 지수에 대한 거듭제곱이 정의되었다. 그 정의를 다음 등식이 표현한다.

$$x^{\frac{p}{q}} = x^{p \times \frac{1}{q}} = (x^p)^{\frac{1}{q}} = \sqrt[q]{x^p}$$

거듭제곱의 지수 표현은 계산을 쉽게 만든다는 장점이 있다(지수 표현을 이용하면, 곱셈을 덧셈으로 바꿀 수 있다). 옛날 사람들이 계산에 로그를 활용한 것은 이 장점을 이용하기 위해서였다. 로그는 거듭제곱의 반대이다. '어떤 수 x의 10을 밑으로 하는 로그', 즉 $\log x$는, 10의 거듭제곱의 지수로 삼으면 그 결과로 x가 나오는 그런 수이다. 옛날 사람들은 방대한 로그표를 뒤져서 로그 값들을 알아냈다. 예컨대 $x = 8564$와 $y = 7237$을 곱할 때, 이런 식으로 로그를 이용할 수 있다.

$$8564 \times 7237 = 10^{\log 8564} \times 10^{\log 7237} = 10^{\log 8564 + \log 7237}$$
$$= 10^{3.932+3.860} = 10^{7.792} = 61944108$$

이 계산 결과는 정확하지 않다. 정답은 61977668이다. 이 부정확성은 로그표에 나오는 로그 값들이 항상 근삿값이기 때문에 발생한다. 그러나 그 근삿값들은 충분히 참값에 가까워서 대부분의 실제 상황에서 참값 대신 쓸 수 있다(로그 값을 더 정밀하게 취해서 계산하면 결과는 당연히 더 정확해진다). 옛날에는 컴퓨터 없이 사람이 계산을 했으므로, 복잡한 계산을 해야 할 경우에는 이런 식으로 로그를 이용함으로써 많은 시간을 절약하면서도 쓸 만한 결과를 얻을 수 있었다.

오늘날에는 어느 휴대전화나 계산기의 기능을 할 수 있으므로 로그표가 필요 없다. 그럼에도 큰 수들을 다룰 때는 여전히 로그가 중요하다. 로그는 큰 수를 만만한 대상으로 만들어주기 때문이다. 게다가 계산 방법을 약간만 바꾸면, 거대한 수들의 곱셈을 거의 암산으로도 해낼 수 있다. 예컨대 567836120과 6732987의 곱셈을 아래와 같이 약간 바꿔서 계산할 수 있다.

$$567836120 \times 6732987 \approx 5.7 \times 10^8 \times 6.7 \times 10^6$$
$$= 38.19 \times 10^{14} \approx 3.82 \times 10^{15} = 3820000000000000$$

'≈'는 계산이 정확하지 않고 근사적임을 의미한다. 그러나 곱셈 결과가 대략 얼마나 큰지만 알고자 한다면, 이 부정확성은 전혀 문제가 되지 않는다(제7화 참조).

개수를 옳게 세기

확률 계산의 핵심은 가능한 사건의 개수와 '바라는' 사건의 개수를 비교하는 것이다. 요컨대 개수를 잘 세야 한다. 개수 세기는 간단한 작업이지만, 확률 계산의 오류는 대부분 이 작업에서 발생한다.

거의 모든 개수 세기 과제를 네 가지 유형으로 분류할 수 있고, 그 유형들을 이른바 단지 모형urnenmodell(영어 표현은 '단지 문제urn problem')으로 아우를 수 있다. 단지 모형이란 단지 안을 들여다보지 않으면서 단지 안의 번호가 매겨진 공들을 꺼내는 사고실험을 의미한다(통이나 상자도 있는데 왜 꼭 '단지'여야 하는지는 나에게 묻지 마라). 단지 안에 공이 n개 있는데 실험자가 k개를 꺼낸다(당연히 k는 n과 같거나 작아야 한다). 이때 꺼내기 방법에는 두 가지가 있다.

1. 꺼낸 공을 다시 집어넣고 다음번 꺼내기를 한다.

2. 꺼낸 공을 밖에 놔두고 다음번 꺼내기를 한다.

최종 결과를 해석하는 방법도 두 가지이다.

a. 꺼낸 공들의 순서를 중시한다.
b. 꺼낸 공들의 순서를 무시한다.

그러므로 총 4가지 꺼내기(1a, 2a, 2b, 1b)가 있는 셈인데, 이제부터 그것들 각각을 살펴보자.

1a. 숫자 1, 2, 3, 4로만 이루어진 다섯 자리 수는 전부 몇 개일까?

이 개수 세기 과제는, 공이 4개(1, 2, 3, 4) 들어 있는 단지에서, 꺼낸 공을 다시 집어넣고 다음번 꺼내기를 하는 방식으로 다섯 번 공을 꺼내고 꺼낸 공들의 순서를 중시하는 상황에 해당한다. 다섯 자리 수의 첫째 자리 숫자를 정할 때 4가지 가능성이 있고, 둘째, 셋째, 넷째, 다섯 째 자리 숫자를 정할 때도 마찬가지다. 그러므로 총 $4 \times 4 \times 4 \times 4 \times 4 = 1024$(일반적으로 n^k)가지 가능성이 있다.

2a. 12명이 경주한다. 1위부터 3위까지는 메달(금메달, 은메달, 동메달)을 받는다. 메달 수상자들만을 보고 경주 결과를 따진다면, 몇 가지 경주 결과가 가능할까?

이것은 공이 12개 들어 있는 단지에서 꺼낸 공을 밖에 놔두고 다음번 꺼내기를 하는 방식으로 세 번 공을 꺼내고 꺼낸 공들의 순서를 중시하는 상황이다. 맨 먼저 금메달 수상자를 정할 때 12가지 가능성이 있고, 은메달 수상자를 정할 때 11가지, 동메달 수상자를 정할 때 10가지 가능성이 있으므로, 가능한 경주 결과는 총 $12 \times 11 \times 10 = 1320$가지이다. 일반적인 해는 $n \times (n-1) \times \cdots\cdots \times (n-k+1)$이다. 이 해를 아래와 같이 적을 수도 있다.

$$\frac{1 \times 2 \times \cdots\cdots \times n}{1 \times 2 \times \cdots\cdots \times (n-k)} = \frac{n!}{(n-k)!}$$

2b. 로또에서 숫자 6개를 맞힐 확률은 얼마일까?

이 문제가 어떤 꺼내기에 해당하는지는 텔레비전을 보면 정확히 알 수 있다. 요컨대 단지에 공이 49개(독일 로또에는 숫자가 1부터 49까지 있음을 앞에서 이미 언급했다−옮긴이) 있고, 꺼낸 공을 밖에 놔두고 다음번 꺼내기를 하는 방식으로 공을 여섯 번 꺼내는 상황이다. 우선 가능한 꺼내기 결과의 개수를 〈2a〉에서처럼 계산할 수 있다. 첫 번째 꺼낼 때 49가지 가능성, 그다음에 48가지 가능성 등이 있으므로, 위의 공식에 따라 총 $\frac{49!}{43!}$가지, 대략 100억 가지의 가능성이 있다.

그런데 로또에서 꺼낸 공들의 순서는 중요하지 않다! 당첨 번호가 3, 15, 16, 21, 47, 48이라고 해보자. 이 결과가 나오는 방식이 몇 가지나 될까? 이 질문에 답하려면 다시 〈2a〉의 공식을 이용해야 한다. 단, 이번에는 n과 k가 모두 6이다. 이 값들을 공식에 대입하면, 숫자 6개로 만들 수 있는 순열의 개수 $6!$이 결과로 나온다. 이제 원래의 질문에 답하려면, 위에서 얻은 결과인 약 100억을 방금 얻은 결과인 6!로 나눠야 한다. 다시 말해 아래 계산을 해야 한다.

$$\frac{49!}{43! \times 6!} = 13983816$$

이것은 49개의 공 가운데 6개를 꺼낼 때 나올 수 있는 결과의 개수이다. 그러므로 내가 고른 숫자들이 당첨될 확률은 대략 1400만 분의 1이다. 이 유형의 꺼내기는 다양한 통계 문제에서 등장하며 그 결과는 일반적으로 아래와 같다.

$$\frac{n!}{k! \times (n-k)!}$$

1b. 주사위 두 개를 한꺼번에 던질 때 나올 수 있는 결과는 몇 가지일까?

내가 이 유형을 마지막으로 미룬 것은 이 유형이 불필요하기 때문이기도 하고 오류의 온상이기 때문이기도 하다. 이 문제는, 공이 6개 들어 있는 단지에서 꺼낸 공을 다시 집어넣고 다음번 꺼내기를 하는 방식으로 공을 두 번 꺼내고 꺼낸 공들의 순서를 무시한다면 얼마나 많은 결과가 가능할까, 라는 문제와 같다. 이런 문제를 푸는 일반 공식은 아래와 같다(이 공식이 나오는 이유는 생략하겠다).

$$\frac{(n+k-1)!}{k! \times (n-1)!}$$

$n=6$, $k=2$라면, 위 계산의 결과는 21이다. 실제로 주사위를 두 개 던져서 얻을 수 있는 결과들을 모두 나열해보면, 서로 다른 숫자로 이루어진 숫자 쌍 15개와 땡 6개, 총 21개의 결과가 있음을 알 수 있다.

그러면 그 결과들 중 하나가 나올 확률은 $\frac{1}{21}$일까? 그렇지 않다! 바로 이 대목 때문에 이 유형의 확률 문제에서 자주 오류가 발생한다. 위의 결과들은 고른 확률로 발생하지 않는다. 숫자 쌍 (1, 2)는 1땡, 즉 (1, 1)보다 두 배 자주 발생한다. 그러므로 확률을 계산하려면, 두 주사위를 구분해야 하고 그러면 문제는 〈1a〉 유형으로 바뀐다. 두 주사위를 구분하면, 발생 확률이 같은 결과 36가지가 가능하다. 그리고 그 결과들 중에는 숫자 1과 2로 이루어진 결과가 2개, 숫자 1로만 이루어진 1땡이 1개 있다. 그러므로 숫자 쌍 (1, 2)가 나올 확률은 $\frac{2}{36}$, 1땡이 나올 확률은 $\frac{1}{36}$이다. 이해가 되었는가?

마지막으로 네 가지 개수 세기 유형에 대응하는 공식들을 표로 정리하겠다.

	1. 꺼낸 공을 다시 집어넣고 다음번 꺼내기를 한다.	2. 꺼낸 공을 밖에 놔두고 다음번 꺼내기를 한다.
a. 꺼낸 공들의 순서를 중시한다.	n^k	$\frac{n!}{(n-k)!}$
b. 꺼낸 공들의 순서를 무시한다.	$\frac{(n+k-1)!}{k! \times (n-1)!}$	$\frac{n!}{k! \times (n-k)!}$

옮긴이의 말

이야기와 수학의 절묘한 균형이 감탄을 자아낸다. 진정한 의미의 균형이다. 이런 유의 책에 나오는 이야기는 어렵지만 중요한(시험에서 중요한?) 수학을 조금이나마 알아먹기 편하게 만들려고 동원한 수단이기 쉽지만, 이 책에 실린 이야기를 아무것이나 한 편만 읽어보라. 수학 교육에 써먹으려고 날림으로 지어낸 이야기라는 생각이 드는가? 저자의 수학 지식과 설명 능력도 훌륭하지만 정말 대단한 것은 콩트 작가로서의 역량이다. 개성 있는 인물, 세부가 살아 있는 묘사, 군더더기 없는 진행이 이 책의 이야기들을 그 자체로 당당한 작품으로 만든다. 그래서 균형이다. 진짜 삶의 단면인 듯 탄탄하고 싱싱한 이야기가 한쪽에, 그 이야기에서 짜낸 녹즙 같은 수학이 다른 쪽에 놓여 있고, 저울은 어느 쪽으로도 기울지 않는다.

수학 부분도 이야기 못지않게 비범하다. 우선, 많은 이의 한숨을 자아낸다는 이유로 일반 교양서에 좀처럼 등장하지 않는 수식이 듬뿍 등장한다. 혹시라도 수식과 그래프와 도형에 굶주린 독자가 있다면, 그런 선한 이에게 이 책은 잔칫상과도 같은 축복이리라. 반대로 수식만 보면 한숨이 나고 멍해지는, 역시 선한 많은 이에게 이 책은 어쩌면 수식도 재미있을지 모른다는 장한 마음을 품게 만드는 든

든한 격려이리라. 무릇 재미의 원천이자 거처는 이야기이다. 생동하는 이야기의 재미가 독자를 수식의 재미로 이끌 것이다. 수식은 얼핏 보면 황량한 뼈대 같지만 실은 삶에서 우러난 이야기의 일종이므로(이 책을 보라!) 알고 보면 재미없을 리가 없다. 둘째, 식을 세우는 과정만 보여주는 것이 아니라 구체적인 계산이 결말까지 진행되고 심지어 연습문제와 정답까지 덧붙어 있다. 무슨 학습참고서 같다. 그래서 선한 독자들의 반감을 살 법도 하지만, 솔직히 말해서 수학은 구경하는 자의 것이 아니라 직접 해보는 자의 것이라는 엄연한 사실을 감출 수는 없다. 이 문제에서도 재미가 독자를 이끌기를 바란다. 해보라, 재미있다. 초등학교에서 배우는 비례식 계산도 나오니, 난이도는 걱정할 필요가 없다.

　책을 읽으면서, 독일 사람의 유머가 이렇게 재미있을 줄 미처 몰랐다고 생각하는 분이 많으리라 예상한다. 재미가 깨알처럼 쏟아진다. 또한 쫀쫀한 수학이 있다. 빅뱅이나 진화처럼 거창한 주제를 외면하고 우리 곁에서 젊은 처녀의 늘씬한 다리를 훔쳐보는 쫀쫀한 수학. 그런 와 닿는 수학의 재미를 부디 느끼시기를.

찾아보기

ㄱ

거듭제곱 124, 220~221, 323~324
게리, 엘브리지 161~162, 165
　~맨더링 161, 165
고정점 308
곡선의 추적(곡선 스케치) 235, 238
괴테, 요한 119~121, 124
교통흐름 272~274, 276~283, 290
극값 235, 237~239, 243, 276
극대점 246
극댓값 238, 243, 276~279
극소점 242, 312
극솟값 238
극한값 206, 280, 301, 311, 322
근사계산 120~121
근사해 112, 114~115
근의 공식 248, 298, 318~319
기댓값 77~81

ㄴ

뉴컴, 사이먼 55, 62
니그라이니, 마크 63

ㄷ

다빈치, 레오나르도 191
다빈치의 〈모나리자〉 191
다수대표제 165~167
단지 모형(단지 문제) 325
대수적 수 321~322
도함수 238~239, 246~247, 249~250
디크만, 안드레아스 55

ㄹ

라이프니츠, 고트프리트 빌헬름 302
로그 55, 59~61, 220~222, 323~324
　~함수 59~60
르코르뷔지에 191
리먼, 브래들리 214, 225
리비오, 마리오 192

ㅁ

마틴게일 65~66, 70, 75, 80
몫의 규칙 247~248
몬드리안, 피에트 192
몰 119~120
무게중심 232~234, 239~242
무리수 184, 188, 206, 217, 219,
　293~295, 322
무한급수 302, 311
미적분학(해석학) 237~238

찾아보기 333

ㅂ

바흐, 요한 제바스티안 59, 180,
　213~214, 224~227
　~의《평균율 클라비어 곡집》
　213~214, 225
반비례 131, 137, 140, 228, 311
범자연수 321
베르크마이스터, 안드레아스 224
벤포드, 프랭크 51~52, 55, 60, 62
　~의 법칙 51~53, 55, 58, 60~63
　~ 검사법 63
보부상 문제 109, 114~115
복소수 322
브래스, 디트리히 281
　~ 역설 290
브루스, 프란츠 토마스 43
비례 131~132, 135, 137, 168
　~대표제 166~167
　~식 131~133, 140, 309

ㅅ

사반트, 마릴린 보스 130~131,
　139~140
《사이언스》94
산술평균 149~152, 310
삼각함수 243
삼원일차연립방정식 286~287
선형 성장 60, 204~205, 207
선형함수 134~135
소수 302~305
순열 308, 327
시그마(Σ) 42~43
실수 320, 322
심프슨, 에드워드 휴 92

심프슨 역설 92, 94, 96, 308
십분위 152~153

ㅇ

아르키메데스 296
아크탄젠트 243, 245
어림셈 127, 262, 280
역 득표 효과 167, 170~171
역함수 134~135, 243, 245
연분수 187~188
연쇄법칙 249
오일러, 레온하르트 116, 302~305
　~ 수(e) 43, 206, 308
왈도, 클래런스 아비아사 291~294
원주율(π) 127, 187, 206, 292~297,
　300~302, 304~305, 313, 322
유리수 188, 219, 296, 320~321, 323
유클리드 258
　~의《기하학원본》258
이원일차연립방정식 283
이차방정식 186, 248, 318~320
이차함수 204~205, 247
이항 정리 260

ㅈ

자연수 221, 295, 320~321
접선 238~239, 246, 261
정수 176, 180, 184, 217, 221, 223,
　257, 321~323
제곱근(거듭제곱근) 184, 186, 190,
　217, 246, 254, 295, 299, 321~322
조건부 확률 24, 26~27
조화평균 149, 310
중간음율 223

중앙값 149~152
지수 204~205, 220~221, 322~324
　~ 성장 59, 204~205, 207,
　　209~211
　~곡선 58~59
　~법칙 323
　~함수 59, 205, 207

ㅊ

초월수 206, 293, 295, 320, 322
최단 경로 102~103, 105~106,
　109~111, 113, 115, 254

ㅋ

크레머, 발터 127
크로네커, 레오폴트 320
클라비어 213, 223~224, 227
클린턴, 빌 63

ㅌ

탄젠트 243, 245

ㅍ

파이(Φ) 187~188, 192
파이(φ) 187
파이 법안 294~295
팩토리얼(!) 110, 114, 308
《퍼레이드》 130
펜타그람 175, 177~178
평균 77, 79, 85, 121, 143, 146~155,
　159~160, 162, 218, 273, 276~278,
　296

평균 속도 148, 154~156, 310
평균율 59, 180, 213~214, 223,
　225~227
폰 린데만, 카를 루이스 페르디난트 293
피타고라스 174~175, 179~181, 183,
　222, 257~258
　~ 삼중수 257
　~ 정리 255~261, 297, 299,
　312
　~ 콤마 222, 226
　~주의자 179, 181~182, 217,
　219, 321
　~학파 175, 257
필롤라오스 173~175, 177, 179,
　181~183

ㅎ

합성함수 249
확률 23~28, 37~42, 44~45, 55~56,
　59~61, 65, 68~69, 76~78, 83,
　126~127, 307~308, 325, 327~329
황금비율 184~185, 187~192
히파소스 173~184

숫자

2초 규칙 279~280
5도권 221~223, 226~227

옮긴이 전대호

서울대학교 물리학과와 동 대학원 철학과에서 박사과정을 수료했다. 독일 쾰른대학교에서 철학을 공부했다. 1993년 조선일보 신춘문예 시 부문에 당선되어 등단했으며, 현재는 과학 및 철학 분야의 전문번역가로 활동 중이다. 저서로 《철학은 뿔이다》, 시집으로 《가끔 중세를 꿈꾼다》《성찰》 등이 있다. 번역서로는 《로지코믹스》《위대한 설계》《스티븐 호킹의 청소년을 위한 시간의 역사》《기억을 찾아서》《생명이란 무엇인가》《수학의 언어》《산을 오른 조개껍질》《아인슈타인의 베일》《푸앵카레의 추측》《초월적 관념론 체계》《동물 상식을 뒤집는 책》 등이 있다.

수학 시트콤

1판 1쇄 2012년 6월 4일
1판 11쇄 2021년 1월 26일

지은이   크리스토프 드뢰서
옮긴이   전대호
펴낸이   김정순
책임편집 김소희 허영수
디자인   김덕오
마케팅   양혜림 이지혜

펴낸곳   (주)북하우스 퍼블리셔스
출판등록 1997년 9월 23일 제406-2003-055호
주소   04043 서울시 마포구 양화로12길 16-9(서교동 북앤빌딩)

전자우편 henamu@hotmail.com
홈페이지 www.bookhouse.co.kr
전화번호 02-3144-3123
팩스   02-3144-3121

ISBN   978-89-5605-593-0   03410

해나무는 (주)북하우스 퍼블리셔스의 과학 브랜드입니다.